区域大气污染防治多维成本效应评估技术研究

马国霞　周　颖　曹国志　等 著

中国环境出版集团·北京

图书在版编目（CIP）数据

区域大气污染防治多维成本效应评估技术研究 / 马国霞等著. —北京：中国环境出版集团，2022.4

ISBN 978-7-5111-5018-9

Ⅰ.①区… Ⅱ.①马… Ⅲ.①空气污染—污染防治—研究 Ⅳ.①X51

中国版本图书馆 CIP 数据核字（2022）第 017628 号

出 版 人 武德凯
责任编辑 宾银平
责任校对 薄军霞
封面设计 宋 瑞

出版发行 中国环境出版集团
（100062 北京市东城区广渠门内大街 16 号）
网 址：http：//www.cesp.com.cn.
电子邮箱：bjgl@cesp.com.cn.
联系电话：010-67112765（编辑管理部）
010-67112739（第二分社）
发行热线：010-67125803，010-67113405（传真）

印 刷 北京中科印刷有限公司
经 销 各地新华书店
版 次 2022 年 4 月第 1 版
印 次 2022 年 4 月第 1 次印刷
开 本 787 × 1092 1/16
印 张 18.5
字 数 400 千字
定 价 96.00 元

前　言

美国、欧盟、日本等国家和地区均高度重视政策评估，它们通过立法基本建立了环境政策的费用效益（简称费效）分析制度。我国环境政策费效评估缺少法律依据，未建立实施制度体系，缺乏可操作的费效评估技术规范。为落实国家治理体系和治理能力现代化建设，提高我国大气污染防治精准治污、科学治污能力，我国亟须开展大气污染防治多维成本效应评估技术研究，为我国“常态的”大气复合污染控制和“非常态的”重污染天气应急管理提供科学的技术支撑。

本书从区域大气复合污染控制和大气重污染应急管理两方面，建立污染物、污染源、控制技术和企业规模多维度的大气污染控制和环境管理费效分析评估技术体系。基于大数据样本和公众、企业调查，构建大气复合污染脱硫和除尘成本函数，脱硝与 VOCs 去除成本矩阵、重污染应急成本矩阵；利用 Meta 分析方法，构建长期和短期的大气污染与人体健康的剂量－反应关系；通过支付意愿调查，进行环境健康效益关键参数统计生命价值计算；以成渝地区为技术应用示范区，利用构建的成本效益方法，进行成渝地区《大气污染防治行动计划》（简称“大气十条”）实施的成本效益评估；并基于 WRF-CMAQ 空气质量模型和成渝地区网格化的排放清单，建立“措施－费用－排放－质量－效益”模型，模拟成渝地区在不同减排情景下《打赢蓝天保卫战三年行动计划》（简称“蓝天保卫战”）目标实现的成本和效益。主要内容和结论如下：

（1）开展大气复合污染工业源脱硫和除尘减排成本函数构建和参数估计。基于环境统计基表数据和现场调查数据，利用最小二乘法非线性回归，从固定成本、变动成本和 SO_2 去除量或去尘量三个方面进行脱硫和除尘成本函数构建，从处理技术、装机容量和重点行业多个角度，进行脱硫和除尘成本函数参数估计。从装机容量角度分析，随着装机容量的增加，脱硫成本呈现出降低的趋势；从不同脱硫技术来看，石灰石－石膏脱硫法模型脱硫成本最高，炉内脱硫法模拟成本均值为 2 100 元 /t，石灰石－石膏脱硫法模拟成本均值为 3 400 元 /t，其他脱硫法模拟成本均值为 2 300 元 /t。分行业、分技术进行除尘成本函数参数估计，湿法除尘的成本高于静电除尘和过滤式除尘，钢铁行业除尘成本高于水泥行业，火电行业的湿法除尘模拟成本为 256 元 /t，水泥行业湿法除尘成本为 38.8 元 /t，钢铁球团湿法除尘成本为 950 元 /t，钢铁烧结湿法除尘成本为 390 元 /t。钢铁行业球团和烧结不同的工艺，除尘的成本差距也较大，球团的除尘成本大于烧结的除尘成本。

（2）重污染应急成本调查和成本矩阵构建。通过走访、问卷调查，开展成渝地区 15 个行业 100 多家企业的重污染天气应急成本调查和重污染天气产生的交通出行和公众防护成本调查。重污染天气应急会导致移动源的耗油量增加 6%～8.5%，平均耗油量增加 7.3%；洗车增加的成本在 58～116 元 / 月，平均增加的成本为 96 元 / 月；出行时间增加的成本在 25～28 元 /d，平均增加的成本为 26 元 /d。重污染天气应急导致公众因购买使用防护口罩增加的生活成本为 113～123 元 /（人·a），平均增加的生活成本为 118 元 /（人·a）；因购买使用空气净化器增加的生活成本为 1 160～2 070 元 /（人·a），平均增加的生活成本为 1 800 元 /（人·a）；因购买使用新风系统增加的生活成本为 7 130～10 260 元 /（人·a），平均增加的生活成本为 9 456 元 /（人·a）。

（3）通过支付意愿调查，开展健康效益评估关键参数大气污染生命统计价值计算。运用支付意愿调查方法，采用单边界二分式诱导技术，以“降低 5‰ 死亡率，人们的支付意愿是多少”为调查核心，在成渝地区开展调查。其中，四川省主要在成都市、达州市、乐山市、彭州市以及成都市的龙泉驿区、郫都区、双流区、温江区开展调查，调查样本为 1 748 个，有效样本为 827 个；重庆市主要在重庆市区和郊区开展调查，调查样本为 838 个，有效样本为 378 个，成渝地区有效样本共计 1 205 个。利用单边界二分式的函数模型，对支付意愿和生命统计价值进行计算，得出成渝地区大气污染的生命统计价值为 394.8 万元，四川部分地区的生命统计价值高于重庆地区，生命统计价值水平与经济发展水平相符合。性别、家庭年收入和自我认知的身体健康状况等指标对平均支付意愿影响较大。大气污染生命统计价值为大气复合污染和重污染应急产生的环境健康效益价值量核算提供了关键参数。

（4）利用构建的费效评估技术，开展成渝地区“大气十条”实施的成本效益评估。根据《四川省大气污染防治行动计划实施情况自查报告》《重庆市大气污染防治行动计划实施情况自查报告》以及四川和重庆环境统计基表数据，对成渝地区重点工业行业治理、锅炉污染治理、机动车治理、落后产能淘汰等政策措施进行成本评估。并基于四川和重庆的投入产出表和环境统计基表数据，利用大气污染导致的疾病负担模型和投入产出模型，得出成渝地区“大气十条”实施的环境健康效益大于其治理成本，成渝地区“大气十条”实施的成本为 348.9 亿元，环境健康效益为 670 亿元，环境健康效益比其成本高 92%；重点工业行业是成渝地区“大气十条”治理的重点，其治理成本为 309.3 亿元。其次是机动车治理成本，为 22.7 亿元。成渝地区“大气十条”实施的环保投资为 746 亿元，对 GDP 的拉动效应为 1 005.7 亿元，增加就业人数为 5.24 万人。成渝地区 $PM_{2.5}$ 每降低 1 μg/m^3 需花费 8.6 亿元，其中四川 $PM_{2.5}$ 降低 1 μg/m^3 的成本为 12.8 亿元，重庆为 4.3 亿元。

（5）构建政策－费用－排放－质量－效益综合评价模型，进行成渝地区多情景模拟“蓝天保卫战”实施成本效益评估。基于“蓝天保卫战”行动目标，根据 2016 年成渝地区大气污染排放清单，设计四种减排控制情景，分析成渝地区的减排潜力。基于 WRF-CMAQ 空气质量模型，进行不同减排情景下的空气质量模拟，综合评估成渝地区四种减排情景下的污染控制成本、空气污染物浓度的改善效果以及给成渝地区人民群众带来的健康效益影响。结果显示，在最严控制情景 4 下，成渝地区 SO_2、NO_x 排放削减量相比基准分别下降了 19.3%、18.6%，满足了“蓝天保卫战”到 2020 年二氧化硫、氮氧化物排放总量分别比 2015 年下降 15% 以上的总体要求。从情景 1 到情景 4，成渝地区 16 个城市 $PM_{2.5}$ 浓度下降幅度依次增加，“蓝天保卫战”的达标率也逐渐提高。4 种情景下，人体健康效益都大于减排成本，重庆市和成都市的人体健康效益远高于其他城市，应优先控制成都市和重庆市等人口集聚地区的空气质量，提高控制措施的费用有效性。

本书共 8 章。全书由马国霞拟定结构框架，分别由相关执笔者承担相应章节的编写。具体分工如下：第 1 章：杨威杉、马国霞；第 2 章：周颖、马国霞、彭菲；第 3 章：马国霞、彭菲；第 4 章：曹国志、张衍燊、朱文英；第 5 章：彭菲、马国霞；第 6 章：马国霞、周颖；第 7 章：马国霞、龙世程、游志强；第 8 章：曹国志、马国霞。

本书是国家重点研发计划重点专项“区域大气复合污染动态调控与多目标优化决策技术研究”（2016YFC0208804，课题执行时间：2016 年 7 月—2019 年 12 月）的主要研究成果。衷心感谢华南理工大学、清华大学、中国科学院大气物理研究所、四川省生态环境科学研究院、重庆市生态环境科学研究院等单位在调研和图书撰写中给予的帮助和支持。

由于编者水平有限，书中难免有缺点和疏漏之处，敬请读者和同行批评指正。

目　录

1 区域大气污染防治费用效益评估方法体系研究

1.1 研究进展

费用效益分析（cost-benefit analysis）又叫成本效益分析，简称费效分析。费用效益分析最早可追溯到19世纪。1844年，法国工程师Jules Dupuit发表的《公共工程的效益评估》一文中提出了“消费者剩余”的思想，这种思想后来发展成为社会净效益的概念，成为费用效益分析的基础。1902年，美国政府颁布了《联邦开垦法》，要求对土地开发项目进行费用效益分析比较。1936年，美国颁布的《洪水控制法》中提出了要检验洪水控制项目的可行性，要求“对任何人来说收益都必须超过费用”，从而体现了费用效益分析的基本思想。在此期间，美国把这种方法应用在军事工程上。第二次世界大战后，美国又进一步将其应用到交通运输、文教卫生、人员培训、城市建设等方面的投资建设项目评价上。随着应用范围的不断拓展，费用效益分析也不断得到发展与完善。1950年，美国联邦机构流域委员会发表了《关于流域项目经济分析的建议》，将项目评估与福利经济学联系起来，并试图总结出一套大家公认的费用和效益规则。

20世纪60年代以来，环境质量逐渐成为人们关注的焦点，对环境变化的费用效益评估研究日益丰富。20世纪60年代后期，费用效益分析开始运用到其他领域。1973年，美国最早将费用效益分析应用于环境影响评价中。20世纪80年代以来，费用效益分析被作为联邦政府预算拨付的重要前提，且美国发布命令要求任何重大管理活动都要执行费用效益分析。例如，美国环保局（EPA）在行政命令12291号、

12866 号、13563 号、13610 号等的要求下，对环境保护部门已出台的规章政策进行回顾性评估，对将出台的环境政策进行预测性评估。例如，对《〈清洁空气法〉修正案》和《〈饮用水安全法〉修正案》进行费用效益评估。1993 年 1 月，美国国会通过了《政府绩效与成果法案》，在讨论和实施这项法案的过程中，公共政策绩效已引起了广泛的关注。2003 年 9 月，美国政府正式颁布了《政策规定绩效分析》，对实施公共政策绩效评估做了系统、全面的规定，目的是预测和评价政策规定实施的效果，为政府部门分析政策规定绩效提供帮助。根据第 12866 号行政命令第 3（1）条款，政府部门在废除或修改已有政策或者制定新政策时应做政策规定绩效分析，尤其要分析政策规定的经济效益。加拿大财政部也于 1998 年编写了《费用效益分析手册》（*Benefit-Cost Analysis Guide*）。

与美国相比，欧洲在费用效益分析的理论研究与实践进展方面相对滞后。20 世纪 80 年代，欧盟委员会开始重视费用效益分析方法的使用，使其在实践中逐步得到发展和完善。1999 年，欧洲环境署（EEA）开展了“关于环境措施的报告”项目，并发布了该项目的研究成果报告——《关于环境措施：是有效率的吗？》，形成了环境政策影响分析的技术框架，为环境政策费用效益分析工作的开展提供了技术指导。2003 年，EEA 开展了两个政策费用效益分析试点工作：城市污水处理政策评估和包装废弃物指令评估。至今欧盟推进环境政策费用效益分析已有 20 多年。英国、法国、荷兰等发达国家的政府机构也陆续制定发表了费用效益分析使用手册、指导原则等文件。英国大力推进环境政策费用效益评估工作。例如，1991 年英国财政部颁布的《绿皮书：中央政府评价与评估》（1997 年和 2003 年两次修订），1995 年修订的《环境法案》中对环境政策评估进行了规定，要求英国环境署和苏格兰环境署两个污染控制机构对规制的费用和效益进行考虑。法国在 1989 年对评估机构进行了法律规范，并在同年 5 月成立了隶属于政府研究与新技术部的法国国家研究评估委员会。对该委员会适用的法律法规有 16 个条款，这些条款对该委员会从职能机构、人员组成、评估费用等做了明确的规定。法国赋予评估机构一定的特权，以保证公共政策评估的有效性。21 世纪初，荷兰公共事务与水管理总司（RWS）和区域水务局为落实《欧盟水框架指令》提出了国别和区域水体管理目标，于 2007 年制定了一系列政策，并于 2007—2027 年执行。

就亚洲地区而言，日本和韩国等国相对较早地实施了环境费用效益分析。日本各府省联络会议于 2001 年通过了《关于政策评价的标准指针》等。不同于美国、欧盟、英国开展的环境政策费用效益分析，日本政府更注重环境政策评估制度的建设。2001 年，韩国通过了《政策评估框架法》，对政策评估原则、评估主体、评估类型、评估程序、评估结果的使用和公开等内容，作出了明确、详细的规定。这项法律的出台对韩国政府广泛、深入开展公共政策绩效评估，起到了极大的推动作用[1]。澳大利亚财政部也在 1991 年发布了《费用效益分析使用指南》（*Handbook of Cost-*

Benefit Analysis）（2006 年修订）。

目前，我国环境经济学者正在研究如何将费用效益分析用于自然资源领域和环境质量管理中，并且已经出版了不少专著和手册，其中包括大量的实证研究。针对污染物排放标准实施的成本效益分析，任晓辉提出了典型工业污染物排放标准制定方法和工业污染物排放标准实施成本效益分析方法，并以《硫酸工业污染物排放标准》（GB 26132—2010）制定过程为案例开展实证研究[2]。张慧重点从污染控制成本和健康效益出发，对燃煤电厂实施不同大气污染控制策略（多污染物协同控制策略与逐步控制策略两种情景）下的成本效益进行了评估测算，结果表明我国大气污染控制思路应由单一污染物逐步控制策略向多污染物协同控制策略转变[3]。黄德生等基于流行病学综合研究成果，运用环境健康风险评估技术和环境价值评估方法，对京津冀地区实施 2012 年新颁布的《环境空气质量标准》（GB 3095—2012）并达到该标准中细颗粒物（$PM_{2.5}$）浓度限值可实现的健康效益进行了评估[4]。刘通浩通过模型模拟不同控制情景下电厂氮氧化物（NO_x）减排带来的环境效益，即环境空气污染物浓度降低情况，及其产生的对人体健康和农作物产量的效益，并通过货币化手段评估“十二五”电厂 NO_x 减排工作带来的效益[5]。王占山采用第三代空气质量模式系统（Models-3/CMAQ）对火电厂、机动车、工业锅炉等在不同标准及排放限值控制情景下的环境影响进行模拟评估[6]。宋国君等对环境政策评估的定义、内容、标准、过程、步骤和方法进行了系统的论述，并分析了环境政策评估面临的困难与完善的对策[7]。在国务院办公厅印发《能源发展战略行动计划（2014—2020 年）》的背景下，赵晓丽等核算了八大主要用能单位以电代煤的经济成本和环境效益[8]。张泽宸于 2017 年采用大气污染控制成本分析模型（TAPCC）、CMAQ 模型与 SMAT-CE 模型对深圳市大气 $PM_{2.5}$ 污染控制措施的成本效益进行了研究[9]。

生态环境部环境规划院长期进行费效分析相关研究。2007 年 6 月，王金南在《中国环境报》上发表的《环境政策评估推动战略环评实施》一文中介绍了环境政策评估的定义、作用和意义[10]；随后于 2007 年 11 月再次在《中国环境报》上发表《为什么要对环境政策进行评估——关于环境政策评估九大问题解答》一文，介绍了环境政策评估基础理论的要点，并给出了评估方法选择的要点[11]。2008 年 6 月，蒋洪强等发表的《中国污染控制政策的评估及展望》对我国环境政策的演变历程和重要环境政策实施效果进行了系统评估，并提出了建议[12]。在王金南院士的带领下，生态环境部环境规划院对我国重要的环境政策都进行了费效分析。例如，李红祥等采用费用效益方法对我国“十一五”期间污染减排费用效益进行了定量分析[13]。Ma 等分别采用健康损失法（HL）和统计生命价值法（VSL）对我国空气质量 PM_{10} 标准变化给城市的人体健康带来的效益进行了核算[14]。雷宇等采用空气污染与健康效益评估模型（BenMAP）分析了《大气污染防治行动计划》（简称“大气十条”）实施后，$PM_{2.5}$ 污染变化引起的环境健康效益[15]。张伟等采用环境经济投入产出模型分别对“大气十条”和《水污染防治行动计划》（简称“水十条”）实施的社会经济和潜在资源环境影响进行了模拟分析[16, 17]。马国霞等利用2013—2017年大气污染导致的人均预期寿命折损年进行了“大气十条”实施对人均预期寿命的影响力分析[18]。

针对重污染天气过程短时间内的成本效益评估研究相对较少，主要集中在重污染天气短期暴露的健康影响和应急措施改善空气质量的效果评估。例如，张衍燊等通过建立$PM_{2.5}$短期暴露与人群过早死亡间的暴露-反应关系，评估了2013年1月灰霾污染事件期间京津冀地区12个城市人群因$PM_{2.5}$暴露所致的健康损害，研究结果表明，2013年1月10—31日京津冀地区人群因$PM_{2.5}$短期暴露导致过早死亡的人数为2 725人，其中呼吸系统疾病过早死亡的人数为846人，循环系统疾病过早死亡的人数为1 878人[19]；冯利红等参考美国环保局健康风险评价模型和已发表的文献分析了2016年天津市重污染天气（AQI＞200）下$PM_{2.5}$中多环芳烃健康风险及预期寿命损失[20]；柴发合等提出，为更好地应对重污染天气，评估现有的应对重污染天气的措施是否合理，建议城市开展包括减排成本在内的后评估工作，分析各工业企业因执行重污染天气应急响应措施造成的经济损失，并进行不同行业及企业间的比选，筛选更加合理的应急调控方案，针对应急响应中出现的问题和不足，进一步修改和完善现有应急预案[21]；王凌慧等对空气重污染应急措施对北京市$PM_{2.5}$的削减效果进行了评估，得出“仅靠北京本地限排限产不能有效减轻$PM_{2.5}$浓度，若要有效控制北京重污染情况，应根据污染物区域输送特征，京津冀地区实施大气污染联防联控”的结论[22]；高丽等统计分析了郑州市重污染天气应急预案实施后取得的环境效益、社会效益及付出的经济成本，但更多的是侧重于评估当地预案体系的完整性、响应措施的可操作性等，未针对应急成本效益评估提出系统方法[23]。

总体来看，现有针对大气污染治理成本效益的研究主要侧重于一项标准、计划或某一行业、区域减排措施实施的成本效益评估，针对重污染天气过程短时间内的成本效益评估研究相对较少，主要集中在重污染天气短期暴露的健康影响和应急措施改善空气质量的效果评估，尽管有少部分研究能够从应急措施产生的成本和效益两方面展开分析，但缺乏系统性，也未能提出有效的评估方法，特别是成本部分由于缺乏数据支撑，从而缺乏对重污染天气应急成本效益的综合评估分析。

1.2 典型案例

1.2.1 美国《清洁空气法》的成本效益评估

为提高政策效率，美国政府部门和国会对规章政策的影响越来越关注，历届政府都出台了行政命令要求各政府机构实施规章政策影响分析。美国十分注重对环境政策的评估，要求对重要的环境政策进行成本效益评估。根据行政指令，重要的环境政策包括：①年经济影响在1亿美元以上的环境政策；②明显增加消费者、个别行业、联邦、州、地方政府机构或某些区域负担的成本或价格的环境政策；③对竞争、就业、投资、生产、创新或美国企业在国际市场上竞争力造成重大不利影响的政策。《〈清洁空气法〉修正案》和《〈饮用水安全法〉修正案》最初在制定时，就规定了实施政策评估的相关内容。美国法律法规对环境政策评估的重视促进了评估工作的顺利开展。美国实施环境政策评估时间较长，在评估方法、技术上也较先进，已形成一套较为完整的体系。

（1）评估机构

在1990年《〈清洁空气法〉修正案》制定时，美国国会就要求美国环保局提供更多关于空气污染控制政策的经济、健康和环境影响的信息。为了确保获得这些信息以支持未来决策，国会在《清洁空气法》中增加法律条令，要求定期对该法的成本和效益进行评估，在《清洁空气法》中明确指出"要考虑该法对公众健康、经济和环境的全面影响，考虑实施该法的经济、公众健康和环境效益，考虑对就业、生产率、生活成本、经济增长和整体经济的影响"，指定该评估工作由美国环保局组织实施，并要求成立由健康、环境、经济分析等方面专家组成的顾问委员会指导复核监督评估工作。

美国环保局政策评估的指导工作主要由政策办公室（OP）的调控政策和管理办公室（OPRM）及国家环境经济中心（National Center for Environmental Economics，NCEE）负责，其中调控政策和管理办公室进行政策分析，确保政策决策过程的科学性；国家环境经济中心积极研究成本效益量化分析方法，指导经济分析。在美国环保局政策办公室的指导下，各主管办公室对各自出台的政策进行评估。

（2）评估标准

美国环保局在《准备经济分析的导则》中提到，判断一个环境政策是否有效率，主要有以下几个标准：

1）环境效果（environmental effectiveness），即政策的实施是否达到预期环境目标，环境质量是否因政策的实施得以改善。

2）经济效率（economic efficiency），即政策是否以最低的成本达到环境目标。

3）管理、监测和执行成本的减少（reductions in administrative，monitoring，and enforcement costs），即政府是否通过减少成本获得收益，与其他形式的政府监管相比节约的成本是多少。

4）环境意识和态度的转变（environmental awareness and attitudinal changes），在政策实施后，企业和消费者的环保意识是否提高。

5）诱导创新（inducement of innovation），即政策的实施是否促进减排等技术的革新。

（3）评估方法

根据《准备经济分析的导则》，环境政策成本分析有六类方法：合规成本模型（compliance cost model）、局部均衡模型（partial equilibrium model）、线性规划模型（linear programming model）、投入产出模型（input-output model）、投入产出计量经济模型（input-output econometric model）和可计算的一般均衡模型（computable general equilibrium model）（表 1-1）。

表 1-1　环境政策成本分析方法及适用情况

方法	具体说明	应用	优点或适用性	缺点
合规成本模型	用于估计一个产业为了遵守一项政策发生的直接成本。合规成本包括资本成本、运行及维护成本和管理成本等	EPA 的大气治理网络模型 ACN 是一个合规成本模型，是实施污染排放控制策略和成本分析的一个基本工具	能较为准确地估计一项政策的直接成本；应用时需要的数据较少，使用起来相对简单	只能估计某个产业的成本
局部均衡模型	用于对某个受影响的市场进行政策成本估计；输入的数据可能包括估计的政策合规成本及受影响的市场供应和需求弹性，模型可以用来估计市场价格和产出的变化，进而反映政策的社会成本	—	局部均衡模型使用和理解起来相对简单，数据需求较少	只能估计某个市场或某几个市场的成本，不能全面反映政策的间接影响
线性规划模型	线性规划模型一般用于合规成本的估算，具体为：假定合规成本与一系列解释变量之间存在线性关系，进而代入解释变量的值估计合规成本	EPA 的线性规划模型 IPM 模拟了 48 个州和哥伦比亚地区的电力部门，可以估算电力部门为遵守出台的法规发生的长期合规成本	相对于合规成本模型，可提供更系统的分析	不能估算多于一个部门的成本，不能估算间接成本和分配成本，模型相对复杂，对数据要求较高
投入产出模型	投入产出模型基于投入产出表，反映一定时期各部门间的相互联系和平衡比例关系，可以用于估计一项政策的实施对区域经济的影响，可分析受政策影响区域的产出和就业影响	—	适于估计政策成本的分配和短期转移影响；模型相对透明，也相对容易理解；可以分解成很多区域和行业，分析每个区域和行业的政策成本	不适于长期分析，模型假设价格是固定的，所以也不适于分析对价格产生较大影响的政策成本

续表

方法	具体说明	应用	优点或适用性	缺点
投入产出计量经济模型	融合了传统的投入产出模型，具有结构特征分析和宏观计量经济模型对未来预测的优点，该模型可用于估计政策实施引起的转移成本	EPA用于政策分析的区域经济模型REMI包括70个产出部门和25个最终需求部门，可分析整个国家规模，也可分析单个区域；该模型已被广泛用于区域环境政策分析	可用于估计长期和短期的转移成本，以及分配成本	与传统的投入产出模型相比，该模型不能对受政策影响较小的部门进行分析，分辨率较差
可计算的一般均衡模型	该模型可描述政策成本，是分析政策中长期影响的实用工具，被EPA用于对《清洁空气法》的回顾性成本效益进行分析	—	适于分析政策成本及政策的经济影响，尤其是间接影响和交互影响显著的政策，分析政策的中期和长期影响	不适于分析短期转移成本和影响范围较小的政策

（4）评估结果

截至目前，美国环保局已公布三份《清洁空气法》的评估报告（表1-2）。

表1-2 美国环保局对《清洁空气法》的评估报告

	发表时间	评估对象	评估内容
回顾性研究	1997年	1970年《清洁空气法》和1977年修订案及遵照该法设立的项目	该法从颁布到1990年的成本和效益分析
第一次前瞻性研究	1999年	1990年《〈清洁空气法〉修正案》及相关项目	1990—2010年该法和相关项目的成本效益；该法对人体健康、经济和环境的影响
第二次前瞻性研究	2011年	1990年《〈清洁空气法〉修正案》及相关项目	1990—2020年该法和相关项目的成本效益；该法对经济的影响

以2011年公布的第二次前瞻性研究为例，其对1990—2020年《清洁空气法》整体（包括联邦、州和地方为满足《清洁空气法》的要求而制定的项目）的实施进行评估，并形成评估报告。该评估报告的主要目的是通过定量分析给国会和大众一个关于法律效果的信息，包括人类健康、福利以及生态资源方面的收益。评估报告分六个部分：①评估空气污染物的排放；②计算《清洁空气法》污染治理成本；③设计空气质量模型；④根据空气质量量化健康与环境效果；⑤评估空气改善的经济价值；⑥总论以及不确定性。其中，评估报告强调了排污权交易对于成本的节约和环境的改善作用。

该评估报告最主要的部分是对该法的成本效益进行了评估。美国环保局将该法的直接成本定义为污染排放源为达到该法要求的标准而付出的成本，主要统计了五类排放源的达标排放成本，将效益定义为排放量减少带来的环境、人体健康效益等（表 1-3）。

表 1-3　美国环保局界定的《清洁空气法》的成本效益

成本	效益
五类主要排放源为遵守《清洁空气法》的成本： 发电单位（如火力发电厂）达标排放成本 工业源（如工业锅炉、水泥窑）达标排放成本 道路交通（如小汽车、公交车）达标排放成本 非道路的交通（如飞机）达标排放成本 面源（如施工扬尘）达标排放成本	空气质量提高 人体健康改善 有毒空气污染物减少 居民区、娱乐场所能见度提高 物材损耗减少 农产品产量增加

美国环保局评估的效益是处在某一区间范围内的，有最高效益值和最低效益值。对《清洁空气法》成本效益进行评估后，美国环保局将成本效益进行对比，计算了该法的净效益和效益成本比。评估发现，《清洁空气法》的效益远大于成本（表 1-4）。

表 1-4　美国环保局估计的《清洁空气法》效益成本比　　单位：亿美元（2006 年基期货币）

		2000 年	2010 年	2020 年
成本		200	530	650
效益	低情景	900	1 600	2 500
	中情景	7 700	13 000	20 000
	高情景	23 000	38 000	57 000
净效益	低情景	700	1 070	1 850
	中情景	7 500	12 470	19 350
	高情景	22 800	37 470	56 350
效益成本比	低情景	5	3	4
	中情景	39	25	31
	高情景	115	72	88

数据来源：EPA. The benefits and costs of the Clean Air Act from 1990 to 2020[24].

1.2.2　欧盟清洁空气项目评估

欧洲环境政策发展迅速，目前已经有 100 多项重要的法律在实施，涉及从全球气候变化、平流层臭氧耗竭到生物多样性的保护，几乎涵盖了全部环境问题。欧盟颁布的环境政策对成员国产生了影响，而影响的程度到底有多大，成为欧洲议会关注的重点之一。为了提升议会、委员会、成员国及其他欧盟组织机构对政策实施情况的了解程度，加强EEA从事政策事后有效性评估研究的能力建设，EEA于1999年开展了关于环境政策的报告。该报告于2001年完成，并由欧盟委员会在同年召开的第六次欧盟国家环境行动计划大会上提出。2003年，EEA开展了《城市污水处理指令》和《包装及包装废弃物指令》两个试点政策评估研究，选取了几个成员国进行评估并做了比较分析。除了EEA对欧盟成员国实施的环境政策进行有效性评估，欧盟委员会同时也对欧盟颁布的环境法规进行成本效益分析，比较典型的是对欧洲清洁空气项目的评估。

（1）评估机构

2001年，欧盟委员会召开的第六次环境行动大会（6th EAP）号召建立关于空气污染的主题战略，主要目的是"提升空气质量水平，使其不会给人类健康和环境带来负面影响和风险"。为此，2001年5月欧盟委员会启动了欧洲清洁空气（CAFE）项目，基于技术 / 科学的政策分析方法为欧盟委员会提供长期、战略性和综合的政策建议来保护人类健康和环境。在CAFE项目中，欧盟委员会建立了5个工作小组来开展具体工作（表1-5）。

表1-5　CAFE项目下成立的工作小组

小组名称	负责内容
CAFE指导小组	是利益相关者参与到空气污染相关问题的主要平台，其成员包括成员国代表、产业部门（能源生产、石油、化工产业、汽车产业和一般产业）、环保NGOs、EEA、联合研究中心（JRC）等
目标设定和政策评估工作小组（TSPA）	成员来自成员国家、产业部门、环保NGOs、EEA和联合研究中心的专家，帮助委员会管理技术劳务合同
技术指导小组（TAG）	对不同的模型群体进行探讨，对承担的相关科学和技术问题提出建议
颗粒物工作小组（WGPM）	由英国和德国的专家领导，对近年来与大气颗粒物相关的医疗证据和科学信息进行分析，在此基础上修改现有的法律
执行工作小组（WGI）	收集与空气质量相关的法规并进行分析，且将分析结果汇报给欧盟委员会，提出法规可能的修正和提升建议，其成员主要来自成员国的专家

同时，欧盟委员会在CAFE项目下与国际知名的技术咨询公司签订了劳务合同（表1-6），合同的价值高达几百万欧元。关于政策的影响分析主要由AEA环保科技咨询有限公司（AEA Technology PLC）负责，主要是对空气质量相关问题的成本效益进行分析。

表1-6　CAFE项目下启动的劳务合同

项目名称及主要内容	负责公司 / 大学
在CAFE项目基准情景下验证空气质量和气候变化政策的一致性	National Technical University of Athens

续表

项目名称及主要内容	负责公司 / 大学
在 CAFE 项目基准情景和政策情景下综合评估模型框架	IIASA（International Institute for Applied Systems Analysis）
空气质量相关问题（尤其是 CAFE 项目）的成本效益分析	AEA Technology PLC
区域酸雨信息模拟综合评估模型（regional acidification information simulation integrated assessment model，RAINS）评价	瑞典环境研究中心和 AEA Technology PLC
CAFE 项目成本效益分析方法的同行评议	Alan Krupnick，Bart Ostro and Keith Bull
欧洲空气污染的健康影响的系统回顾	欧洲环境中心与世界卫生组织（WHO）
欧洲空气质量政策和措施的效益评价	Millieu Ltd

（2）评估流程

关于 CAFE 项目的评估，其评估流程见图 1-1。欧盟委员会首先与技术咨询公司签订劳务合同，委托其对环境政策、措施进行分析、评估或回顾。技术咨询公司根据政策和措施的特点及评估要求，设定成员国关于政策措施的汇报要求，成员国根据要求进行数据收集和政策描述，并将这些原始数据递交给欧洲环境署下的气候和大气变化中心（ACC），ACC 通过回访以及监测的手段对这些原始数据进行质量控制。ACC 对数据进行修正后，将这些数据上传至中心数据库（Central Data Repository，CDR），并及时进行更新。欧盟委员会委托的技术咨询公司可以登录该中心数据库获得成员国家环境政策措施实施的信息，从而进行下一步的评估，并将评估结果提交给欧盟委员会。

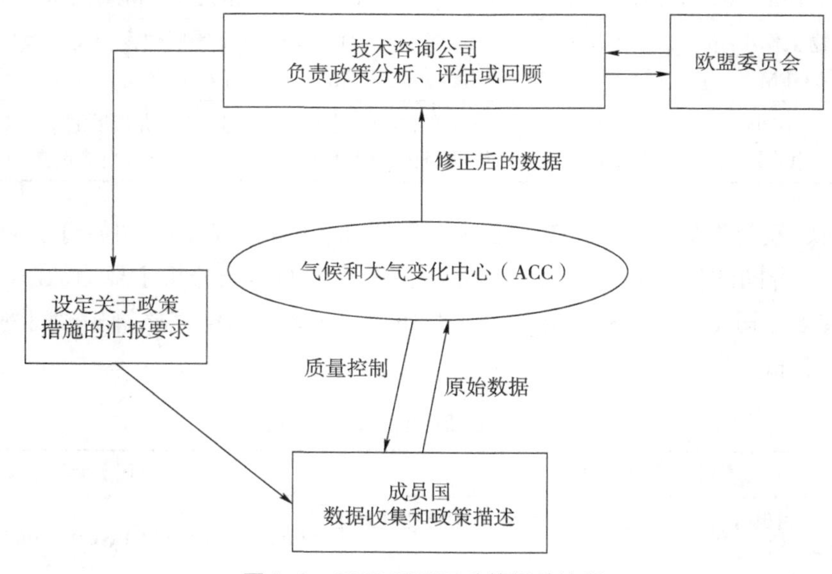

图 1-1　CAFE 项目下政策评估流程

（3）评估方式

在欧盟范围内，一些成员国会采取临时措施解决短期污染高峰问题以及对当地经常出现空气质量问题的热点地区（hot spots）采取永久措施。在 CAFE 项目中，关于这部分政策措施的事后评估（ex-post evaluation of short-term and local measures in the CAFE context）由 AEA technology PLC 负责。其建立了一个当地热点地区永久减排措施和短期减排措施的数据库，并设计了一套完整的问卷来收集成员国的环境政策实施信息。问卷一般是发放给成员国环境政策执行机构，然后根据收集到的信息对成员国政策进行评估。

问卷要求受访者提供以下信息：

1）每种措施之间的相关关系；

2）信息的来源（如报告、网址等）；

3）目前欧盟指令中管制的相关污染物（PM_{10}、臭氧、NO_x、SO_x、CO、铅和苯等）以及给定地区的其他相关污染物（$PM_{2.5}$、多环芳烃和重金属）；

4）特定区域采取的措施；

5）高峰期具体区域采取的临时措施；

6）描述采取的措施和主要目标；

7）实施的区域；

8）实施的时间范围；

9）执行这些措施有无法律要求；

10）这些措施的主要效果。

（4）评估结果

以英国伦敦为例，AEA technology PLC 根据伦敦交管局发布的监测报告，以及通过调查问卷收集到的信息对伦敦交通拥挤收费政策进行了分析。

污染物排放：AEA technology PLC 对该政策的分析时间范围是 2002 年（收费前）和 2003 年（收费后）。关于污染物排放量变化的分析结果发现，伦敦中心区域主要道路交通每年排放的 NO_x 从 810 t/a 降为 680 t/a，75% 的减少量属于该政策的作用；PM_{10} 排放从 47 t/a 降为 40 t/a，同样有 75% 的减少量属于该政策的作用（其余的来自车辆类型的变化）。

交通流量：交通流量的变化，以 2002 年实际交通流量推算没有政策实施时 2003 年交通流量，减去政策实施后 2003 年实际交通流量，得到政策实施对交通流量的影响；乘客节省的旅行时间；公共交通流量变化。

人体健康：暴露、死亡率和发病率，没有进行具体分析。

温室气体减排：政策导致与道路交通相关的 CO_2 减排 19%，收费区域内道路交通消耗的燃油降低 20%。

噪声降低：基于噪声监测，没有明显变化。

交通事故：收费区域内交通事故下降率明显低于其他区域。

成本效益分析：见表 1-7。

表 1-7　伦敦交通拥挤收费政策成本效益分析　　单位：10^6 欧元

	种类	金额
成本	行政和其他成本	7.5
	体系运行成本	135
	额外的公共汽车费用	30
	付费者合规成本	22.5
	合计	195
效益	汽车和出租车用户（商业使用）时间节省的效益	113
	汽车和出租车用户（个人使用）时间节省的效益	60
	商业车辆时间节省的效益	30
	公共交通乘客时间节省的效益	30
	对汽车、出租车商业运营可靠性的效益	15
	对公共交通乘客可靠性的效益	15
	节省的车用燃料	15
	减少事故产生的效益	22.5
	乘客转移到公共交通，出租业损失的效益	−30
	合计	270.5
净收益		75.5

1.2.3　英国空气质量战略评估

为了应对空气污染对人类健康造成的不良影响，英国在 1995 年颁布的《环境法》中要求英国政府及其下属机构制定一个包含空气质量标准、目标和提升空气质量措施的国家空气质量战略。随后，英国环境署（EA）发布了《环境政策评估导则》，为货币化、风险、多目标评估提供指导。1997 年，英国环境署发布了关于成本和效益分析的讨论文件，提出由环境、运输和地区事务部对《环境政策评估导则》实施情况进行分析。2005 年 1 月，由英国环境、食品与农村事务部（Defra）组成的工作小组对空气质量战略进行了分析评估。

（1）评估机构

Defra 内部组织机构见图 1-2，主要领导部门是 Defra 监事会。监事会由国务大臣领导，负责制定部门战略，联合了各部长、常务秘书、执行机构、财务总监以及政府以外的非执行机构。监事会下设三个委员会，分别是审计和风险委员会、管理委员会和提名委员会。审计和风险委员会是非执行委员会，它主要是为 Defra 监事会和会计主管提供有关风险、控制、治理和其他相关事务的支持和建议。管理委员会主要负责部门的日常事务的操作、执行，其下设的中央核准小组负责资源分配，战略小组负责为 Defra 的战略提供建议，应急计划委员会为 Defra 防范紧急情况提供建议和保证。提名委员会负责董事会成员和高级公务员的激励和奖励，有效提高他们的绩效。除了这些核心部门之外，Defra 还和其他机构进行合作，包括执行机构［如食品、环境研究机构（Fera）］、非部门的公共机构（如英国环境署）和其他公共机构。

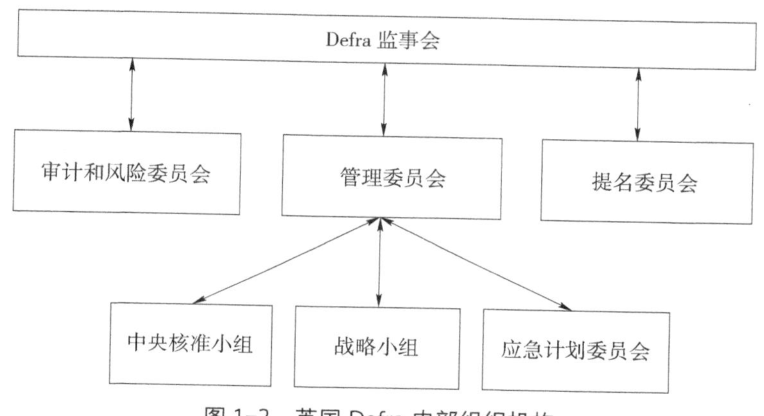

图 1-2　英国 Defra 内部组织机构

（2）评估目的

英国实施空气质量战略评估的目的是：①评估空气质量战略实施政策的成本效益；②评估这些政策的事后产出与预期产出之间的差距；③为其他政策的制定以及政策的完善提供建议和借鉴。

（3）评估方法

Defra 委任 AEA Technology PLC 进行评估，评估过程采用影响路径分析方法（图 1-3），主要包括以下步骤：

• 排放量——基准情景和采取措施情景下的排放量；

• 浓度模拟——将基准情景下排放量和不同政策措施情景下预测的排放量转换为人口加权浓度，量化人、环境和建筑物的暴露变化；

• 影响——污染物排放变化相关的健康和非健康影响的量化，如利用浓度－响应函数估计空

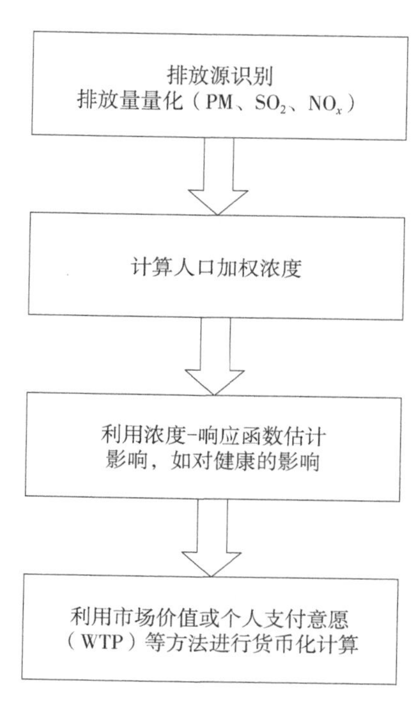

图 1-3　影响路径分析方法

气污染物的变化与健康产出之间的联系；

- 价值——对健康和非健康影响的货币化计算；

成本效益分析还包括以下步骤：

- 每种政策措施情景下的执行成本的估计；
- 成本和效益在一致基础上的比较；
- 与影响的量化和货币化过程相关的不确定性的分析和描述。

（4）评估结果

1）政策的减排量。即相对于基准情景，环境政策实施带来的大气污染物减排量。最大减排量（相对于基准情景）主要是由燃料标准相关的政策引起的。到2001年，交通部门铅排放减少99%，SO_2减排96%，苯减排84%。大部分的减排量很明显是由燃油中铅和硫的含量降低引起的。经济工具对促进快速采取清洁燃料的作用显著，如在评估时间段内含铅汽油和高硫柴油的使用快速降低。车辆排放标准减排空气污染物的作用也很有效。由于欧洲标准的实施，相对于基准情景，车辆排放的主要污染物已经有明显降低，NO_x排放降低36%，PM_{10}降低48%，CO降低42%，VOCs降低55%，但政策对CO_2的减排作用很小。道路交通排放的CO_2相对于1990年的排放量会增加，主要是因为交通活动的增加。

2）政策的成本效益。车辆排放标准政策的成本方面，欧Ⅰ标准催化转化器技术的成本为每辆汽车400～600英镑。英国政府在政策前评估中预测每辆汽车的成本为350英镑。欧Ⅱ标准每辆汽车的增加成本为250～500英镑，欧Ⅲ标准每辆汽车的增加成本为210～295英镑，欧Ⅳ标准每辆汽车的增加成本为210～590英镑。将这些成本相加，得到每辆汽车的成本为1 070～1 735英镑，再乘以英国每年登记的新车数量（200万～250万辆），得到政策成本，为每年20亿～43亿英镑。

在燃油质量标准政策的成本方面，英国的规制影响分析（RIA）和欧洲石油公司环境、健康和安全分析（CONCAWE）均对2000年和2005年燃油质量标准的政策前和政策后成本进行了分析。对2000年燃油质量限制成本的研究，RIA和CONCAWE分析结果差异很大，CONCAWE分析结果明显低于RIA分析结果。CONCAWE分析结果为每个炼油厂的成本为1 300万英镑，总成本为11 900万英镑；而RIA分析结果为每个炼油厂的成本为6 000万～7 000万英镑，总成本为1.255亿～1.345亿英镑。2005年，对燃油质量的研究，CONCAWE估计的成本为6.53亿英镑，而RIA分析的成本为9.08亿～10.89亿英镑。表1-8给出了英国道路交通部门空气质量政策后评估效益成本比。

1.2.4 日本环境政策评估

根据日本2001年颁布的《关于行政机关进行政策评估的法律》（简称《政府政策评估法》）的要求，2002年环境省对所颁布的环境政策进行评估。《政府政策

表 1-8 英国道路交通部门空气质量政策后评估效益成本比

标准	效益 / 较高成本		效益 / 较低成本	
	效益较高值	效益较低值	效益较高值	效益较低值
无铅汽油	0.3	3.5	0.3	3.5
欧 I 汽油车	3.4	14.7	2.0	8.80
2000 年燃油标准	0.3	3.0	0.3	3.0
2005 年燃油标准	2.0	15.1	2.0	15.1

评估法》于 2006 年、2008 年、2011 年进行了三次修订。

（1）评估机构

环境省由部长秘书处、综合环境政策局、地球环境局、水和大气环境局、自然环境局五个部局组成，此外还包括成立于 2005 年的地方环境事务所（北海道、东北、关东、中部、近畿、四国、九州）。环境省政策的评估主要由部长秘书处负责组织统筹协调。部长秘书处还负责省内人事、法令和预算等业务的综合协调，牵头制定各具体方针，以及新闻发布、环境信息收集等，致力于最大限度地发挥环境省功能。其他各部局负责评估部局范围内的环境政策。

（2）评估组织与实施

政策评估基本计划的时间范围为 5 年一次，最近的一次环境政策评估基本计划为 2011 年 4 月 1 日—2016 年 3 月 31 日，据此日本环境省确定每年的政策评估实施计划（表 1-9）。实施计划包括对哪些政策进行评估，以 2013 年为例，其主要评估了全球变暖对策推进，地球环境保护，大气、水、土壤环境等保护，生物多样性保护，环境、经济、社会水平的综合提高，放射性物质的环境污染处置等政策。

表 1-9 日本环境省政策评估年度实施计划

政策名称	2011 年	2012 年	2013 年	2014 年	2015 年	2016 年
全球变暖对策的推进	√	√	√	√	√	√
地球环境保护			√			√
大气、水、土壤环境等保护	√		√		√	
废弃物再生利用对策的推进		√		√		√
生物多样性保护	√		√		√	
化学物质对策的推进		√		√		√
环境保护对策的推进		√	√		√	
环境、经济、社会水平的综合提高	√				√	
环境政策的基础整顿	√			√		
放射性物质的环境污染处置		√	√	√	√	√
评估政策项合计	5	5	6	5	6	5

（3）评估对象

日本环境政策评估对象主要是环境省正在开展的政策。环境省整理了目前的全部政策，称为环境省政策体系（表 1-10）。

表 1-10　日本环境省政策体系

政策	主要内容
全球变暖对策的推进	根据《京都议定书》的要求，尽可能减小人类行为对大气的影响，稳定温室气体的浓度，达到《京都议定书》承诺的 2008—2012 年温室气体减排 6% 的目标
地球环境保护	加强臭氧层保护、应对酸雨和沙尘暴等领域的国际合作，使地球环境得到最大规模的保护
大气、水、土壤环境等保护	加强噪声、大气、水质环境标准的修订工作，加强土壤污染的环境风险管理，保护国民的环境健康安全
废弃物再生利用对策的推进	加强废弃物管制、提高资源循环利用效率，建设资源循环型社会
生物多样性保护	继承生态系统带来的恩惠，促进多样的生态系统与动植物的完美结合，可持续地使用生物资源，实现与大自然共存的社会
化学物质对策的推进	当化学物质引起环境风险时，通过沟通形成社会共识，加强环境风险管理、人体健康保护及生态系统保护
环境保护对策的推进	采取预防措施防止产生损失的同时，根据污染者负担原则，尽快救济、补偿
环境、经济、社会水平的综合提高	综合环境和经济两个方面，以可持续发展为目标
环境政策的基础整顿	各种技术开发和研究的推进都需要考虑环境因素

（4）评估标准

环境政策评估主要是评估政策的特性，包括必要性、有效性和效率性。

必要性：政策是否能满足国民和社会的要求或作为优先考虑的行政目的的妥当性。

有效性：相关政策在国内生产总值的上预期效果与实际得到的或将得到的政策效果之间的关系。

效率性：相关政策在国内生产总值上投入的资源和可能政策效果之间的关系。

除上述特性外，还应考虑政策的公平性、优先性等特点，以更加准确地进行政策评估。

（5）评估方式

日本环境政策的评估主要采用事业评估方式、业绩评估方式和综合评估方式，这三种方式的评估对象、时期、目的及方法等各具特点，但都贯穿了量化评估的理念。

（6）实施体制

政策的评估由各政策的主管室开展实施，在各年度开始后评估前一年度政策措施的进展状况，并将政策的评估结果提交给国会。政策评估宣传部门将评估结果公布于众，广泛征集国民和政策评估委员会的意见。环境政策评估的实施体制包括政策评估推进会议，政策评估宣传部、政策评估委员会和省内各部局的合作。

政策评估推进会议由省干部参与，对政策评估的实施结果、相关各部局间的联络与合作、政策评估的主要事项做出决定。

政策评估宣传部主要负责以下事项：① 基本计划及实施计划的制订，政策评估有关事项的策划及立案；② 梳理政策制定部门的评估意见；③ 政策评估的融资及政策评估结果的公开；④ 政策评估人才的培养与实施；⑤ 政策评估体系的调查、研究与开发推进；⑥ 政策评估委员会的运营；⑦ 政策评估推进会议的运营。

政策评估委员会由对环境政策问题经验丰富的省外部学者构成，主要负责：① 政策评估的意见建议；② 政策评估方法的探讨研究。

1.2.5　国际经验总结

国际上，不论是环境政策研究者还是政府官员，都深刻认识到环境政策评估是环境政策过程中不可缺失的一个环节，也注重评估结论的应用，对改进环境政策系统、提高环境政策质量和监督政府工作有着重要的作用。在欧美等一些发达国家（地区），环境政策评估已经纳入立法范畴，如早在 1981 年，里根总统签署了美国总统行政命令 12291 号，要求联邦机构对所有对经济产生 1 亿美元影响或是被管理和预算办公室（OMB）认定有显著影响的法规进行成本效益分析，包括环境法规在内。欧洲环境政策评估开展的时间较早，评估工作在欧盟和成员国两个层面上都得到了实施。欧盟层面上还没有专门的关于开展政策评估的法律法规，欧盟委员会的做法是在政策评估初期指定欧洲环境署负责成员国的环境政策评估工作，开展初期首先研究了政策评估信息的收集渠道，制定了政策评估的方法框架，这为后期开展评估提供了借鉴和指导。总的来说，国际上开展环境政策评估的特点主要有：

（1）制定行政法规，强制实施政策评估

为了保证政策评估顺利开展，许多国家制定了相关的法律、法规来规范政策评估过程，以保证政策评估的顺利开展及结论的真实有效。例如，美国历届政府都出台了行政命令要求各政府机构实施规章政策影响分析，行政命令 12866 号、12291 号和 13563 号等都指出要对重要政策实施成本效益评估和经济影响分析，美国环保局根据行政命令的强制性要求实施环境政策评估；美国也通过法律来强制实施政策评估，如《清洁空气法》在立法阶段就要求定期评估该法的成本效益。通过行政法规强制实施，以自上而下的方式可以促进美国迅速建立环境政策评估体系。在法律、法规的保障和规范下，这些国家的环境政策评估得以健康开展。

（2）指定环境政策评估机构

指定环境政策评估机构有助于日后的政策评估工作的开展，方便组织与实施。例如，欧盟委员会在政策评估初期指定欧洲环境署负责成员国的环境政策评估工作，在评估过程中，欧盟委员会也委托技术咨询公司进行成员国的环境政策评估工作。美国联邦政府指定管理和预算办公室专门负责政策评估指导工作，EPA 也有专门的部门——政策办公室的调控政策和管理办公室及国家环境经济中心——负责研究环境政策评估。通过设置专门机构负责指导监督环境政策评估，一方面可集中专业人才突破政策评估中的瓶颈问题，另一方面也便于统一各部门的评估程序和评估方法。

（3）建立环境信息上报体系

进行政策评估对有关环境政策和措施的数据及信息量需求较大，欧盟的做法是成立欧洲环境信息与检测网（Eionet）帮助欧洲环境署进行成员国环境信息的收集，同时发布政策、指南帮助成员国汇报环境政策措施实施后的情况，后又在环境法规中附加条款强制要求成员国汇报环境政策的实施信息，这对欧盟开展环境政策评估帮助很大。

（4）重视政策成本效益的量化分析

美国要求尽可能量化分析，以为政策决策机构提供直观的数据。例如，管理和预算办公室及 EPA 在其制定的评估导则中更进一步强调要在量化分析的基础上，尽可能将成本效益的分析货币化；EPA 还积极投入大量资金研究政策成本和效益货币化的模型方法。

（5）重视影响路径分析方法的运用

欧盟在对成员国进行环境政策评估时，借鉴了经济合作与发展组织（OECD）开发的驱动力—压力—状态—影响—响应（DPSIR）框架来识别环境政策的效果，建立政策与其效果之间的因果联系。荷兰在进行政策评估时，借鉴了欧盟的 DPSIR 框架来建立因果联系，确定环境政策的效果。英国对空气质量战略的评估也运用了影响路径分析的方法。

（6）评估的相关信息及其评估结果一律公开

日本的政策评估始终坚持公开透明的原则，将政府政策评估的运行纳入群众公开监督之中。例如，《政策评估法》在确定政策评估方针时，明确规定利用因特网或其他方法发布政策评估相关的信息，并要求在制订具体政策评估计划时，将信息公开的规定纳入计划的方案中，作为执行评估计划的重要内容。

（7）实施评估具有较强的计划性和规范性

日本环境省开展环境政策评估是基于环境省政策评估基本计划的，政策评估基本计划的时间范围为 5 年一次，根据该计划，明确政策评估实施的基本原则；分析和收集政策效果信息；确定政策事前评估的有关事项；确定政策事后评估的事项，包括在计划期间内，政策评估实施的相关事项；充分发挥有关专家在政策科学理论与经验方面的作用；反馈政策规划和运行评估结果的事项；确定关于利用因特网以及其他方法公开发表政策评估相关情报的内容等。

（8）注重技术方法和工具的开发应用

欧美在推动费用效益评估实施的过程中，尤其强调技术方法研究、规范实施以及配套技术工具的开发应用。例如，美国环保局制定了《环境法规和政策的经济分析指南》，开发了 BenMAP 等多个评估模型和 ABaCAS-SE 评估系统[25, 26]；欧盟开发了 GAINS 模型和数据库。这些模型、系统经过不断地应用、改进，已经实现了全面成本和多维效益的集成分析。

1.3 基本概念界定

1.3.1 费用和效益边界界定

对于大气污染防治的费效评估研究需要先确定哪些是费用，哪些是效益，因为在不同的语境或是时间角度下二者是可以相互转化的。费用可以是企业的治理费用，也可以是公众的健康费用；同时效益可以是企业不治理大气污染产生的内部效益，也可以是公众因为清洁空气而获得的健康效益。因此，对于二者关系的定位在研究初期非常重要。

通过对大量文献的分析和梳理（表 1-11），可以从时间角度将大气污染及其影响的研究情景分为两大类：预期型（prospective）和追溯型（retrospective）。其中，在预期型的研究当中一般又存在两类情景：控制情景（control）和非控制情景（no-control）（表 1-12）。

表 1-11 大气污染费效评估部分文献梳理

作者 & 年份	研究区域	研究的污染物	情景类型	费用类型	效益类型
Chestnut 等（1987）	圣保罗	Pb、PM、NO_2、SO_2、O_3、CO	预期型 大气改善效益研究	无	人体健康效益
Ostro（1994）	雅加达	Pb、PM、NO_2、SO_2、O_3	预期型 大气改善效益研究	无	人体健康效益
U.S. EPA（1995）	费城	PM	预期型 大气污染控制费用研究	污染防治技术的投资	无

续表

作者 & 年份	研究区域	研究的污染物	情景类型	费用类型	效益类型
Shin 等（1997）	曼谷、北京、香港	PM、CO、Pb	预期型 大气污染控制费用 & 大气改善效益研究	污染防治技术的投资、能源结构调整	人体健康效益
Voorhees 等（2000）	东京	NO_2	追溯型 大气污染控制费用 & 大气改善效益研究	污染防治技术的投资、实施环境管理政策的成本	人体健康效益、宏观经济效益
European Commission（2001）	西欧 12 国	SO_2、NO_x、PM	预期型 大气改善效益研究	能源结构调整	人体健康效益
European Commission（2005）	欧盟 27 国	SO_2、NO_x、PM	预期型 大气污染控制费用 & 大气改善效益研究	能源结构调整	人体健康效益、农作物增产效益、材料损失减少效益、生态系统保护效益、其他社会效益

表 1-12　大气污染费效评估研究情景辨析

研究类型	预期型 研究非控制情景	预期型 研究控制情景	追溯型 研究情景
费用	公众未来的健康费用	污染者现在的治理费用	污染者过去的治理费用
效益	污染者现在的效益	公众未来的效益	公众现在的效益
本书研究类型	×	√	×

在预期型研究非控制情景下，费用是大气污染产生的费用，是根据真实的大气污染物浓度计算得到的；效益则是污染者应该投入但并未投入（虚拟存在）到减排措施的投资。因此，从污染者角度来看，效益是污染者节省下来的钱，而费用是公众付出的健康费用（包括买药、住院、务工等）。

在预期型研究控制情景下，费用是假设为了改善未来的空气质量，污染者应该现在投入（虚拟存在）到减排措施的投资和治理费用；效益是公众在未来本应该支付（虚拟存在）而不再需要支付的健康效益（包括买药、住院、务工等）。

在追溯型研究情景下，费用是假设为了改善未来的空气质量，污染者应该在过去某个时间投入（虚拟存在）到减排措施的投资和治理费用；效益是公众现在本应该支付（虚拟存在）而不再需要支付的健康效益（包括买药、住院、务工等）。

根据对概念的梳理，本书的研究情景对应的是预期型研究控制情景，即主要对决策者制定的政策以及污染者现在应采取的治理措施等所产生的费用，以及未来公众健康因大气质量改善所产生的效益来开展费用效益评估。其中，费用需要通过对排污单位的治理费用开展调查，形成费用函数，来计算应急或常规治理所产生的费用，效益则根据治理后大气质量的改善情况进行评估。

1.3.2 费用计算范围界定

在对环境政策实施费用进行分析时，随着评价主体的不同费用评估范围也会有所差别。政府在实施环境政策过程中，费用评估范围主要包括环境监管能力建设费用、环境监测费用和环境治理工程费用等；企业在实施环境政策过程中，费用评估范围主要包括受环境管理影响要求企业关停或减产的损失、更新改造生产技术的成本、新增或更新污染物处理设施的投资以及污染物处理设施运行成本等（表 1-13）。

表 1-13 环境政策实施的费用指标

费用主体	细化指标
政府	环境监管能力建设费用； 环境监测费用； 环境治理工程费用； ……
企业	企业关停或减产的损失； 更新改造生产技术的成本； 新增或更新污染物处理设施的投资； 污染物处理设施运行成本 ……

任何一项污染治理或监管费用都分为建设成本和运行成本两部分，其中建设成本集中在设施建设期，而运行成本在设施运行的全周期内都会长期存在。

（1）建设成本：包括废物治理、收集、循环、处置及预防等的构筑物或设备的安装、改装等的支出，还包括设备装置安装启动的支出等。如购买环保设备、场地整理、设计、安装等，相当于“固定成本”。在费用效益分析中，该固定成本可随设备使用寿命进行年度折旧分析。

（2）运行成本：通常是与原料、水及能源、维护、供给、人工、废弃物处理、运输、管理控制、贮存、处置有关的支出及其他费用。而生产率的提高、副产品或废弃物的出售及重复利用、环境税费的减少等所获得的收入可以部分补偿运行支出，相当于“变化成本”。

1.3.3 效益计算范围界定

效益分析包括环境效益和社会经济影响两部分。环境效益包括采取政策措施后增加的环境效益（污染物减排、环境质量改善等）及环境改善的终端效益（人体健康效益的增加，清洁费用的减少，农作物产量的增加，建筑材料腐蚀的减轻等污染损失的减少）（表 1-14）。

表 1-14 环境政策实施的环境效益指标

内容	细化指标
环境效益（实物量）	污染物减排 节约资源能源 环境质量改善
环境效益（货币化）	人体健康效益的增加 清洁费用的减少 农作物产量的增加 建筑材料腐蚀的减轻等污染损失的减少

社会经济影响分析指环境政策的实施对宏观经济的影响，包括 GDP、产业结构、就业、税收、进出口等影响（表 1-15）。

表 1-15 环境政策实施的社会经济影响指标

内容	细化指标
经济影响	GDP 的增长 带动其他行业的经济增长 产业结构的优化调整 价格调整 进出口增加
社会影响	税收增加 劳动力和就业的增加 环境事件的减少

1.4 研究思路确定

1.4.1 大气复合污染控制因子识别和调查方案设计

基于相关研究成果和我国大气环境管理及污染控制的重点需求，本书重点关注污染物、污染物排放源及其环境影响。从污染物的角度来看，目前影响我国大气环境质量的主要污染物包括颗粒物、SO_2、NO_x 和 VOCs 等。排放源可以概括为四类：

第一类是重点工业行业与燃煤锅炉，重点工业行业包括火电、钢铁、水泥与石化；第二类是机动车移动源；第三类是生活源；第四类是道路与施工扬尘。环境影响重点关注大气污染物以及环境质量效果与效益评价可行性，将 $PM_{2.5}$、SO_2 和 NO_2 浓度及酸雨、能见度作为环境质量影响指标。本书重点研究的大气污染物与环境质量指标及大气污染物治理费用范围界定见表 1-16 和表 1-17。

表 1-16　重点研究的大气污染物与环境质量指标

排放源界定		大气污染物				环境质量指标				
		颗粒物	SO_2	NO_x	VOCs	$PM_{2.5}$	SO_2	NO_2	酸雨	能见度
重点工业行业	火电	√	√	√		√	√	√	√	√
	钢铁	√	√	√		√	√	√	√	√
	水泥	√		√		√		√	√	√
	石化	√	√	√	√	√	√	√	√	√
机动车		√		√	√	√		√	√	√
生活源		√	√	√		√	√	√	√	√
扬尘		√				√				√

注：“√”表示针对某一类源本研究重点关注的污染物。

表 1-17　大气污染物治理费用范围界定

排放源	费用项			
	工程措施	结构调整措施		管理措施
		能源结构	产业结构	
重点工业行业（火电、钢铁、水泥、石化）	投资＋运行费用（含政府补贴）	清洁能源、能源供应、管网建设、技术改造	淘汰落后产能、补贴、税收优惠、人员安置	在线监测设施建设与运行（企业）、监管能力建设（政府）
机动车	尾气净化装置投资	油品升级、公共交通事业清洁能源改造	黄标车及老旧车辆淘汰、新能源汽车补贴	限行监管成本、尾气检测等
生活源	煤改气			加强监管
扬尘	道路清扫、施工场地硬化、防护网和围挡			监管执法

构建区域大气污染排放清单和大气复合污染成本与效益分析技术，对区域重点工业行业、生活源、机动车、扬尘等不同污染源进行 SO_2、颗粒物、NO_x、VOCs 等不同污染物控制的成本的调查表设计。重点工业行业调查表主要包括火电、钢铁、水泥、石化等行业污染控制技术、成本、规模、工艺、污染物产生量、排放量、污染浓度等方面内容。机动车调查表主要包括机动车尾气净化、黄标车淘汰等技术的成本等内容。研究提出每一类对象和关键费用影响因子所对应的评价要素。

采用样本调查和相关部门调研相结合的方式，并按照统计学要求保证合理的调查样本比例和数量，开展成渝地区大气复合污染控制成本调查。

1.4.2 大气污染控制成本技术研究

（1）大气复合污染控制成本技术

以环境统计基表为主体，结合典型企业调查数据，考虑企业规模、污染物处理技术、装机容量、煤质等因子，构建火电、钢铁、水泥以及石化等行业的大气污染物 SO_2 和颗粒物的污染治理成本函数。基于典型重点企业调查、建筑扬尘现场调查和专家咨询等多种形式，构建脱硫和除尘成本函数，确定脱硝成本、VOCs 去除成本、机动车大气污染物治理成本和建筑扬尘治理成本矩阵。

（2）重污染天气应急成本评估技术

界定重污染天气应急成本费用评估的范围（表 1-18），结合成渝地区重污染天气应急措施，采用走访调研、问卷调查等方式，针对政府相关部门、重点行业企业、车主、施工工地开展应急减排和管理成本与费用调查，构建工业源、机动车源和扬尘污染方面的应急成本与费用矩阵。研究重污染天气应急措施可能产生的社会影响类型和范围，重点针对社会满意度、政府公信力、交通运输、公众环境意识等方面开展问卷调查，研究应急预案启动的社会影响，综合各方面社会影响分析，构建应急减排社会效益评价模型。

表 1-18 重污染天气应急成本费用范围初步界定

排放源	临时性措施	成本费用类型
重点工业行业	停产限产	监管执法成本、停产限产经济损失
机动车	限行	限行监管成本
扬尘	道路洒水频次增加、施工工地减少土方作业	监管成本、洒水人力成本、洒水车燃油成本、水费、施工工地误工费

1.4.3 大气污染控制健康效益技术研究

大气污染控制产生的健康效益是为避免相应损害而产生的情况改善，即通过基准情景的健康损失和空气质量改善后的健康损失差值进行计算。选择 $PM_{2.5}$ 作为典型污染物，以呼吸系统和心脑血管疾病为人体健康疾病终端，采用疾病负担法对 $PM_{2.5}$ 导致的过早死亡、呼吸系统疾病和心脑血管疾病住院及失能三个方面的损失进行核算。剂量－反应关系模型是健康效益评估的关键技术，利用 Meta 方法，构建参数本地化的长期剂量－反应关系模型和短期剂量－反应关系模型，结合网格化的空气质量数据，采用支付意愿法和人力资本法进行健康效益价值量网格化技术构建。

1.4.4 大气复合污染控制经济和社会效应技术研究

构建区域绿色投入产出模型，建立大气复合污染控制对经济效益的模拟技术。通过区域绿色投入产出模型，进行大气污染治理成本和大气污染治理对地区 GDP、就业、产业结构影响等方面的模拟，分析大气污染治理投资的经济效应。社会效益主要分析空气质量改善后，对交通出行、生活等方面的影响，并通过入户问卷调查的方式，对大气污染导致居民防护、清洁（如购买防护口罩、空气净化器，居室清洁，洗车等）成本的增加进行调查研究，进而研究污染控制带来的居民成本节约效益。

1.4.5 不同情景下的大气复合污染费效分析研究

开展成渝地区复合大气污染技术成本、结构调整成本和管理成本调查，利用构建的大气复合污染费用和效益分析技术，构建措施 - 排放 - 质量 - 成本 - 效益评估模型，建立详细的末端控制技术数据库，根据不同的政策、规划、标准，建立综合考虑社会经济发展模式、大气污染控制目标的多尺度未来大气污染防治情景。从追溯和情景设计两个方面，进行成渝地区“大气十条”实施的成本效益分析和成渝地区“蓝天保卫战”实施的成本效益分析，对不同情景下，成渝地区大气复合污染的控制成本和效益进行核算。

1.4.6 大气污染治理费效分析评估指南与制度设计

针对不同评价对象、不同控制措施及不同评价方法，从标准化和规范化两个角度进行梳理，编制大气污染防治费效评估方法与应用技术指南及应急减排费效评估方法与应用技术指南，从推广应用角度针对大气污染防治费效评估综合模型的动态更新提出具体的建议。基于对我国大气污染防治政策的需求分析，提出大气污染防治费效评估制度体系的构建。研究构建大气污染防治费效评估制度总体框架，提出将费效评估纳入相关环境政策（如大气污染防治方案、大气环境保护规划、大气环境风险交流与公众参与制度、大气污染预警与应急预案体系等）制定过程中的具体政策建议并形成相应的政策制度建议稿。

2

区域大气复合污染控制多维成本研究

2.1 数据来源与预处理

2.1.1 环境统计数据

环境统计数据主要为我国环境统计基表数据，包括主要重点工业行业燃煤的含硫量、脱硫方法、不同脱硫方法和不同机组容量的设备运行情况以及脱硫效率等。本书利用 2011—2015 年环境统计基表数据，进行工业企业成本模型构建和模型参数估计。

环境统计数据的特点：一是数据量大，统计了我国重点行业所有重点企业的逐年数据，是目前可以获取的最完整数据源；二是获取的相关指标丰富，由于环境统计是专门针对工业企业设计的填报制度，已在最大限度上考虑了环境数据分析过程中需要的数据指标，实用性强；三是由于十万余家企业直接上报，数据指标不可能一一得到验证，尤其是费用相关数据，很难保证数据准确性，在使用过程中需要进行数据的统计学分析，删除不合理的数据样本。

在进行数据处理时，首先，对环境统计数据进行简单处理，筛选出与脱硫、脱硝和除尘成本相关的数据样本。在 2011—2015 年环境统计数据中共提取火电行业数据 3 784 条，球团生产工艺数据 727 条，烧结生产工艺数据 1 057 条，水泥行业数据 6 341 条。

其次，结合环境统计数据特点，在进行数据分析之前，对企业环境统计信息进行整理和调整。一是污染物治理设施和治理费用并不是一一对应的，环境统计数据中治理费用是所有污染物治理设施费用的总和。为提取出合理的污染物治理措施费用，最重要的是要对环境统计数据进行整理，使企业脱硫、脱硝或除尘的费用可以对应到具体的治理设施上。二是对目前环境统计数据根据治理污染物的种类、治理方法类型等进行区分处理。三是要根据专家建议和污染物治理公司给出的经验值对环境统计数据进行取舍，确保费用相关数据在合理范围内。

2.1.2 环保专家经验数据

我们邀请了火电、水泥、钢铁和石化等不同行业的专家，开展学术讲座，进行大气污染治理成本相关研究的技术交流，对重点行业的污染物治理趋势、污染物治理措施分类以及污染物治理成本等进行介绍和分析。行业专家为我们提供了在目前总体环境管理的趋势下，常规污染物治理设施的投资费用。这些数据是具有代表性的经验数值，可以作为判断我们调研数据可靠性的依据之一。

2.1.3 企业现场调研数据

我们到成渝地区开展典型企业调研，与企业环境管理人员进行直接交流，并请他们填写关于治理措施和成本信息的调查表（附录1～附录3）。我们共对18家企业进行了现场调研，获取了相对完整的污染处理数据，这些数据相对于环境统计数据具有更重要的参考价值，我们对该企业的生产设施、污染治理情况以及费用组成等有更深刻的认识，获取的数据指标更加丰富、准确。因此，这些通过现场调研获取的数据，一是可用以验证环境统计数据；二是在环境分析的过程中，可将这些数据赋以更高的权重，进行重点分析。

由于2011—2015年的环境统计数据只有重点企业数据，而且在成渝地区进行重点调研的企业也都属于中大型企业。为了保证企业数据的完整性，我们同时对279个“散乱污”企业的大气治理成本进行问卷调查，对128家中小型企业的应急成本进行问卷调查。

2.1.4 公众问卷调查数据

为了获取个人在重污染天气下的防护成本和支付意愿，我们设计了两组公众调查问卷，主要在成渝地区的重庆市、成都市、达州市、乐山市共四地开展调查，公众调查问卷主要针对大气污染给个人生活带来的各种影响，设计调查问卷并开展调查，共获得调查问卷3 069份。大气污染支付意愿调查主要对大气污染浓度下降的支付意愿展开调查，用于生命统计价值评估，共得到调查问卷2 587份。

2.1.5 文献资料数据

在项目研究过程中，我们查阅了大量的国内外相关文献，参考其中不同行业、不同治理技术的分类方式和相关信息，并将文献中的数据进行整理，用于对环境统计数据的校核和相关成本矩阵的构建。

2.1.6 不确定性分析

工业行业的成本不确定性主要来源于以下四个方面：不同人对成本范围理解不同、原始数据有误、经验不足导致对数据理解有误、数据量不足导致数据偏移。

针对不同人对成本范围理解不同方面，首先对环境统计中相关指标进行分析，了解污染物治理成本范围，并在设计调查问卷过程中将成本细化为污染物治理过程中的电费、水费共 7 项，确保所有数据覆盖范围一致。针对原始数据有误方面，剔除异常值，计算数据库中各变量的平均值（u）和标准差（s），然后剔除不在［$u-2s$，$u+2s$］范围内的数值。针对经验不足导致对数据理解有误方面，我们共邀请了 5 位国内知名专家进行污染物治理成本相关内容的讲座，其中包括“我国主要污染物的形成与控制”“火电行业大气污染防治治理技术及其治理成本”“水泥行业大气污染防治治理技术及其治理成本”“化工行业大气污染防治治理技术及其治理成本”“我国柴油机车污染控制排放后处理技术研究”等讲座，各位专家对各种污染物治理成本的合理范围进行了界定。针对数据量不足导致数据偏移方面，重点行业污染治理成本数据来源于环境统计数据，其中火电行业数据 3 784 条，球团生产工艺数据 727 条，烧结生产工艺数据 1 057 条，水泥行业数据 6 341 条，此外我们还对 18 家重点企业和 279 家“散乱污”企业进行了现场调研，基本可以覆盖我国所有典型行业数据。

2.2 重点工业行业大气复合污染控制成本研究

2.2.1 主要大气污染控制技术

2.2.1.1 主要脱硫技术

（1）湿法烟气脱硫技术

湿法烟气脱硫技术为气液反应。其优点是反应速度快；脱硫效率高，一般均高于 90%；技术成熟，适用面广；生产运行安全可靠，在众多的脱硫技术中，始终占据主导地位，占脱硫总装机容量的 80% 以上。缺点是生成物是液体或废渣，较难处理；设备腐蚀性严重；洗涤后废气需再热，能耗高；系统复杂、设备庞大、耗水量大、占地面积大、投资和运行费用高。常用的湿法烟气脱硫技术包括石灰石（石灰）－石膏湿法烟气脱硫工艺、氧化镁－七水硫酸镁回收法烟气脱硫工艺、双碱法烟气脱硫工艺、湿式氨法烟气脱硫工艺、电石渣－石膏法烟气脱硫工艺、造纸白泥－石膏法烟气脱硫工艺等[27, 28]。

（2）干法烟气脱硫技术

干法烟气脱硫技术为气固反应。其优点是工艺过程简单，无污水、污酸处理问题，能耗低，特别是净化后烟气温度较高，有利于烟囱排气扩散，不会产生“白烟”现象，净化后的烟气不需要二次加热，腐蚀性小；缺点是脱硫效率较低，设备庞大、投资大、占地面积大，操作技术要求高，其中荷电干式吸收剂喷射法靠电子束加速器产生高能电子脱硫，对于一般的大型企业来说，需大功率的电子枪，对人体有害，故还需要防辐射屏蔽，运行和维护要求高[29]。

相对于湿法脱硫技术来说，干法烟气脱硫技术设备简单，占地面积小、投资和运行费用较低、操作方便、能耗低、生成物便于处置、无污水处理系统等。常用的干法烟气脱硫技术有活性炭吸附法、电子束辐射法、荷电干式吸收剂喷射法、金属氧化物脱硫法等。干法烟气脱硫技术的关键在于吸附剂的改造升级。

（3）半干法烟气脱硫技术

半干法烟气脱硫技术包括喷雾干燥法脱硫、半干半湿法脱硫、粉末－颗粒喷动床脱硫、烟道喷射脱硫等。喷雾干燥法脱硫在气、液、固三相状态下进行脱硫，工艺设备简单，生成物为干态的硫酸钙，易处理，没有严重的设备腐蚀和堵塞情况，耗水也比较少，但此法自动化要求较高，吸收剂的用量难以控制，脱硫率在65%～85%。半干半湿法脱硫投资少、运行费用低，脱硫率虽低于湿法烟气脱硫技术，但仍可达到70%，并且腐蚀性小、占地面积少，工艺可靠，往往用于中小锅炉的烟气治理。粉末－颗粒喷动床脱硫应用石灰石或消石灰作脱硫剂，具有较高的脱硫率及脱硫剂利用率，而且对环境的影响很小；但进气温度、床内相对湿度、反应温度有严格的要求，在浆料的含湿量和反应温度控制不当时，会有脱硫剂黏壁现象发生。烟道喷射脱硫将锅炉与除尘器之间的烟道作为反应器进行脱硫，不需要另外加吸收容器，从而使工艺投资大大降低，操作简单，场地需求较小[28]。

总体而言，半干法烟气脱硫技术工艺简单，无废水产生，占地少，总图布置容易实施，有利于旧厂改造工程。一次投资较湿法烟气脱硫技术低。系统在高于酸露点温度下运行，无须防腐蚀或防腐要求不高。相对于湿法烟气脱硫技术，半干法烟气脱硫技术的脱硫效率略低，钙硫比（Ca/S）较高，脱硫剂的利用率相对较低，宜用于中低浓度脱硫场合。

（4）有机胺法脱硫技术

有机胺法脱硫技术采用醇胺溶液作为二氧化硫吸收剂，通过吸收和解吸过程来完成脱硫。以醇胺类的水溶液作为主要吸收剂，在吸收塔内胺液与烟气逆流接触，吸收二氧化硫，吸收了二氧化硫的富胺液送入解吸塔加热解吸，解吸出的高浓度二氧化硫用于制作硫酸，解吸后的贫胺液返回系统重复使用。有机醇胺溶液对二氧化硫有良好的吸收和解吸能力，适用于高浓度二氧化硫的脱除，可回收二氧化硫生产硫酸。该方法解吸能耗较高、投资大。

此外，还有硫化碱脱硫法、膜吸收法、微生物脱硫技术等其他新型脱硫技术，但多处于研究阶段，尚未大规模推广使用。

2.2.1.2 主要除尘技术

（1）电除尘技术

电除尘技术是利用强电场电晕放电使烟气电离、粉尘荷电，在电场力的作用下将粉尘从烟气中分离出来的技术。电除尘技术具有除尘效率高、处理烟气量大、阻力小等多个优点，并可用于高温、高压和高湿场合。电除尘技术除尘效率为99.50%～99.97%，颗粒物排放质量浓度可控制在30 mg/m^{3}以下。另外，电除尘技术具有输出纹波小、平均电压电流高、体积小、重量轻、集成一体化结构、转换效率与功率因数高、采用三相平衡供电对电网影响小等特点。但是电除尘技术一次性投入较大，除尘效率易受比电阻影响。

电除尘技术最常用的设备是电除尘器。传统的电除尘器除尘效率较低，不能达到排放标准。造成传统电除尘器效率低下的原因有：时间长，漏风增加，造成比集尘面积减小，场内烟气流速增大，停留时间短，影响粉尘的沉积；极板腐蚀变形；极板表面锈蚀存在氧化皮，造成积灰污染；阳极板之间联结松动，同极距发生变化，二次电压降低；阴极芒刺线磨损、腐蚀，二次电流低；振打效果不佳；气流分布设计不合理，分布不均；电气元件老化，继电器、接触器老化，故障增加等[30]。目前，一些新型的高效电除尘器，如湿式电除尘器、移动电极除尘器、高频电源电除尘器等已经得到应用。

（2）袋式除尘技术

袋式除尘技术是利用纤维状编织物做成的袋式过滤元件来捕集烟尘的技术，其主要利用纤维织物的过滤作用对含尘气体进行过滤。袋式除尘技术常用的设备是布袋除尘器和袋式除尘器[31]。

布袋除尘器是干法除尘中效率最高的除尘设备，具有如下优点：①不受烟尘比电阻等性质的影响，能捕集电除尘器难以捕集的粉尘；②收尘效率高，排放浓度（标态）有的可达10 mg/m^{3}以下，除尘效率随粉尘浓度的升高而升高；③适应性强，运转稳定，能在较宽范围的温度、压力和粉尘负荷下运行；④操作技术简单、可在线检修[32]。

袋式除尘器运行阻力较大，能耗较高，造价成本及运行费用也高，这是制约其发展的主要因素[33]。此外，滤袋寿命有限，更换费用高，而且滤袋不能承受高温，对烟气中的水分和油性物质有要求[34]，对制造、安装、运行、维护都有较高要求。

（3）电袋复合除尘技术

电袋复合除尘器是将传统静电除尘和过滤除尘机理有机集成发展起来的新型

节能高效除尘器，其在一个风箱体内有规律地布置电场和袋场以达到粉尘高效截留及节能的目的。该技术首先采用与常规除尘器相同的占地和布置方式；同时前级布置电除尘器，收集的粉尘占总量的80%～90%；然后在后级采用袋式除尘器，该阶段粉尘负荷大大降低，滤袋阻力减小、清灰周期延长，收集的粉尘占总量的10%～20%。

电袋复合除尘器与传统除尘设备相比，具有效率高、不受粉尘特性影响、能满足不同工况条件运行要求、高效稳定、阻力小、滤袋粉尘负荷小、滤袋寿命长、维护量小等特点。纯袋式除尘器的粉尘沉积在滤袋表面时呈密实平整结构，而带电荷的粉尘积聚在滤袋表面时呈现凹凸不平的松散结构，更有利于气流的通过，降低滤袋阻力[30, 34]。

目前，电袋复合除尘器主要有预荷电－布袋式、静电布袋并列式和静电布袋串联式 3 种。相对于电除尘器，电袋复合除尘器不受烟尘比、电阻性能影响，可节约钢材 20% 左右，减少占地面积；相对于袋式除尘器，电袋复合除尘器能够显著降低滤袋的阻力，延长喷吹周期，缩短脉冲宽度，降低喷吹压力，可延长滤袋的使用寿命 1～2 年。电袋复合除尘器对烟气中的 Hg、SO_2 和 NO_x 有一定的同步去除作用，更易满足越来越严格的减排要求[35]，但该技术对制造、安装、运行、维护都有较高要求。

（4）其他除尘技术

重力、惯性和旋风除尘技术被广泛应用于多级除尘的预除尘。以旋风除尘器为例，其设备结构简单，造价低，维护方便，耐 400℃左右高温，耐高压，可实现捕集干灰后粉料的回收利用，可用于高磨蚀性粉尘烟气净化。但是，其对微细粉尘捕集效率低，处理风量有局限，当处理风量较大时，要采用多个旋风除尘器并联，如设置不当，对除尘效率将有严重影响。在水泥工业除尘中，电除尘器和袋式除尘器一般用于前端的预除尘和物料回收中[36]。

湿式除尘技术基于含尘气体与液体（洗涤水或其他液体）接触，借助惯性碰撞、扩散等机理，将粉尘予以捕集，实际中应用广泛。其在同等能耗下的除尘效率比干式除尘技术要高，对<0.1 μm 的粉尘仍有很高的除尘效率，能用于高温、高湿及黏性大的粉尘；可兼顾除尘和净化有害气体的作用；结构简单，投资低，占地少，安全性好。其缺点是：有排出洗涤泥浆的二次污染问题；不适用于憎水性和水硬性粉尘；加大了污水处理系统防腐材料的成本；损失了一定的热能，当温度较低时需要防结冰和“白烟”。

2.2.1.3　主要脱硝技术

（1）低氮燃烧技术

为了控制燃烧过程中氮氧化物的生成量，应该降低过量空气系数和氧气浓度，使煤粉在缺氧条件下燃烧，降低燃烧温度，防止产生局部高温区，同时缩短烟气在高温区的停留时间。低氮燃烧技术主要分为低 NO_x 燃烧器（LNB）、空气分级燃烧（SAS）、燃料分级燃烧（再燃）（OFA）、烟气再循环（FGR）等[37, 38]。

低 NO_x 燃烧器主要是在实现稳燃的基础上，在燃烧器喷口附近组织合理的气固流场和温度场，改变通过燃烧器的风煤比例，使煤粉的挥发分在着火燃烧前释放出来，在高温还原性气氛下抑制 NO_x 的生成或者将生成的 NO_x 还原成 N_2[39]。空气分级燃烧主要是将初始进入炉膛的煤粉组织在一个低过量空气的还原气氛下燃烧（空气系数 α 约为 0.80），其余空气由上方喷口送入炉膛（此时 $\alpha>1$ 且火焰温度较低），使燃烧区处于“贫氧燃烧”状态，来减少在该区中 NO_x 的产生，两级燃烧区均抑制 NO_x 的生成。燃料分级燃烧（再燃）是将 85% 的燃料放置在主燃区内、$\alpha>1$ 的条件下燃烧，在主燃烧器的初始燃烧区的上方喷入二次燃料，形成富燃料燃烧的再燃区，在再燃区内将超细煤粉在 $\alpha<1$ 的条件下燃烧，将主燃区产生的 NO_x 部分还原成 N_2，然后在上部再送入风，即火上风（又称燃尽风），以便煤粉燃尽。烟气再循环则是将锅炉尾部的烟气重新引入炉膛，把空气预热器前抽取的温度较低的烟气与燃烧用的空气混合，通过燃烧器送入炉内从而降低燃烧温度和氧的浓度，进而降低 NO_x 生成。

我国低氮氧化物燃烧技术起步较早，低氮燃烧技术仅对燃烧器进行改造，工程造价低且运行费用少，但低氮燃烧技术的脱硝效率仅有 25%～40%，单靠这种技术已无法满足日益严格的环保标准。

（2）选择催化还原法（SCR）

选择催化还原法是目前商业应用最为广泛的烟气脱硝技术，其原理是在催化剂存在的情况下，通过向反应器内喷入氨还原剂，将 NO_x 还原为 N_2。该技术反应温度较低（300～450℃），脱硝效率可达 70%～85%，净化率高，NO_x 排放质量浓度可降至 100 mg/m^3 以下，二次污染小，技术成熟，运行可靠，但设备投资较大，催化剂费用较高。

在 SCR 系统设计中，最重要的运行参数是烟气温度、烟气流速、氧气浓度、NH_3 浓度、水蒸气浓度、纯化影响和氨逃逸等。烟气温度是重要的运行参数，催化反应只能在一定的温度范围内进行；而烟气流速直接影响 NH_3 与 NO_x 的混合程度；此外，NH_3 浓度和水蒸气对催化剂性能也有影响。为使电厂安全经济运行，应选用稳定性好、温度适应性广、寿命长、成本低的催化剂[40]。

（3）选择性非催化还原法（SNCR）

选择性非催化还原法工艺是在高温（850～1 100℃）条件下，由氨或尿素等还原剂将 NO_x 还原为 N_2 和 H_2O。该工艺受温度限制较大，温度过高或过低都会影响脱硝效率，工艺应用较为复杂，且同等脱硝效率下，其 NH_3 消耗量远高于 SCR 工艺，从而使 NH_3 逃逸量增加。SNCR 的脱硝效率为 30%～70%，多用作低氮氧化物燃烧技术的补充处理手段。该技术不用催化剂，在炉膛内不同的高度上布置还原剂喷射口，以满足在不同的锅炉负载下，把还原剂喷射到具有合适温度窗口的炉腔区域。还原剂喷入点的选择和还原剂合适的停留时间，是影响该方法脱硝系统运行的主要因素[39]。

（4）SNCR-SCR 联合烟气脱硝技术

结合前两种方法的优点，将 SNCR 工艺的还原剂喷入炉膛，用 SCR 工艺使逸出的 NH_3 和未脱除的 NO_x 进行催化还原反应。在联合工艺的设计中，SNCR 工艺可向 SCR 工艺提供充足的 NH_3，省去了 SCR 工艺设置在烟道里的复杂的氨喷射格栅系统，大幅度减少了催化剂的用量。典型的联合装置能使脱硝效率达到 80%，同时逸出 NH_3 质量分数低于 0.001%[38]。

与单一的 SNCR 和 SCR 技术相比，在达到同样脱硝效率的情况下，联合烟气脱硝技术催化剂使用量少，成本较低，反应塔体积小，空间适应性强，系统阻力小，同时提高了 SNCR 阶段的脱硝效率。单一的 SNCR 技术必须考虑氨逃逸率的问题，但是 SNCR-SCR 联合烟气脱硝技术中 SNCR 阶段的氨逃逸是作为反应还原剂来设计的，因此可以适当提高该阶段的氨氮比，提高脱硝效率。

2.2.1.4 VOCs 去除技术

（1）回收利用技术

冷凝法：目前，在我国 VOCs 废气治理过程中，冷凝式的治理应用最为广泛。冷凝法回收 VOCs 的主要原理是利用不同有机物质在不同温度下的饱和性差异，蒸汽中的有机物质在调节系统压力的过程中会被冷凝过滤，在一定程度上净化 VOCs，实现物质二次回收。该技术的优势是操作简单，缺点是只适合于 VOCs 浓度较高的企业。

吸收法：吸收液排放会造成二次污染，需要进行处理。设备运行需定期投药剂，运行费用高。

吸附法：吸附法是利用活性炭的吸附性对 VOCs 气体进行吸附处理，其对苯系物、卤代烃的吸附作用尤其明显。工业生产中大多数臭气中水蒸气占比较大，会影响吸附剂的吸附效果。

膜分离法：聚合物复合膜对于气体有选择透过性，通过将合成或天然的膜材料设置在 VOCs 排放通道中，通过空气加压，使 VOCs 气体被动通过聚合物复合膜，在进料侧形成氮气、氧气等贫 VOCs 气流，而在出料侧形成富 VOCs 气流。该技术能够将 VOCs 排放物中 90% 的污染物去除，具有良好的处理效果。同时，该技术对于处理环境具有较好的适应能力，在不同温度、湿度和压力中都能发挥良好的作用。

（2）销毁技术

热力焚烧法：热力焚烧法是最彻底也是最有效的治理方法，但是会产生 NO_x 等次生污染。

催化燃烧法：催化燃烧技术主要通过气体和固体之间的催化反应，使反应物分子附着于催化剂外层，以此来提升反应效率，主要作用是能够使 VOCs 废气在低温无明火状态下燃烧，将其分解为无害的二氧化碳和水，同时产生大量的热。催化燃烧装置有多种不同材质、功效、性能的产品，其中陶瓷蓄热式热回收装置以其高效的热回收效率和废气处理效率，得到了广泛应用。

生物降解法：主要是通过生物分子技术理论的运用，将微生物加入到反应器填料中，利用生物分子来分解和转化废气中的有害物质，从而达标排放。在处理过程中可根据臭气中 VOCs 的浓度选择合适的除臭箱尺寸和细菌种类，以提高除臭效率。该技术的优点在于使用成本低廉，而且微生物分子转换产物多为二氧化碳等气体，很少产生二次污染。同时，该技术对 VOCs 的处理效果也比较显著。

光催化降解法：利用紫外线及催化剂的催化氧化原理，在紫外线的辐照下，光催化剂能够产生具有强氧化力的空穴，可以将臭气中的细菌杀灭，并且把 VOCs 分解为水和二氧化碳。但目前光催化降解效率还有待改善。

低温等离子体技术：利用介质放电产生的等离子体以极快的速度反复轰击废气中的气体分子，去激活、电离、裂解废气中的各种成分，通过氧化等一系列复杂的化学反应，使复杂大分子污染物转变为一些小分子的安全物质，或使有毒有害物质转变为无毒无害或低毒低害物质。

2.2.1.5 超低排放技术

（1）高效脱硫技术

在高效脱硫技术方面，相对于常规的石灰石－石膏湿法脱硫系统，实现超低排放的脱硫新技术主要有双循环技术（包括单塔双循环、双塔双循环）、托盘塔技术（包括单托盘、双托盘）、增加喷淋层、性能增强环、添加脱硫增效剂、旋汇耦合脱硫技术等。

（2）高效脱硝技术

高效脱硝技术首先是采用先进的低氮燃烧技术，在不影响锅炉效率与安全的前提下，尽可能低地控制锅炉出口烟气中氮氧化物的浓度，然后采用 SCR 脱硝。与传统的 SCR 脱硝相比，高效脱硝技术主要在于催化剂的填装层数或催化剂的体积不同，改造工作多将原有的 2+1 层催化剂直接更改为 3 层全部填装，部分电厂采用 3+1 层 SCR 催化剂。改造后，系统脱硝效率可以达到 85%～90%。

（3）高效除尘技术

高效除尘技术初期大多采用在湿法脱硫后增加湿式电除尘配置；湿法脱硫（包括石灰石－石膏湿法脱硫、海水脱硫等）前可以采用电除尘器、袋式除尘器、电袋复合除尘器，如果单独采用电除尘器，一般需配套采用电除尘器新技术，包括低温电除尘技术、旋转电极技术、新型高压电源与控制技术等。

（4）脱硫除尘一体化技术

脱硫除尘一体化技术等协同减排工艺设计，在投资成本、污染物减排以及节能降耗等方面具有一定优势。单塔一体化脱硫除尘深度净化技术（SPC-3D）是烟气通过旋汇耦合装置与浆液产生可控的湍流空间，提高气、液、固三相传质速率，完成一级脱硫除尘，同时实现快速降温及烟气均布；烟气继续经过高效喷淋技术，实现二氧化硫的深度脱除及粉尘的二次脱除；烟气再进入管束式除尘除雾装置，在离心力的作用下，雾滴和粉尘最终被壁面的液膜捕获，实现粉尘和雾滴的深度脱除。该技术具有单塔高效、能耗低、适应性强、工期短、不额外增加场地、操作简便等特点，可在一个吸收塔内同时实现脱硫、除尘、除雾，脱硫效率高达99%以上，同时该技术在费用方面也具有优势。

2.2.2 重点工业行业大气复合污染控制成本函数

2.2.2.1 成本函数

受制于生产工艺、处理技术、处理效率等多因素的影响，各行业大气污染治理成本获取较为复杂，所以构建有效的大气污染治理成本的综合模型很有必要。本书基于2011—2015年的环境统计基表数据和现场调查数据，利用最小二乘法非线性回归，对不同脱硫和除尘减排技术及装机容量，从固定成本、变动成本、SO_2和烟粉尘去除量三个角度进行脱硫和除尘成本模型构建，涉及的指标包括装机容量、煤的含硫量、相应煤种的发热量、发电标煤耗、SO_2和烟粉尘脱除效率、机组运行时间以及煤炭中硫的转化率等。

2.2.2.1.1 脱硫函数

火电行业是燃煤消耗的主体，燃煤产生的SO_2等污染物是我国大气环境的主要污染来源[41-43]。而且火电行业一直是我国工业行业大气污染治理的重点，与其他行业相比，其污染治理投入最多，治理技术最为完善，设施运行最为稳定，污染治理成本相关数据最为合理[44]。依据中国电力企业联合会发布的《中国电力行业年度发展报告2017》，截至2016年年底，全国已投运火电厂烟气脱硫机组容量约占全国煤电机组容量的93%[45]。我国火电行业SO_2排放量由2006年的1 353万t下降至2016年的170万t，减排效果十分显著[46]。我国已发布了《煤电节能减排升级与改造行动计划（2014—2020年）》和《全面实施燃煤电厂超低排放和节能改造工作方案》(环发〔2015〕164号),电力行业已开始实施超低排放。

大气污染治理过程中的设备增设、物料添加以及机组运行等都需耗用一定的成本,对于企业的整体运营会产生经济压力[47-50],特别是当遇到重污染天气应急响应需要停产或限产时,脱硫设施的持续运行会增加企业运营压力[51-53]。脱硫过程的成本测算涉及因素众多,如燃煤的含硫量[54]、脱硫剂的使用量[55]、装机容量以及机组运行时间等[56],导致整体脱硫成本的获取过程极为复杂,以至于个别企业内部对于脱硫成本也欠缺具体的数值或概念[45]。所以,有效估计整个脱硫过程的具体成本或成本范围,可为大气环境政策制定、企业运营成本测算以及不同政策情景模拟提供重要依据[57]。

目前,在火电行业脱硫成本研究中,大部分考虑的因素不够全面,往往侧重于一个或少数几个指标[58-61],也没有构建出一套统一适用的成本模型,而且较少进行验证[62, 63],导致大气污染脱硫成本较难获得。张信芳等选用了消耗品成本、工人成本及折旧成本等,对南方某电厂进行了脱硫成本分析,但对燃煤的含硫量以及设施的脱硫效率等缺少关注[64]。廖永进等选用了机组容量、脱硫方法、燃料特性、设备利用时间、人工费用以及脱硫物料等对区域内少数电厂进行数据统计分析,研究对象数量较少,无法形成具有参考性的方法模型,且时间久远,适用性稍差[65]。史建勇从固定成本和变动成本两方面出发,综合机组容量、含硫量、脱硫效率、机组负荷、年利用时间、控制技术、技术流派、炉型、煤质及区域等影响因素构建了一套脱硫成本模型,并设计出了成本和效益数据库和动态曲线图,整个成本模型具有很好的参考性和很强的推广性[47];但由于数据缺乏,史建勇仅对石灰石－石膏脱硫法进行了成本模型构建,且模型的大多数参数都是借鉴前期研究文献中的设定,而不是依据具体数据统计获得,所以其适用范围存在局限性。

本书以2011—2013年环境统计基表中火电行业数据为基础,结合在现场调研过程中得到的电厂脱硫相关数据,以固定成本、变动成本和SO_2去除量为模型构建重点,选取综合装机容量、含硫量、脱硫效率、机组负荷、年运行时间、控制技术、脱硫技术、炉型、煤质等多个指标,构建电力行业脱硫治理成本模型;通过大数据量的代入,利用最小二乘法非线性回归,进行脱硫成本模型参数估计。以2014—2015年环境统计基表中火电行业数据进行模型的验证,并对模型参数进行校核和敏感性分析,从而为我国大气污染治理费效分析提供决策参考。

(1)研究方法和数据处理

1)研究方法。为便于统计分析和模型构建,根据脱硫过程各阶段对设备的要求、物耗、脱硫效率、时间耗费以及人力等的使用情况,从脱硫过程中的固定成本、变动成本和SO_2去除量三方面进行SO_2脱除成本计算。其中,固定成本包括设备折旧成本、维修成本和人工成本等;变动成本主要是各种物耗成本,包括脱硫剂成本、电耗和水耗成本等,其受炉型、煤质、机组容量、污染物入口浓度以及年利用时间等因素影响较大。

以史建勇[47]建立的初始模型为基础，根据所收集的数据，利用最小二乘法非线性回归获取多个回归模型，并进行模型最优的参数估计。

总成本初始模型：

$$PC_{SO_2}=\frac{TCI+CF}{YR_{减}} \tag{2-1}$$

式中，PC_{SO_2}——每吨 SO_2 脱除成本，万元/t；

TCI——固定成本，万元；

CF——变动成本，万元；

$YR_{减}$——SO_2 去除量，t。

总成本模型进一步细化为

$$PC_{SO_2}=\frac{A\times\frac{q\times S_{ar}}{\eta}+M\times W+\sum_{m=1}^{n}C_m\times\frac{q\times S_{ar}\times t}{\eta}+D}{B\times\frac{S_{ar}}{Q_{ar}\times 10\,000}\times q\times gccr\times\mu\times\eta\times t+E} \tag{2-2}$$

式中，q——装机容量；

S_{ar}——煤的含硫量；

η——SO_2 的脱除效率；

t——机组运行时间；

M——维护人工数；

W——每个工人的年薪；

Q_{ar}——相应煤种的发热量；

gccr——发电标煤耗；

μ——煤中硫的转化率（此模型中取 1，即百分之百转化）；

A、B、C_m、D 和 E——数值型参数；

m——物耗类型；

n——物耗类型数量。

式（2-2）中，分母为 SO_2 去除量模型，分子中前两项为固定成本模型，第三项为变动成本模型。

采用最小二乘法，从三方面进行成本模型的拟合效果和精度检验，一是在总成本模型构建过程中，对三个子模型的拟合优度利用线性回归法进行检验；二是将模型模拟数据与环境统计基表数据中的成本值进行对比分析；三是进行模型敏感性分析。最小二乘法非线性回归拟合过程以及模型稳定性判断均利用 R 软件中的 nls2 包实现。

2）数据获取与处理。本书所用数据主要来自中国环境监测总站提供的 2011—

2015 年的环境统计基表数据和电厂现场调查数据，共 1 625 个企业样本，包括火电行业燃煤的含硫量、脱硫方式、不同脱硫方式和不同机组容量的设备运行情况以及脱硫效率等。其中，2011—2013 年环境统计基表数据和电厂调查数据用于模型构建，2014—2015 年环境统计基表数据用于模型验证。模型构建过程中从脱硫设备的固定运行成本、变动成本以及 SO_2 的减排量三个方面选取指标，主要涉及装机容量、煤的含硫量、相应煤种的发热量、发电标煤耗、SO_2 的脱除效率、机组运行时间以及煤炭中硫的转化率等与 SO_2 排放密切相关的指标。

数据预处理：首先根据数据的合理性，对环境统计基表中火电行业统计数据进行初步筛选，选择运行时间在 720～8 760 h、脱除效率在 20%～100%、燃煤含硫量在 0～5%、污染物的去除量大于 1 t 的企业样本。其次以脱硫成本服从正态分布为标准，删除与平均值的偏差超过两倍标准差的数据样本。计算数据库中各变量的平均值（u）和标准差（s），然后剔除不在［u-2s，u+2s］范围内的数值，获取最终所用的数据。各企业统计的方式和记录数据格式存在很大的差异，导致最终所用的样本数量大幅缩减，共计 1 051 个样本，其中 554 个样本用于模型的构建，497 个样本用于模型的验证。

（2）脱硫成本模型参数估计

从不同脱硫技术和装机容量，进行脱硫成本模型参数估计（表 2-1）。脱硫技术按照炉内脱硫法、石灰石－石膏脱硫法和其他脱硫法三种技术进行划分，各样本量占比分别为 33.57%，39.71% 和 26.72%，石灰石－石膏脱硫法是使用最广的脱硫方法。炉内脱硫法又叫循环流化床锅炉炉内脱硫法，属于石灰石干法脱硫，即将炉膛内的 $CaCO_3$ 分解煅烧成 CaO，然后与烟气中的 SO_2 发生反应生成 $CaSO_4$，随炉渣排出达到脱硫目的。石灰石－石膏脱硫法是湿法脱硫，通过粉状石灰石与水混合搅拌成吸收浆液，然后与烟气中的 SO_2 以及鼓入的空气进行化学反应，达到脱硫目的。其他脱硫法主要包括氨法、海水法、双碱法和镁法等，由于这些技术使用较少，将其统一进行模型构建。

不同装机容量按照 0～100 MW，100～200 MW，＞200 MW 三种规模进行参数估计（表 2-1）。0～100 MW 的样本数量最多，有 245 个；100～200 MW 的样本数量有 188 个；＞200 MW 的样本数量有 121 个。参数 A、C_m、D 越大，说明脱硫成本越大，而 B 和 E 是与分母去除量相关的参数，其值越大，脱硫成本越小。从不同装机容量的参数估计来看，＞200 MW 规模的样本，其参数 A、C_m、B 都小于 0～100 MW 的和 100～200 MW 的，但其 D 和 E 都大于 0～100 MW 的和 100～200 MW 的，说明规模越大，其脱硫成本相对越小。

表 2-1 按脱硫技术和装机容量进行脱硫成本模型参数估计

不同分类		样本数量 / 个	A	C_m	B	D	E
脱硫技术	炉内脱硫法	186	570.71	0.42	0.61	72.17	528.82
	石灰石 - 石膏脱硫法	220	372.51	0.24	0.15	146.45	448.25
	其他脱硫法	148	882.54	0.71	0.8	46.57	423.06
装机容量	0～100 MW	245	690.1	0.16	0.45	24.37	229.3
	100～200 MW	188	196.8	0.08	0.28	52.68	376.8
	＞200 MW	121	58.71	0.03	0.22	177.0	878.0

（3）脱硫成本模型精度验证

1）不同脱硫成本模型中子模型拟合优度检验。对不同脱硫技术和装机容量脱硫成本子模型的拟合优度进行检验。由表 2-2 可知，三种脱硫技术子模型和三种不同装机容量子模型都在 0.01 水平下显著，脱硫技术子模型的拟合优度多在 0.4 左右，装机容量子模型的拟合优度多在 0.3 左右，一定程度上验证了总模型的模拟精度。从子模型来看，固定成本模拟效果较好，SO_2 去除量的模拟效果稍差，装机容量 100～200 MW 的拟合优度较差，其他装机容量子模型拟合优度较好。

表 2-2 不同脱硫技术和装机容量脱硫成本子模型拟合优度

不同分类		固定成本	变动成本	SO_2 去除量	检验水平
脱硫技术	炉内脱硫法	0.33	0.41	0.32	0.01
	石灰石 - 石膏脱硫法	0.39	0.47	0.29	0.01
	其他脱硫法	0.42	0.44	0.31	0.01
装机容量	0～100 MW	0.31	0.37	0.38	0.01
	100～200 MW	0.26	0.25	0.39	0.01
	＞200 MW	0.41	0.35	0.34	0.01

2）不同模拟脱硫成本与实际脱硫成本对比。利用验证数据对不同脱硫技术的模型进行验证（图 2-1）。模型在不同脱硫技术中都得到了很好的验证，拟合优度分别为 0.39（n=182）、0.32（n=127）和 0.24（n=188），在 0.01 水平下均显著。模拟成本与实际成本之间的拟合斜率都接近 1，说明各脱硫技术成本模型的模拟效果较好。通过验证数据获得的模型模拟平均成本与验证数据的企业实际成本进行对比分析，进一步验证各脱硫技术模型的模拟效果（表 2-3）。验证数据的实际成本存在少数异常值，其最大值大于模拟值，最小值小于模拟值，但平均值模拟成本和实际成本比较接近，石灰石 - 石膏脱硫法模拟成本均值为 0.34 万元 /t，实际成本均值

为 0.31 万元 /t。从三种脱硫技术成本模型的模拟结果看，石灰石－石膏脱硫法平均成本最高。

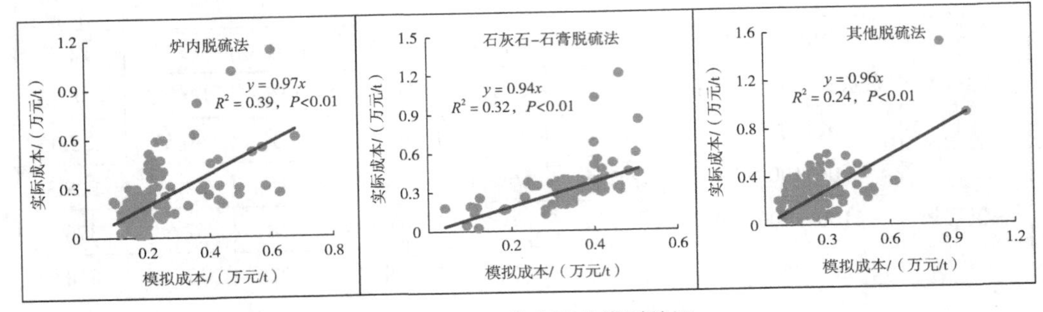

图 2-1　不同脱硫技术模型验证

表 2-3　不同脱硫技术成本结果对比

单位：万元 /t

统计值	炉内脱硫法		石灰石－石膏脱硫法		其他脱硫法	
	模拟成本	实际成本	模拟成本	实际成本	模拟成本	实际成本
均值	0.21	0.20	0.34	0.31	0.23	0.25
最大值	0.68	1.14	0.51	1.21	0.97	1.51
最小值	0.09	0.02	0.04	0.03	0.06	0.04

利用验证数据对不同装机容量的模型进行验证（图 2-2）。模型在不同装机容量中都得到了很好的验证，拟合优度分别为 0.37（n=198）、0.50（n=166）和 0.35（n=133），在 0.01 水平下均显著。通过验证数据获得的模型模拟平均成本与验证数据的企业实际成本进行对比分析，进一步验证各脱硫技术模型的模拟效果（表 2-4），模拟成本的平均值大于等于实际成本。从三种装机容量成本模型的模拟结果来看，随着装机容量的增加，脱硫成本呈现出降低的趋势。

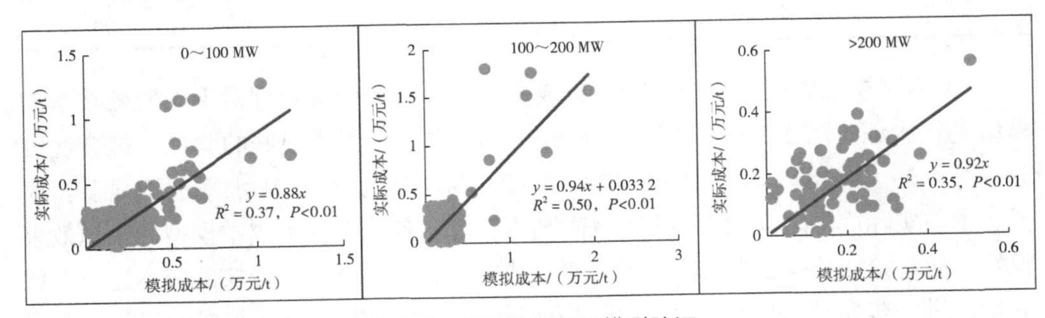

图 2-2　不同装机容量模型验证

表 2-4 不同装机容量成本结果对比

单位：万元 /t

统计值	0～100 MW		100～200 MW		＞200 MW	
	模拟值	实际值	模拟值	实际值	模拟值	实际值
均值	0.24	0.23	0.21	0.20	0.17	0.17
最大值	1.20	1.26	1.95	1.80	0.51	0.56
最小值	0.01	0.03	0.03	0.02	0.01	0.01

进一步对模拟的成本与现场调查数据进行对比，如图 2-3 所示。图中分别标示出模拟的研究成本、平均值和现场调查过程中的脱硫成本范围，基于环境统计基表的模拟成本范围大，现场调研的企业数量相对较少，且主要是大型企业，脱硫成本相对较低，在基于统计数据的脱硫成本模拟范围内，数据合理。

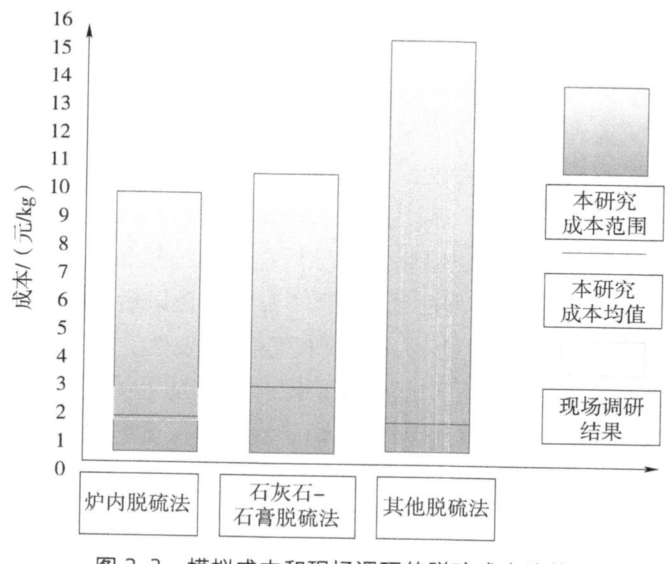

图 2-3 模拟成本和现场调研的脱硫成本比较

3）指标敏感性分析

选取燃煤含硫量（S_{ar}）、SO_2 脱除效率（η）、机组运行时间（t）和发电标煤耗（gccr）四个指标，对不同脱硫技术脱硫成本中各指标的敏感性进行分析。以各指标值减小 10% 后的成本平均值变化大小作为对比依据（图 2-4）。结果显示，模拟初始平均成本为未对各指标进行数值改动前的各脱硫技术模型的模拟成本均值，其他各项即为相应指标减小 10% 后的各脱硫技术模型的模拟成本均值。从各指标变化后的平均成本相对模拟初始平均成本的大小来看，当 η 减小 10% 后，各脱硫技术模型的模拟成本均值变化最大，受影响程度也最大，即各脱硫技术的成本模型对 SO_2 的脱除效率的变化最为敏感。而 gccr 减小 10% 后对各脱硫技术模型的模拟效果几乎无影响，即各模型对煤的含硫量和机组运行时间的敏感性较低。

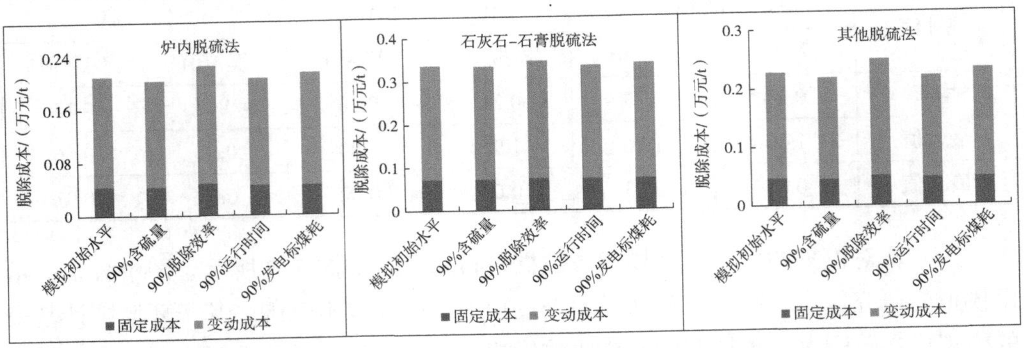

炉内脱硫法
脱除成本/（万元/t）
0.24
0.16
0.08
0
模拟初始水平
90%含硫量
90%脱除效率
90%运行时间
90%发电标煤耗
■固定成本　■变动成本

石灰石–石膏脱硫法
脱除成本/（万元/t）
0.4
0.3
0.2
0.1
0
模拟初始水平
90%含硫量
90%脱除效率
90%运行时间
90%发电标煤耗
■固定成本　■变动成本

其他脱硫法
脱除成本/（万元/t）
0.3
0.2
0.1
0
模拟初始水平
90%含硫量
90%脱除效率
90%运行时间
90%发电标煤耗
■固定成本　■变动成本

图 2-4　不同脱硫技术模型中相应指标减小 10% 后的平均成本

参照以上构建的成本模型，可对火电行业在大气污染治理中的脱硫成本进行有效估计；另外也可以结合模型中各指标的敏感性分析结果，根据实际要求来适当调整物料使用或资产投入，最终达到有效去除污染物的目的；成本模型的建立也使得整个行业二氧化硫治理过程的费用和效益对比更加清晰，对政策部门合理制定大气环境治理政策也具有很强的参考性。综合整个模型的构建方法和流程来看，模型仍具有进一步改进的空间。首先，本书所用的环境统计数据虽然样本量大，但部分数据统计的格式混乱，数据记录出错率高，导致在实际的模型构建过程中所用到的样本量大幅减少，也就降低了模型的代表性[66]，所以在以后的研究工作中还需要从多种渠道收集数据，增加数据量[5]，提高模型的代表性。其次，受基础数据质量影响，不同脱硫技术和装机容量中的子模型拟合检验结果虽然满足要求，但是整体拟合优度并不高，还需要通过大量的实地调研数据，保证基础数据的准确性和可靠度，提高模型构建样本的数据质量[67]。

2.2.2.1.2　除尘函数

（1）研究方法和数据处理

1）研究方法。为便于统计分析和模型构建，根据除尘过程各阶段对设备的要求、除尘效率、时间耗费以及人力等的使用情况，从除尘过程中的固定成本、变动成本和烟粉尘去除量三方面进行除尘成本计算。其中，固定成本包括设备折旧成本、维修成本和人工成本等；变动成本主要是各种物耗成本，包括除尘物耗成本、电耗和水耗成本等，其受炉型、煤质、设计生产能力、污染物入口浓度以及年利用时间等因素影响较大。

以史建勇[47]建立的初始模型为基础，根据所收集的数据，利用最小二乘法非线性回归获取多个回归模型，并进行模型最优的参数估计。

总成本初始模型：

$$PC_{烟粉尘}=\frac{TCI+CF}{YR_{减}} \tag{2-3}$$

式中，$PC_{烟粉尘}$——每吨灰尘脱除成本，万元/t；

TCI——固定成本，万元；

CF——变动成本，万元；

$YR_{减}$——去除量，t。

总成本模型进一步细化为

$$PC_{烟粉尘}=\frac{A\times\frac{q\times D_{ar}}{\eta}+M\times W+\sum_{m=1}^{n}C_m\times\frac{q\times D_{ar}\times t}{\eta}+D}{B\times\frac{D_{ar}}{Q_{ar}\times 10\ 000}\times q\times \mathrm{gccr}\times\mu\times\eta\times t+E} \tag{2-4}$$

式中，q——装机容量；

D_{ar}——煤的含灰量；

η——除尘效率；

t——机组运行时间；

M——维护人工数；

W——每个工人的年薪；

Q_{ar}——相应煤种的发热量；

gccr——发电标煤耗；

μ——煤中灰的转化率（此模型中取 1，即百分之百转化）；

A、B、C_m、D 和 E——数值型参数；

m——物耗类型；

n——物耗类型数量。

式（2-4）中，分母为烟粉尘去除量模型，分子中前两项为固定成本模型，第三项为变动成本模型。

采用最小二乘法，从三方面进行成本模型的拟合效果和精度检验：一是在总成本模型的构建过程中，对三个子模型的拟合优度利用线性回归方法进行检验；二是将模型模拟数据与环境统计数据中的成本值进行对比分析；三是进行模型敏感性分析。最小二乘法非线性回归拟合过程以及模型稳定性判断均利用 R 软件中的 nls2 包实现。

2）数据获取与处理。报告所用数据主要来自 2011—2015 年的环境统计基表和现场调查数据，共 2 990 个企业样本，包括重点行业燃煤的灰分量、除尘方式和不同机组容量的设备运行情况以及脱硫效率等。其中，2011—2013 年环境统计基表数据和重点行业调查数据用于模型构建，2014—2015 年环境统计基表数据用于模型验证。模型构建过程从脱硫设备的固定运行成本、变动成本以及烟粉尘的减排量三个方面选取指标，主要涉及装机容量、煤的灰分量、发电标煤耗、烟粉尘的脱除效率、机组运行时间以及煤炭中烟粉尘的转化率等与烟粉尘排放密切相关的指标。

数据预处理首先根据数据的合理性，对环境统计基表中重点行业统计数据进行初步筛选，选择运行时间在 720～8 760 h、脱除效率在 20%～100%。其次以除尘成本服从正态分布为标准，采用域法进行异常值剔除，即删除与平均值的偏差超过两倍标准差的数据样本。计算数据库中各变量的平均值（u）和标准差（s），然后剔除不在［u-2s，u+2s］范围内的数值，获取最终所用的数据。由于各企业统计的方式和记录数据格式存在很大的差异，最终所用的数据量大幅缩减，共计 2 990 个样本数据，其中 1 741 个样本用于建模，1 249 个样本用于验证。

（2）除尘成本模型参数估计

除尘成本从行业和不同除尘技术两个方面，进行除尘成本参数估计。除尘成本建模样本量为 1 741 个，其中，火电行业样本量为 284 个，占比 16.3%；水泥行业为 1 249 个，占比 71.7%；钢铁行业为 208 个，占比 11.9%。除尘技术分为湿法除尘、静电除尘和过滤式除尘，静电除尘占比 34.1%，湿法除尘占比 17.1%，过滤式除尘占比 48.9%。

参数 A、C_m、D 越大，说明除尘成本越大，因企业没有为除尘而消耗的水量和用电量数据，所以无法得到 C_m 模拟结果，而 B 和 E 是与分母去除量相关的参数，其值越大，除尘成本越小（表 2-5）。

表 2-5　不同行业的除尘成本参数估计 [68]

行业		除尘技术	数量	A	B	D	E
火电行业		湿法除尘	83	461.16	0.64	5.74	2 251.9
		静电除尘	145	74.61	0.34	32.37	3 563.7
		过滤式除尘	56	130.6	1.73	49.11	1 589.5
水泥行业		湿法除尘	159	0.296 9	0.001 5	12.44	19 693
		静电除尘	398	0.219 2	0.001 3	59.6	41348
		过滤式除尘	692	0.307 4	0.000 4	43.35	21422
钢铁行业	球团	湿法除尘	23	0.177 8	0.021 2	16.76	468.11
		静电除尘	20	0.127 4	0.019 6	19.71	1 313.4
		过滤式除尘	52	0.020 8	0.033 2	2.36	165.23
	烧结	湿法除尘	32	0.155 8	0.031 4	27.87	5 928.8
		静电除尘	30	0.176 6	0.040 8	5.22	6 140.7
		过滤式除尘	51	0.124 8	0.007 8	12.7	3 541.9

（3）除尘成本模型精度验证

1）不同除尘成本模型中子模型拟合优度检验。对不同行业、不同除尘技术进行拟合优度检验。不同行业不同除尘技术都在 0.01 水平下显著，除尘技术子模型的拟合优度均在 0.4 左右，一定程度上验证了总模型的模拟精度。从不同行业来看，火电行业的除尘拟合优度相对优于水泥和钢铁行业；从子模型来看，固定成本模拟效果较差，除尘量的模拟效果较好（表 2–6）。

表 2–6 不同行业、不同除尘技术子模型拟合优度

不同分类			固定成本	除尘量	总模型	检验水平
火电行业		湿法除尘	0.22	0.38	0.51	0.01
		静电除尘	0.31	0.45	0.33	0.01
		过滤式除尘	0.26	0.53	0.37	0.01
水泥行业		湿法除尘	0.32	0.37	0.48	0.01
		静电除尘	0.26	0.5	0.33	0.01
		过滤式除尘	0.37	0.34	0.37	0.01
钢铁行业	球团	湿法除尘	0.47	0.67	0.42	0.01
		静电除尘	0.31	0.89	0.5	0.01
		过滤式除尘	0.36	0.81	0.57	0.01
	烧结	湿法除尘	0.32	0.27	0.43	0.01
		静电除尘	0.27	0.43	0.35	0.01
		过滤式除尘	0.66	0.67	0.37	0.01

2）不同模拟除尘成本与实际除尘成本对比。对不同除尘技术和行业除尘成本子模型的拟合优度进行检验。由表 2–6 可知，三种除尘技术子模型和三种行业子模型都在 0.01 水平下显著。从三大行业来看，水泥行业的拟合优度最好，水泥行业湿法除尘、静电除尘和过滤式除尘的拟合优度分别为 0.53（n=159）、0.67（n=398）和 0.53（n=692），在 0.01 水平下均表现出显著性。从具体除尘技术来看，过滤式除尘的样本量最大，其拟合优度也相对较高，钢铁球团过滤式除尘的拟合优度达到了 0.740 5，样本量最大的水泥行业的拟合优度达到了 0.53。利用验证数据对不同除尘技术的模型进行验证（图 2–5～图 2–8）。模型在不同除尘技术中都得到了很好的验证，模拟成本与实际成本之间的拟合斜率都接近于 1，说明各除尘技术成本模型的模拟效果较好（表 2–7）。

从模拟的除尘成本来看，湿法除尘的成本相对最高，火电行业的湿法除尘实际成本为 264 元 /t，水泥行业湿法除尘为 42.1 元 /t，钢铁球团湿法除尘为 816 元 /t，钢铁烧结湿法除尘为 402 元 /t。从不同行业除尘成本来看，钢铁行业的除尘成本较

高，水泥行业的除尘成本较低。钢铁行业球团和烧结不同的工艺，除尘的成本差距也较大，球团的除尘成本相对大于烧结的除尘成本。从模拟值和实际值的对比来看，实际值的最大值总体大于模拟值的，实际值的最小值总体小于模拟值的，且实际值的平均值总体高于模拟值的。

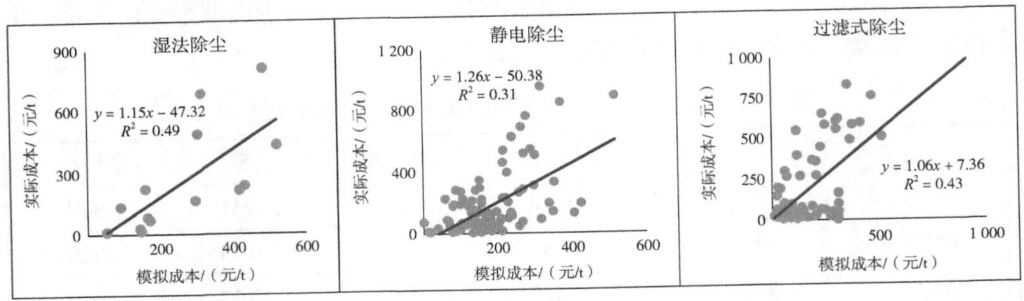

图 2-5 火电行业不同除尘技术模型验证

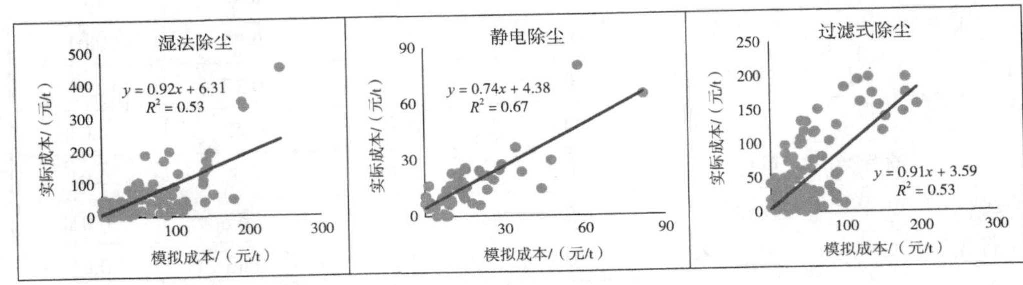

图 2-6 水泥行业不同除尘技术模型验证

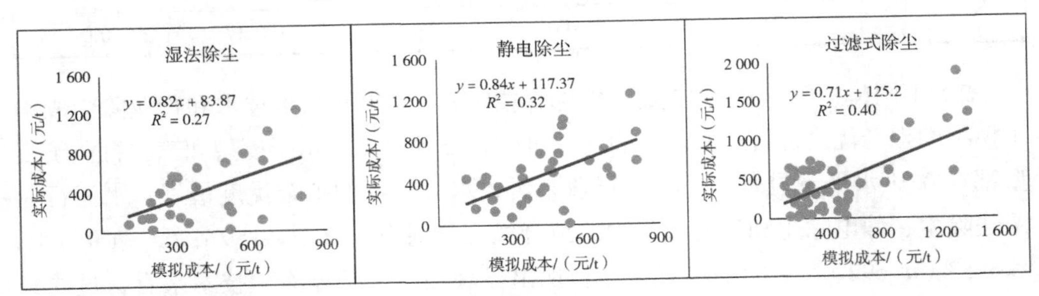

图 2-7 钢铁烧结不同除尘技术模型验证

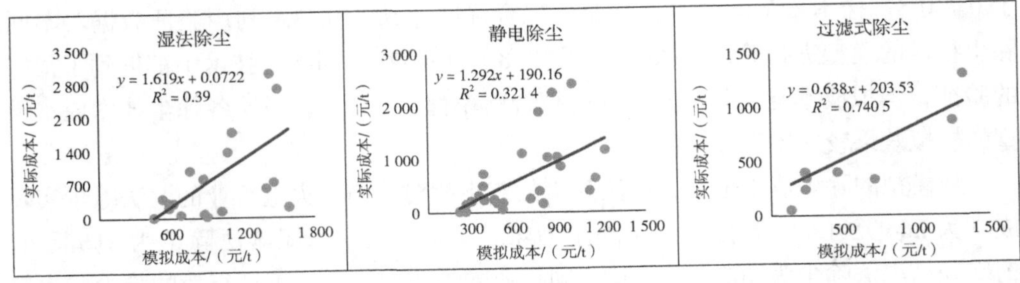

图 2-8 钢铁球团不同除尘技术模型验证

表 2-7 不同除尘技术成本结果对比

单位：元 /t

	统计值	湿法除尘		静电除尘		过滤式除尘	
		模拟值	实际值	模拟值	实际值	模拟值	实际值
火电行业	均值	256	264	178	174	190	210
	最大值	485	808	517	954	914	1 023
	最小值	51.8	15.6	0.01	5.91	8.81	3.89
水泥行业	均值	38.8	42.1	15.2	15.7	38.8	38.8
	最大值	246	450	82.2	79.8	196	198
	最小值	0.14	0.16	0.21	0.11	0.21	0.01
钢铁球团	均值	950	816	642	628	346	425
	最大值	1 586	3 014	1 225	2 264	1 321	1 303
	最小值	452	11.2	218	17.2	137	54.6
钢铁烧结	均值	389	402	432	481	416	422
	最大值	800	1 232	807	1 250	1 398	1 886
	最小值	109	24.8	113	19.3	105	23.2

进一步对除尘成本模拟结果和实地调查数据进行对比，由图 2-9 可知，现场调查的成本数据在模拟的成本范围中，与模拟的平均值接近，进一步验证了模拟结果的合理性。

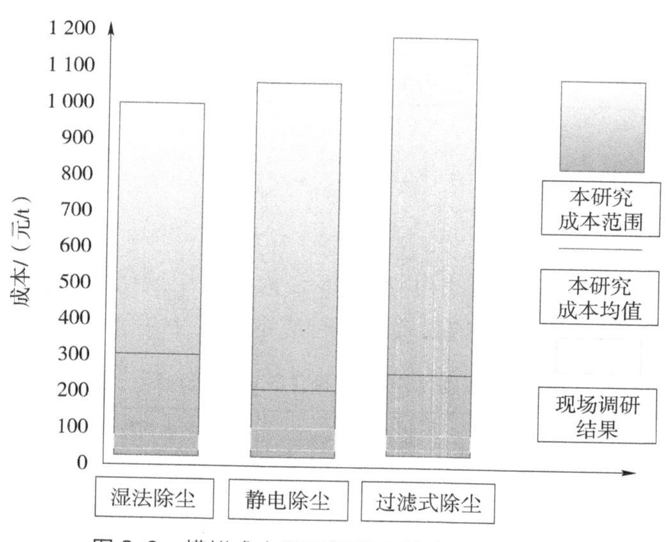

图 2-9 模拟成本和现场调研的除尘成本比较

3）指标敏感性分析。根据构建出的三种除尘模型指标，对比各指标在环境统计数据中的取值特点及范围，选取了煤的灰分含量（D_{ar}）、除尘效率（η）、机组运行时间（t）和发电标煤耗（gccr）四个指标进行敏感性分析，以各指标值减小10%后的成本平均值变化大小作为对比依据（表2-8）。从各指标变化后的平均成本相对模拟初始平均成本的大小来看，当η减小10%后，各除尘技术模型的模拟成本均值变化最大，受影响程度也最大，即各除尘技术的成本模型对于除尘效率的变化最为敏感。而D_{ar}减小10%后对各除尘技术模型的模拟效果几乎无影响，即各模拟模型对于煤的灰分含量变化敏感性较低。

表2-8　各除尘技术模型中相应指标减小10%后的平均成本

行业	除尘技术	模拟初始平均成本/（元/t）	D_{ar}	η	t	gccr
火电行业	湿法除尘	264	264	326	293	293
	静电除尘	178	178	220	198	198
	过滤式除尘	190	190	235	211	211
水泥行业	湿法除尘	38.8	38.8	47.9	43.1	43.1
	静电除尘	15.2	15.2	18.8	16.9	16.9
	过滤式除尘	38.8	38.8	47.9	43.1	43.1
钢铁球团	湿法除尘	950	950	1 173	1 056	1 056
	静电除尘	642	642	793	713	713
	过滤式除尘	346	346	427	384	384
钢铁烧结	湿法除尘	390	390	481	433	433
	静电除尘	432	432	533	480	480
	过滤式除尘	416	416	514	462	462

2.2.2.2　成本矩阵

（1）脱硝成本矩阵

根据项目组调研和文献查阅得到的38台火电机组脱硝数据，并结合行业专家意见，分析得到火电机组脱硝的投资和运行成本如表2-9所示。

表2-9　火电机组不同脱硝工艺的投资和运行成本

脱硝技术	装机规模	固定成本/万元	运行成本/（元/t）
选择性催化还原法（SCR）	1 000 MW	6 000～12 000	7 390～9 080
	600 MW	5 000～9 000	
	300 MW	3 500～5 000	
低氮燃烧技术（LNB）	所有规模	1 000～3 000	310
选择性非催化还原技术（SNCR）	所有等级	1 500～5 000	6 000

续表

脱硝技术	装机规模	固定成本 / 万元	运行成本 / (元 /t)
SNCR-SCR	所有等级	4 500～5 000	6 200
烟气再循环燃烧改造	所有等级	1 000～2 000	910
空气分级燃烧改造	所有等级	800～2 000	240
燃料分级燃烧改造	所有等级	1 000～3 000	1 030

根据项目组调研和文献查阅得到的 12 台水泥窑脱硝数据，结合水泥行业专家意见，分析得到水泥窑脱硝的投资和运行成本如表 2-10 所示。

表 2-10　水泥行业不同脱硝工艺的投资和运行成本

脱硝技术	固定成本 / 万元	运行成本 / (元 /t)
焙烧器上的分级燃烧（SCC）	10～150	120
矿化剂	105	4 130
选择性非催化还原技术（SNCR）	460～7 000	3 220
选择性催化还原法（SCR）	2 000～30 000	4 200
SNCR-SCR	1 300～7 000	3 500

（2）可挥发性有机物成本矩阵

结合调研数据、文献数据和行业专家提供的数据，得到常用 VOCs 去除工艺的固定成本和运行成本（表 2-11）。

表 2-11　主要 VOCs 治理技术治理成本

类型	控制技术	适用 VOCs 浓度范围 / (mg/m^3)	单位处理能力投资 / [万元 / (1 000 m^3/h)]	单位气体运行费用 / (元 /1 000 m^3)
回收利用技术	冷凝法	＞250 000	10～20	150～300
	吸收法	1 000～10 000	10～20	4～6
	吸附法	500～5 000	6～35	60
	膜分离法	＞250 000	30	200
销毁技术	热力焚烧法	100～2 000	200	100
	催化氧化法	2 000～8 000	8～10	0.4～1.0
	生物降解法	＜2 000	1～4	0.6～1.2
	光催化降解法	＜1 000	9	6
	等离子体技术	＜500	0.6～1	0.1～0.3
组合技术	吸附—蒸汽脱附—回收	1 000～66 250	0～42	4～8
	吸附—浓缩—催化氧化	100～2 000	3～6	0.4～0.6

（3）超低排放成本矩阵

在“大气十条”实施之后，我国超低排放技术发展较快，已取得较好效果。高效脱硫技术主要包括高效脱硫除尘技术、双托盘技术、海水脱硫技术、双塔双循环技术等高效脱硫技术。根据专家调研和文献数据汇总的 15 台火电机组超低排放数据，分析得到高效脱硫改造和运行成本如表 2-12 所示。

表 2-12　火电机组高效脱硫成本

<table>
<tr><th>规模</th><th>单位建设成本 /（元 /kW）</th><th>单位运行成本 /［分 /（kW·h）］</th><th>单位总成本 /［分 /（kW·h）］</th><th>增加成本 /［分 /（kW·h）］</th><th>单位污染物减排成本 /（元 /t）</th></tr>
<tr><td>200 MW</td><td>655～678</td><td>0.94～1.01</td><td>1.72～1.8</td><td rowspan="3">0.037～0.44</td><td rowspan="3">4 230～48 410</td></tr>
<tr><td>300～350 MW</td><td>201～367</td><td>0.43～0.82</td><td>0.74～1.25</td></tr>
<tr><td>600 MW</td><td>113</td><td>0.8～0.95</td><td>0.92～1.11</td></tr>
</table>

高效脱硝技术主要包括低氮燃烧器改造、炉内低氮燃烧 + 选择性催化还原技术、脱硝催化剂增加备用层等。根据专家调研和文献中详细列举的共 15 台火电机组超低排放数据，分析得到高效脱硝改造单位建设成本为 145～223 元 /（kW·h），平均建设成本为 193 元 /kW；单位运行成本为 0.12～0.65 分 /（kW·h），平均运行成本为 0.29 分 /（kW·h），单位总成本为 0.3～0.93 分 /（kW·h），平均总成本为 0.53 分 /（kW·h）；脱硝单位减排成本为 7 190～7 490 元 /t，相比常规脱硝成本增加 0.01～0.83 分 /（kW·h）。传统的 SCR 脱硝与超低排放机组脱硝系统的区别主要在于 SCR 催化剂的填装层数或催化剂的体积，因此从单位处理成本上分析，如果原有脱硝设施比较完备，则高效脱硝改造所需成本相对很少。

高效除尘技术主要包括低低温电除尘、湿式静电除尘、电袋复合除尘、电除尘高频电源改造、旋转电极除尘等。在专家调研和文献中详细列举的共 15 台火电机组超低排放相关数据的基础上，分析得到高效除尘改造和运行成本如表 2-13 所示。

表 2-13　火电机组高效除尘成本

规模	单位建设成本 /［元 /（kW·h）］	单位运行成本 /［元 /（kW·h）］	单位总成本 /［元 /（kW·h）］	增加成本 /［元 /（kW·h）］	单位污染物减排成本 /（元 /t）
300～350 MW	122～465	0.16～0.2	0.41～0.72	0.05～0.13	7 060～17 020
600 MW	67～87	0.11	0.18～0.23	0.05～0.09	13 860～132 870

2.3 其他大气复合污染控制成本研究

2.3.1 淘汰燃煤小锅炉

淘汰燃煤小锅炉主要对象为工业、商用和居民小区（社区）的10蒸吨以下规模锅炉，燃煤小锅炉的改造方式主要是淘汰、并网、煤改电、煤改气、清洁能源替代和热泵供暖6种方式，费用按照锅炉的蒸吨为基准进行计算，主要是采暖设备投资费用（折旧年限为5年）。相关参数：电锅炉费用每蒸吨约25万元、燃气锅炉费用每蒸吨35万元、清洁能源替代费用每蒸吨约40万元、热泵费用每蒸吨约15万元；煤改气和煤改电政府补助每蒸吨约6万元、清洁能源替代和热泵补助每蒸吨约3万元。费用计算的不确定性主要在于锅炉规格较多，其中小型锅炉（如0.2蒸吨）合算成每蒸吨的价格要超出计算费用，较大型锅炉（如10蒸吨）折算成每蒸吨的价格要低于计算费用，锅炉数量众多，只能取相对合理的价格；其次清洁能源替代方面包含了生物质、燃油等方式，费用方面会有一定的差异。

$$C_{\text{boi}} = \sum_{i=1}^{4} S_i \times P_i \times R_{\text{boi}} \tag{2-5}$$

式中，C_{boi}——锅炉污染治理成本，万元；

S_i——煤改电、煤改气、清洁能源替代、热泵供暖4种方式的改造蒸吨数，蒸吨；

P_i——这4种改造方式单位蒸吨数的改造成本，万元/蒸吨；

R_{boi}——设备折旧率，%，采暖设备折旧年限以5年进行折旧。

2.3.2 移动源

机动车部分主要考虑黄标车、老旧车淘汰和新车末端治理两方面内容。

（1）黄标车、老旧车淘汰

黄标车、老旧车淘汰补贴费用：

$$C_y = \sum_{t=1} P_t \times V_t \tag{2-6}$$

式中，C_y——黄标车、老旧车淘汰补贴费用，万元；

P_t——黄标车、老旧车淘汰补贴标准，万元/辆；

V_t——黄标车、老旧车淘汰数量，辆；

t——区域。

新能源汽车推广补贴费用：

$$C_n = \sum_{t=1} B_t \times V_t \tag{2-7}$$

式中，C_n——新能源汽车推广补贴费用，万元；

B_t——新能源汽车推广补贴标准，万元 / 辆；

V_t——新能源汽车推广数量，辆；

t——区域。

根据财政部、商务部关于印发《老旧汽车报废更新补贴资金管理办法》的通知，老旧汽车报废更新补贴车辆范围及补贴标准为：使用 10 年以上（含 10 年）且不到 15 年的半挂牵引车和总质量大于 12 000 kg（含 12 000 kg）的重型载货车（含普通货车、厢式货车、仓栅式货车、封闭货车、罐式货车、平板货车、集装箱车、自卸货车、特殊结构货车等车型，不含全挂车和半挂车），补贴标准为每辆车 18 000 元，具体补贴标准如表 2-14 所示。

表 2-14　我国黄标车淘汰补贴费用　　单位：元

车型	2000 年及以前注册登记	2001—2004 年注册登记	2005 年及以后注册登记
重型载货车	18 000	24 000	30 000
中型载货车	13 200	17 600	22 000
轻型载货车	9 000	12 000	15 000
微型载货车	6 000	7 000	8 000
大型载客车	18 000	24 000	30 000
中型载客车	10 800	14 400	18 000
小型载客车（不含轿车）	7 200	9 600	12 000
微型载客车（不含轿车）	5 000	6 000	7 000
1.35 L 及以上排量轿车	18 000	19 000	20 000
1 L（不含）～1.35 L（不含）排量轿车	10 000	11 000	12 000
1 L 及以下排量轿车	6 000	7 000	8 000
专项作业车	18 000	24 000	30 000

（2）新车末端治理

我国对于新车排放控制主要是通过不断实施更高的排放标准，促进机动车新车排放控制技术的提升。我国自 1983 年颁布第一批排放标准以后，在逐步缩小与欧美发达国家排放标准的差距。目前，我国排放标准正向国Ⅵ阶段迈进。北京市已发布《关于北京市提前实施国Ⅵ机动车排放标准的通告》，北京市将实施国Ⅵ b 排放标准，实施范围为在京销售新车和首次申领牌照的机动车。自 2019 年 7 月 1 日起，重型燃气车以及公交和环卫重型柴油车执行国Ⅵ b 排放标准；自 2020 年 1 月 1 日起，轻型汽油车和重型柴油车执行国Ⅵ b 排放标准。

不同的机动车排放标准，其污染物控制技术不同，意味着机动车控制技术的成本也有所差异。一般排放标准越高，其控制成本也相应增加（表 2-15）。

表 2-15 车辆排放标准对应的技术以及相应的成本增加量[47]

车型	排放标准	限值		对应的典型控制技术	单车控制成本 / 元
轻型汽油车	国Ⅰ	HC+NO_x	0.97 g/km	闭环电喷 + 三元催化转化器	6 000
	国Ⅱ	HC+NO_x	0.5 g/km	闭环电喷 + 冷启动三元催化转化器	7 500
	国Ⅲ	NO_x	0.15 g/km	闭环电喷系统 + 多级三元催化转化器	9 000
	国Ⅳ	NO_x	0.08 g/km	闭环电喷系统 + 改进的多级三元催化转化器	12 000
	国Ⅴ			闭环电喷系统 + 改进的多级三元催化转化器	14 000
中型汽油车	国Ⅰ	HC+NO_x	14 g/（kW·h）	闭环电喷 + 三元催化转化器	7 500
	国Ⅱ	HC+NO_x	5.6 g/（kW·h）	闭环电喷 + 冷启动三元催化转化器	9 000
	国Ⅲ	0.98 g/（kW·h）		优化闭环电喷系统和催化转化器 + 多级三元催化转化器	12 800
	国Ⅳ	0.7 g/（kW·h）		优化闭环电喷系统 + 改进的多级三元催化转化器	15 000
	国Ⅴ			优化闭环电喷系统 + 改进的多级三元催化转化器	17 000
重型汽油车	国Ⅰ	HC+NO_x	14 g/（kW·h）	废气再循环 / 氧化型催化转化器	4 224
	国Ⅱ	HC+NO_x	5.6 g/（kW·h）	闭环多点电喷 / 三元催化器	10 816
	国Ⅲ	0.98 g/（kW·h）		优化闭环电喷系统 + 改进的多级三元催化转化器	16 800
	国Ⅳ				25 000
	国Ⅴ			铜基分子筛 SCR+LNT	53 000
轻型柴油车	国Ⅰ	HC+NO_x	0.97 g/km	燃烧过程改善	3 500
	国Ⅱ	HC+NO_x	0.5 g/km	电控燃油喷射 + 增压中冷 + 燃烧过程改善	7 500
	国Ⅲ	NO_x	0.15 g/km	电控燃油喷射 + 增压中冷 + 燃烧过程改善	10 000
	国Ⅳ	NO_x	0.08 g/km	电控高压共轨 / 单体泵 + 改善燃烧过程 + 废气再循环 -DPF	18 000
	国Ⅴ			铜基分子筛 SCR+LNT	25 000
中型柴油车	国Ⅰ	8 g/（kW·h）		燃烧过程改善	5 000
	国Ⅱ	7 g/（kW·h）		电控燃油喷射 + 增压中冷 + 燃烧过程改善	9 000

续表

车型	排放标准	限值	对应的典型控制技术	单车控制成本/元
中型柴油车	国Ⅲ	5 g/（kW·h）	电控高压共轨/单体泵+改善燃烧过程	13 500
	国Ⅳ	3.5 g/（kW·h）	电控高压共轨/单体泵+改善燃烧过程+废气再循环	24 000
	国Ⅴ		铜基分子筛 SCR+LNT	35 000
重型柴油车	国Ⅰ	8 g/（kW·h）	燃烧过程改善	7 500
	国Ⅱ	7 g/（kW·h）	电控燃油喷射+增压中冷+燃烧过程改善	11 400
	国Ⅲ	5 g/（kW·h）	电控高压共轨/单体泵+改善燃烧过程	17 600
	国Ⅳ	3.5 g/（kW·h）	电控高压共轨/单体泵+改善燃烧过程+SCR	31 080

注：这里的成本是相对于国 0 的控制成本。

轻型车由国Ⅲ标准升至国Ⅳ标准时，NO_x 的排放限值由 0.15 g/km 降至 0.08 g/km，单车增加成本为 3 000 元，假设轻型车年均行驶里程 20 000 km，使用寿命为 10 年，则在轻型车生命周期内总降低的 NO_x 排放量近似为（0.15−0.08）× 20 000 × 10/1 000 000=0.014 t，则轻型车通过标准提升降低 NO_x 的成本约为 21 万元/t。

重型柴油车 NO_x 的排放限值在国Ⅲ、Ⅳ标准中分别为 5 g/（kW·h）和 3.5 g/（kW·h），下降比例在 30%，单车增加成本为 13 480 元。国Ⅳ车平均 NO_x 排放因子 7.4 g/km，假设重型柴油车的使用总行驶里程为 60 万 km，则重型柴油在 60 万 km 内 NO_x 总的降低量近似为 7.4 × 3/7 × 600 000/1 000 000=1.9 t，则国Ⅲ向国Ⅳ标准的提升降低 NO_x 的成本约为 7 084 元/t。

2.3.3 建筑扬尘

城市扬尘通常处于无组织排放状态，也被称为无组织尘。引起城市扬尘污染的来源是多方面的，主要有自然尘、建筑工地尘、城市裸地、道路和工业生产扬尘、堆场扬尘等。无植被覆盖裸露地表在干燥大风的气候条件下，各种沉降在地面的颗粒物、气溶胶离子就又会进入空气，形成土壤扬尘[69]；建筑扬尘是在建筑施工或者市政和道路施工过程中产生的无组织扬尘。当前，我国大多数城市正处于建设高峰期，施工过程中管理控制措施不当导致施工期间产生大量建筑扬尘。

为治理大气污染，住建部针对建筑扬尘出台“六个百分百”规定，即施工现场必须 100% 围挡，施工场地 100% 洒水清扫保洁，驶出车辆 100% 冲洗，施工道路100%硬化，裸露场地、土堆及物料堆放100%覆盖，渣土车辆100%密闭运输，远程视频监控100%安装，扬尘在线监测设备100%安装。本项目在河北保定市开展了落实六个百分百的成本投入。建筑工地视建筑面积和建筑工期不同，建筑扬尘总投入也会有所差异，根据调查结果，建筑工地的建筑扬尘投入费用在100万～500万元（表2-16）。

表2-16　建筑扬尘调研结果

治理措施	单价	单位
彩钢板	20～200	元/m^2
砖砌围墙	200～2 000	元/m^2
混凝土道路	80～250	元/m^2
防尘网	50～500	元/卷
车轮冲洗机	2～10	万元/套
道路喷洒	1～10	元/m^2
雾炮	0.2～2	万元/台
洒水车	3～18	万元/辆
视频监控枪机	0.1～1	万元/个
PM检测仪	0.3～15	万元/个
清扫人员	2～18	万元/人
棉毡	30	元/卷
围挡喷淋	13	元/m
塔吊喷淋	0.5～0.9	万元/套
道路旁绿化	30～300	元/m^2

施工扬尘源排放量可分为总体估算和精细化计算两种方法，针对整个工地的总体估算可使用总体估算方法。

施工扬尘源中颗粒物去除量的总体计算公式为：

$$W = E \times A \times T \tag{2-8}$$

$$E = 2.69 \times 10^{-4} \times \alpha \tag{2-9}$$

式中，W——施工扬尘源中PM总排放量，t；

E——整个施工工地PM的平均排放系数，t/（m^2·月）；

A——施工区域面积，m^2；

T——工地的施工月份，一般按施工天数30 d计算。

α——不同控制措施对施工扬尘的去除效率，%，具体如表2-17所示。

TSP、PM_{10}和$PM_{2.5}$排放量根据施工积尘的粒径分布情况估算获得，参考粒径系数为：TSP为1、PM_{10}为0.49、$PM_{2.5}$为0.1。

表 2-17　不同控制措施对施工扬尘的去除效率　　单位：%

控制措施		去除效率		
		TSP	PM_{10}	$PM_{2.5}$
路面铺装和洒水	铺装混凝土，洒水强度	96	80	67
防尘网	尼龙塑胶网网径 0.5 mm，网距 3 mm	24	20	17
覆盖防尘布	高强度纤维织布密闭覆盖	32	27	22
化学抑尘剂		89	84	71
围挡	2.4 m 硬质围挡	18	15	13
	1.8 m 硬质围挡	12	10	8

数据来源：扬尘源颗粒物排放清单编制技术指南。

按照上述建筑扬尘的颗粒物去除量公式，结合不同措施的控制效率，根据在河北保定建筑工地开展的建筑扬尘治理成本调查数据，建筑扬尘如果采取“六个百分百”措施以后，1 t 扬尘的治理成本在 3 000～6 000 元。图 2-10 给出了常见的建筑扬尘控制措施。

雾炮　苫盖

进出门冲洗　路面硬化

图 2-10　建筑扬尘控制措施

3

大气复合污染控制效益评估技术研究

3.1 大气复合污染控制环境效益评估技术研究

3.1.1 大气污染造成的健康经济损失

3.1.1.1 健康终端的选取

本书主要评价大气污染长期慢性健康效应的经济损失，选择健康效应终端遵循的原则如下：

1）优先选择国际疾病分类（International Classification of Diseases，ICD-9，10）统计和分析的健康效应终端。在我国，这类资料主要包括县及县以上卫生机构统计的人群死亡率、医院住院人次和急诊人次。

2）选择国内外研究文献中与大气污染物存在定量的剂量（暴露）-反应关系的健康效应终端。

3）选择可与国外类似研究进行比较的健康效应终端。

4）考虑获得可靠数据的可能性。

本书选择与大气污染相关性较强的呼吸系统疾病和心脑血管系统疾病作为健康效应终端，主要包括死亡率、住院人次、门诊人次、未就诊人次和因病休工等可计量的指标。具体包括：①全死因死亡率（%）；②呼吸系统和脑血管疾病病人的住院率（%）及休工率；③慢性支气管炎的发病率（%）。

3.1.1.2 空气污染因子及其阈值的确定

（1）空气污染评价因子

目前，公认的各种大气污染物中，颗粒物、SO_2、NO_2 以及臭氧与人群健康效应最为密切。但如果把这些大气污染物的健康效应都进行计算，会因重复计算高估大气污染的健康危害。颗粒物是几种有毒有害空气污染物的重要介质，颗粒物监测数据也能够支持以城市为空间单元的健康危害评价，且颗粒物与人群健康效应各终点的流行病学的研究成果最为丰富。世界卫生组织、世界银行、欧盟、美国健康效应研究所等都以颗粒物作为主要的大气污染因子进行健康影响的评价。因此，本研究选取细颗粒物（$PM_{2.5}$）作为空气污染健康影响因子。

（2）污染因子的健康效应阈值

污染的健康效应阈值是指污染物可能对人体产生健康影响的最小浓度值。大量流行病学研究结果显示，大气污染达到一定浓度时，人群的相应发病率和死亡率会出现变化。美国癌症协会[70]研究美国 $PM_{2.5}$ 对健康有影响的最低浓度 7.5 $\mu g/m^3$；WHO 最新的《空气质量准则》建议 $PM_{2.5}$ 的基准值为 10 $\mu g/m^3$[71]；本书建议选择 10 $\mu g/m^3$。

3.1.1.3 剂量－反应关系的构建

大量流行病学研究显示，环境污染物的浓度与暴露人口的不良健康效应发生率之间存在一定的相关关系，可以用统计学的方法进行定量评价。大气污染健康终端的相对危险度（RR）基本上符合一种污染物浓度的线性或对数线性关系。

（1）长期暴露与死亡率间的暴露反应关系系数

队列研究是公认的评价大气污染长期暴露对人群健康影响较为理想的方法。20 世纪 90 年代美国哈佛大学六城市研究和美国癌症协会的队列研究，是大气污染长期暴露与人群死亡关系的队列研究的经典之作。但此研究是基于低浓度的剂量－反应关系，当 $PM_{2.5}$ 浓度在 30 $\mu g/m^3$ 以下时，全因死亡率的 β 值为 0.004，即 $PM_{2.5}$ 浓度每增加 10 $\mu g/m^3$，人群全因死亡率增加 4%。本研究在美国癌症协会和徐肇翊等研究的基础上，构建了健康效应与污染物浓度的对数线性方程式（3-1），进行 2004—2018 年大气污染导致的人体健康损失核算。

$$RR=\left[(C+1)/(10+1)\right]^{0.075\,723} \tag{3-1}$$

最近几年，我国学者也开始利用队列研究，开展我国大气污染 $PM_{2.5}$ 与人体健康之间的剂量－反应关系研究。阚海东研究团队利用 1991—1999 年“全国高血压跟踪调查”队列数据，结合大气污染暴露评价，分析了我国大气污染长期暴露对城市居民死亡的影响。$PM_{2.5}$ 每升高 10 $\mu g/m^3$，心血管疾病死亡风险增加 2.5%，而对全死因死亡、呼吸疾病死亡和肺癌死亡都无统计学意义显著性[72]。周脉耕研究团队 2015 年对我国 $PM_{2.5}$ 与人体健康之间的剂量－反应关系的研究得出，$PM_{2.5}$ 浓度每升高 10 μg/m³，缺血性心脏病死亡风险增加 9.7%（95% CI 为 1.079～1.116），溢血性中风死亡风险增加 4.4%（95% CI 为 1.031～1.057），缺血性脑卒中死亡风险增加 13.5%（95% CI 为 1.113～1.158）[73]。施小明研究团队利用中国老年健康影响因素跟踪调查数据，得出 $PM_{2.5}$ 每升高 10 μg/m³，65 岁以上的老年人全死因死亡率死亡风险增加 8%（95% CI 1.06～1.09）[74]。顾东风院士研究团队结合中国人群大型前瞻性队列研究，得出长期生活在大气 $PM_{2.5}$ 浓度为 78.2 μg/m³ 以上环境的人群，脑卒中发病风险增加 53%，缺血性和出血性脑卒中的发病风险分别增加 82% 和 50%。$PM_{2.5}$ 每升高 10 μg/m³，总脑卒中、缺血性脑卒中、出血性脑卒中发病风险分别增加 13%，20% 和 12%[75]。

《全球疾病负担 2010》利用美国哈佛大学六城市研究和癌症协会的低浓度剂量－反应关系和通过室内固体烹饪燃料、二手烟和主动吸烟的健康危害的高浓度剂量－反应关系，构建了 $PM_{2.5}$ 在不同浓度下，与其相关的五种疾病终端的相对危险度（RR）和置信区间（参见附录 2）。《全球疾病负担 2010》构建了与大气污染相关的主要疾病终端，研究相对全面，且给出了 300 μg/m³ 以下浓度的相对危险度，在 $PM_{2.5}$ 高浓度下，不同疾病终端的相对危险度 RR 值与 $PM_{2.5}$ 浓度之间并不是简单的线性关系。

通过利用本研究构建的对数线性方程和 GBD 构建的这个整合剂量－反应关系，对我国 2015 年遥感影像解译的 PM2.5 浓度，人体健康损失进行核算，得出 GBD 构建的剂量－反应关系比本研究构建的过早死亡人数高 8%。目前，GBD 研究结果是应用最为广泛的有高浓度污染物的长期慢性剂量－反应关系，与我国已开展的相关研究相比，更为全面系统。因此，我们建议采用 GBD 的研究成果，进行大气污染治理健康效益评估。

（2）短期暴露与发病之间的暴露反应关系系数

对于短期影响，采用 Aunan 和 Pan[76] 对中国研究的 Meta 分析结果，见表 3-1。

表 3-1　$PM_{2.5}$ 与大气污染相关疾病发病的暴露反应关系

健康终端	疾病	β	标准差
住院	呼吸系统疾病 RD	0.2	0.02
	心血管疾病 CVD	0.12	0.02
发病	慢性支气管炎 CBD	0.8	0.04

注：β 为单位污染物浓度（1 μg/m³）变化引起健康危害变化的百分数，%。

3.1.1.4 大气污染健康经济损失估算

3.1.1.4.1 健康经济损失评估方法

大气污染健康危害物理量和经济损失由3部分组成：①大气污染造成的全死因过早死亡人数和死亡经济损失，经济损失利用人力资本法评价[10]；②大气污染造成的呼吸系统和心血管疾病住院增加人次及住院和休工经济损失，经济损失利用疾病成本法评价；③大气污染造成的慢性支气管炎的新发病人数及其经济损失，经济损失利用患病失能法（DALY）评价。

（1）大气污染造成的全死因过早死亡人数和死亡经济损失

1）大气污染造成的全死因过早死亡人数（P_{ed}）。评估大气污染损失时，需根据某一地区的大气环境污染水平、健康危害终端和剂量－反应函数，求出该地区的健康结局基准值，大气污染对健康的危害即为扣除了健康结局基准值后的数值。

$$P_{\mathrm{ed}}=10^{-5}(f_p-f_t)P_e \tag{3-2}$$

$$f_p=f_t\times \mathrm{RR} \tag{3-3}$$

$$P_{\mathrm{ed}}=10^{-5}\cdot\left[(\mathrm{RR}-1)/\mathrm{RR}\right]f_pP_e \tag{3-4}$$

式中，P_{ed}——现状大气污染水平下造成的全死因过早死亡人数，万人；

f_p——现状大气污染水平下全死因死亡率，1/10万；

f_t——清洁浓度水平下全死因死亡率，即基准值，1/10万；

P_e——城市暴露人口，万人；

RR——大气污染引起的全死因死亡相对危险归因比。

2）大气污染造成的全死因过早死亡经济损失（EC_{a1}）。

$$\mathrm{EC}_{a1}=P_{\mathrm{ed}}\times \mathrm{GDP}_{\mathrm{pc0}}\times\sum_{i=1}^{t}\frac{(1+\alpha)^i}{(1+r)^i} \tag{3-5}$$

式中，t——大气污染引起的全死因早死的平均损失寿命年数，年；

$\mathrm{GDP}_{\mathrm{pc0}}$——基准年的人均GDP，元/人；

α——人均GDP增长率，%；

R——社会贴现率，%。

（2）大气污染造成的呼吸系统和心血管疾病住院增加人次及住院和休工经济损失

1）大气污染造成的呼吸系统和心血管疾病住院增加人次（P_{eh}）。

$$P_{\mathrm{eh}}=\sum_{i=1}^{n}(f_{pi}-f_{ti}) \tag{3-6}$$

$$f_{ti} = \frac{f_{pi}}{1 + \Delta c_i \cdot \beta_i / 100} \tag{3-7}$$

$$P_{\text{eh}} = \sum_{i=1}^{n} f_{pi} \frac{\Delta c_i \cdot \beta_i / 100}{1 + \Delta c_i \cdot \beta_i / 100} \tag{3-8}$$

式中，n——大气污染造成的相关疾病，如呼吸系统疾病和心血管疾病；

f_{pi}——现状大气污染水平下的住院人次，万人次；

f_{ti}——清洁浓度水平下的住院人次，万人次；

β_i——回归系数，即单位污染物浓度变化引起健康危害 i 变化的百分数，%；

Δc_i——实际污染物浓度与健康危害污染物浓度阈值之差，μg/m^3。

2）大气污染造成的呼吸系统和心血管疾病住院和休工经济损失（EC_{a2}）。

$$\text{EC}_{a2} = P_{\text{eh}} \cdot (C_h + \text{WD} \cdot C_{\text{wd}}) \tag{3-9}$$

式中，C_h——疾病住院成本，包括直接住院成本和交通、营养等间接住院成本，元/人次；

WD——疾病休工天数，元/人次；

C_{wd}——疾病休工成本，元/天，疾病休工成本＝人均 GDP/365。

（3）大气污染造成的慢性支气管炎的新发病人数及其经济损失

1）大气污染造成的慢性支气管炎新发病人数（P_{eb}）。中国卫生统计年鉴没有慢性阻塞性肺疾病（COPD）患病率的数据记载，根据有关文献和中华医学会呼吸病分会主持的 2002—2005 年全国慢性阻塞性肺疾病流行病学调查[11]，发现 40 岁以上人群 COPD 的总患病率为 8.2%，将 40 岁以上人群的患病率结果转换为全人口的患病率，得到我国城市慢性阻塞性肺疾病患病率为 3.3%。通过城市人口与慢性阻塞性肺疾病患病率计算出我国城市慢性阻塞性肺疾病患病人次，慢性阻塞性肺疾病患病人次除以慢性支气管炎平均寿命损失年计算出每年新发的慢性支气管炎新发病人数。根据分年龄组的 COPD ①死亡率，得到慢性支气管炎平均损失寿命年数为 23 年。

$$P_{\text{eb}} = (p_e \times r_{\text{COPD}}) / t \times \frac{\Delta c_i \cdot \beta_i / 100}{1 + \Delta c_i \cdot \beta_i / 100} \tag{3-10}$$

式中，P_{eb}——大气污染造成的慢性支气管炎新发病人数，万人；

P_e——城市暴露人口，万人；

r_{COPD}——我国城市慢性阻塞性肺疾病患病率，%；

t——大气污染引起的慢性支气管炎早死的平均损失寿命年数，年；

β_i——回归系数，即单位污染物浓度变化引起健康危害 i 变化的百分数，%；取值 0.48%。

① 卫生服务调查中只有分年龄组的 COPD 死亡率，这里以 COPD 死亡率代替慢性支气管炎的死亡率。

2）大气污染造成的慢性支气管炎发病经济损失（EC_{a3}）。慢性支气管炎是慢性阻塞性肺疾病的一种，是一种最常见的慢性呼吸系统疾病，患病人数多，病死率高。其病情呈渐进性发展，它不仅严重影响患者的劳动能力和生活质量，而且会发展为慢性肺源性心脏病，病人将丧失工作能力。因此，采用患病失能法进行慢性支气管炎经济损失评价，相关研究表明，慢性支气管炎失能（DALY）权重为 40%，即以平均人力资本的 40% 作为患病失能损失[77]。

$$EC_{a3} = \gamma \cdot P_{eb} \cdot HC_{mu} = \gamma \cdot P_{eb} \cdot GDP_{pc0} \times \sum_{i=1}^{t} \frac{(1+\alpha)^i}{(1+r)^i} \quad (3\text{-}11)$$

式中，γ——慢性支气管炎失能损失系数，0.4；

其他参数与前面公式相同。

3.1.1.4.2 关键参数确定

（1）污染引起早死平均损失寿命年数（t）的确定

损失寿命年是指一个人的死亡年龄与社会期望寿命的差。不同疾病的平均死亡年龄不同，城市和农村的期望寿命也有区别。本研究以城市地区为例，给出污染对城市居民寿命影响的计算方法。

以 2010 年人口普查中的城市人口数据结合寿命表，计算城市居民的不同年龄的平均期望寿命；然后以中国卫生统计中各年龄不同疾病类型的死亡率和人口数据计算出不同疾病类型的死亡人数构成，乘以不同疾病类型的年龄平均期望寿命，求和后相除得出总人口的不同疾病类型的平均损失寿命年，我国呼吸系统疾病小计、心脑血管疾病死亡的总平均损失寿命年分别为 16.7 年、18.2 年和 18 年。本研究采用的平均损失寿命年为 18 年。

（2）人均 GDP 增长率 α 的确定

人均 GDP 增长率 α 取决于 GDP 增长率和人口增长率。需根据具体地区 GDP 增长率和人口增长率进行推算。

$$\alpha = \frac{IR_{GDP} - IR_{\alpha}}{1 + IR_{\alpha}} \quad (3\text{-}12)$$

式中，IR_{GDP}——GDP 增长率，%；

IR_{α}——人口增长率，%。

（3）贴现率 r 的确定

社会贴现率是指费用效益分析中用来作为基准的资金收益率，是从动态和国民经济全局的角度评价经济费用的一个重要参数。由国家根据当前投资收益水平、资金机会成本、资金供求状况等因素，统一制定和发布。本研究推荐采用《建设项目经济评价参数研究》[78]中的推荐值，建议社会贴现率取 8%。

（4）$PM_{2.5}$ 浓度的确定

目前，$PM_{2.5}$ 浓度的获取有两种来源：第一种为城市 $PM_{2.5}$ 监测数据，我国 338

个地级及以上城市都有 $PM_{2.5}$ 监测数据；第二种为遥感影像反演的 $PM_{2.5}$ 浓度数据。与城市监测数据相比，遥感影像反演的 $PM_{2.5}$ 浓度数据可以对全国范围的 $PM_{2.5}$ 浓度数据进行获取，但其数据精度受遥感影像数据分辨力、遥感影像解译技术、监测点数量等影响。建议有 $PM_{2.5}$ 监测数据的城市，采用监测数据；没有 $PM_{2.5}$ 监测数据的城市或对全国范围的人体健康损失核算的区域，可采用 $PM_{2.5}$ 遥感影像反演数据。

3.1.1.5 不确定性分析

大气污染健康损失核算方法的不确定性表现在以下几个方面：

（1）大气污染与人体健康剂量 - 反应关系的不确定性

环境健康剂量 - 反应关系的建立是一个复杂的研究课题，研究方法、研究对象、大气污染水平、总体生活水平等都对剂量 - 反应关系的研究结果有一定影响。本研究采用的剂量 - 反应关系主要是利用国内外相关文献的研究结果，存在的问题包括：

1）研究对象存在局限性：目前研究依据的国内资料主要是个别空气污染较严重的大城市的研究报告，对中国大量的中小城市和空气质量较好城市的大气污染健康影响状况没有反映。

2）研究方法缺乏可比性：目前中国国内的研究文献中尚缺乏设计严密科学的大样本流行病学队列研究结果，国内研究大多采用生态学方法，在大气污染与健康的因果关系推断上，有一定局限性，与国外的研究方法缺乏可比性。

（2）污染物健康阈值的不确定性

在确定阈值和剂量 - 反应关系的实际研究中，发现对健康造成影响的污染物阈值有一个较大的变化区间，不同种族、年龄段和体质的人群对污染物的耐受度有所不同，老人、儿童以及心脑血管疾病和呼吸系统疾病患者是大气污染的易感人群。评价健康危害时往往采用污染造成危害程度 5% 的剂量作为阈值，把它视为危害的起点。本研究结合国内外研究和大气环境质量标准，设定了污染物的健康阈值，对不同的个体来讲，健康阈值存在一定的不确定性。

（3）经济损失评估中的不确定性

评估经济损失涉及的数据很多，包括环境、医疗、社会、经济等数据，可收集到的数据存在缺失，如不同经济水平地区的不同疾病类型的医疗费用、不同医疗机构的诊疗费用、不同医疗保险人口的医疗费用、呼吸系统疾病的平均自我购药成本、每人次的平均休工天数。死亡、诊疗、住院人次、患病的未就诊情况，呼吸系统疾病构成等数据，分别来源于卫生统计年鉴和卫生服务调查，系统性和针对性不足，也会造成评估结果的不确定性。

3.1.2 大气污染造成的农业经济损失

3.1.2.1 基本思路与危害终端

环境质量是农作物生产的重要生产要素，环境质量的恶化将导致农作物产量的减产，农作物产量减产的经济价值可以用市场价值法来计量，以此作为环境质量恶化造成的农作物经济损失。酸雨和 SO_2 污染对农作物的终端危害主要是：相对于清洁对照区，污染区各种农作物产量的减产百分数。

3.1.2.2 影响农业生产的空气污染因子

（1）空气污染因子

酸雨以及空气中的污染物（如 SO_2、O_3、VOCs 和 NO_2）都会对农作物的生长产生影响。O_3 被认为是对农作物伤害最大的空气污染物，但由于缺乏系统的监测数据，本研究没有包含 O_3 造成的损失。此外，针对 VOCs 和 NO_2 与农作物减产之间的剂量－反应关系开展的研究也很少。酸雨和 SO_2 对农作物的伤害分为急性和慢性伤害两种。在酸雨或 SO_2 与农作物接触后，叶片在短时间内出现的可见伤害，称为急性伤害，这种伤害一般在污染物浓度较高的情况下出现。当农作物长期与低浓度的 SO_2 和酸雨接触时，出现叶绿素或色素变化，破坏细胞的正常活动，导致细胞死亡，以可见伤害症状或叶片过早脱落等形式表现，称为慢性伤害。因此，本研究将酸雨和 SO_2 作为空气污染和农作物减产研究的标志污染物。

（2）污染因子的阈值

酸雨和 SO_2 对农作物的减产阈值剂量定义为在农作物减产 5% 时的污染物剂量。酸雨剂量以 H^+、SO_4^{2-} 和 NO_3^- 离子浓度表征。通过盆栽实验，采用 Irving 提出的方法，计算减产阈值和降雨强度。实验结果表明，我国南方硫酸型酸雨引起受试的几种农作物减产 5% 的阈值 pH 为 3.6，酸雨与 0.1 ppm [①]SO_2 复合污染农作物减产 5% 的阈值 pH 为 4.6，pH 5.6 与 0.1 ppm SO_2 复合污染与 SO_2 单独存在的影响是一致的。酸雨与 SO_2 复合污染对农作物减产的影响并不是两者之和，如白菜暴露于 pH 5.6 与 0.1 ppm SO_2 时减产 1.8%，暴露于 pH 4.6 时减产 2.4%，在 pH 4.6 与 0.1 ppmSO_2 联合作用下，减产却达到 7.9%[79, 80]。因此酸雨与 SO_2 复合污染对农作物减产的影响是一种协同效应。

3.1.2.3 剂量－反应关系

通过盆栽实验结果，可以转化出不同 SO_2 浓度和 pH 的减产率，得到 SO_2 浓度和 pH 对农作物减产的剂量－反应关系见表 3-2。根据剂量－反应关系对酸雨区

① 1 ppm=10^{-6}。

SO_2 浓度和 pH 的关系式适用范围：当［SO_2］≥0.04 mg/m^3 且 pH≤5.0 时，农作物处于酸雨和 SO_2 复合污染之下；当［SO_2］≥0.04 mg/m^3 且 pH＞5.0 时，属于 SO_2 单一污染；当［SO_2］＜0.04 mg/m^3 且 pH≤5.0 时，农作物损失来源于酸雨单一污染。

表 3-2　SO_2 和酸雨单独和复合污染对农作物产量影响的剂量 - 反应关系

农作物	减产百分数 /%		
	SO_2 污染	酸雨污染	SO_2 和酸雨复合污染
水稻	10.96 X_1		2.92+17.93 X_1～0.182 X_2
小麦	26.91 X_1	27.59～4.93 X_2	24.61+30.17 X_1～4.394 9 X_2
大麦	35.83 X_1	24.13～4.31 X_2	24.90+45.08 X_1～4.446 6 X_2
棉花	25.16 X_1	22.67～4.05 X_2	29.06+28.31 X_1～5.188 6 X_2
大豆	28.78 X_1	15.32～2.73 X_2	26.32+31.91 X_1～4.7 X_2
油菜	50.80 X_1	47.39～8.46 X_2	34.57+43.92 X_1～6.172 4 X_2
胡萝卜	53.96 X_1	49.63～8.86 X_2	29.16+41.71 X_1～5.206 4 X_2
番茄	37.40 X_1	22.52～4.02 X_2	16.64+36.52 X_1～2.971 1 X_2
菜豆	68.99 X_1	79.90～14.27 X_2	42.40+75.74 X_1～7.571 2 X_2
蔬菜	53.45 X_1	48.1～9.05 X_2	29.4+51.32 X_1～5.25 X_2

注：① X_1 为 SO_2 浓度（mg/m^3），X_2 为酸雨的 pH。②当 SO_2 浓度或 pH 超过阈值时，分别使用表中第二、第三列中的关系式；当 SO_2 浓度和 pH 同时超过其阈值时，使用第四列中的关系式。③蔬菜的剂量 - 反应关系根据胡萝卜、番茄、菜豆三种蔬菜的剂量 - 反应关系推导得出。

3.1.2.4　计算模型与参数来源

计算模型见式（3-13）。

$$C_{ac}=\sum_{i=1}^{n}a_iP_iS_iQ_{0i}/100 \tag{3-13}$$

式中，C_{ac}——大气污染引起农作物减产的经济损失，万元；

P_i——农作物 i 的市场价格，元 /kg；

S_i——农作物 i 的种植面积，10^4 hm^2；

Q_{0i}——对照清洁区农作物 i 的单位面积产量，kg/hm^2；

a_i——大气污染引起农作物 i 减产的百分数，%；

n——农作物种类，n=6，1 代表水稻，2 代表小麦，3 代表大豆，4 代表棉花，5 代表油菜，6 代表蔬菜。

3.1.2.5 不确定性分析

（1）剂量－反应关系的不确定性

由于酸雨和 SO_2 对农作物的剂量－反应关系来源于我国 20 世纪后期的研究，当时的酸雨属于硫酸型的酸雨，进入 21 世纪后我国的酸雨性质逐渐发生了变化，逐渐向硫酸－硝酸性转变，原来的酸雨和 SO_2 对农作物的剂量－反应关系也会发生变化，给计算带来不确定性。

（2）清洁区的农作物单位面积产量

农业污染损失测算模型中要求采用清洁区的农作物单位面积产量来计算对应的农作物的污染损失，但大部分地区并没有相应的统计数据或试验数据，这一数据在现有情况下很难直接获得，只能采用大气污染较小区域的农作物单位面积产量。

（3）环境监测带来的不确定性

我国的例行环境质量监测点主要在城市，计算农村地区的酸雨和 SO_2 浓度借用城市的环境监测数据，会给计算带来偏差。

3.1.3 大气污染造成的材料经济损失

3.1.3.1 污染因子、计算范围与危害终端

（1）污染因子

暴露在户外大气中的各种材料受到自然和大气污染两类因素的影响。自然因素包括日光、风雨、气温等因素对材料的破坏，这部分损失值为背景值。大气污染因素（如酸雨和 SO_2 等）会进一步加剧材料的损坏，本研究主要核算 SO_2 和酸雨两种污染因素对材料造成的经济损失。

有研究表明：①当 $5.6<pH<7$ 时，雨水表现出非常弱的酸性，对生态环境没有危害，对材料有轻微影响；②当 $5.0<pH<5.6$ 时，雨水表现出弱酸性，对生态环境没有危害，对材料有影响；③当 $4.5<pH<5.0$ 时，雨水为酸性，对材料有破坏作用，对生态环境没有急性危害，但对生态脆弱地区有长期影响；④当 $4.0<pH<4.5$ 时，雨水表现出强酸性，对生态环境有长期潜在危害，对材料有较严重的破坏作用；⑤当 $pH<4.0$ 时，雨水表现极强酸性，会对生态环境造成直接和间接伤害，严重破坏材料[81]。根据国家 SO_2 标准和酸雨与材料破坏作用之间的研究，建议 SO_2 和酸雨的材料损害阈值分别取：pH=5.6，即 $[H^+]_0=10^{-5.6}$ mol/L；$[SO_2]_0=$ 0.015 mg/m^3。

（2）计算范围

暴露在户外的材料种类繁多，并且不断增加和变化。本研究只包括量大面广且已有剂量－反应函数的建筑材料。由于北方地区是非酸雨区、气候干燥、二氧化硫污染的材料损失较小，本研究建议重点计算南方酸雨区的材料损失。

（3）危害终端

污染对建筑物和材料的损害包括褪色、保护涂层脱落、刻纹细节的损失和结构缺陷，影响材料的使用寿命，损失计算的终端危害为：污染条件下材料寿命的减少年数。

3.1.3.2 计算模型

根据相关研究成果，清洁对照区的污染物环境为 SO_2 浓度 =0，雨水 pH=5.6。

（1）计算一次维修或更换的总费用

首先通过调查，获得材料统计清单，得到各种材料的总存量及其分布，维修频率或更换频率以及各种材料一次维修或更换的单价。单价乘以存量得到总费用。计算公式：

$$\mathrm{EC}_{m0i} = d_i \cdot S_i \tag{3-14}$$

式中，EC_{m0i}——i 种材料一次维修或更换的费用，10^4 元；

d_i——材料 i 一次维修或更换的单价，10^4 元 /10^4 m^2；

S_i——材料 i 的存量，10^4 m^2。

（2）计算材料的临界损伤阈值

$$\mathrm{CDL}_i = Y_{\mathrm{pai}} \cdot L_{\mathrm{pai}} \tag{3-15}$$

式中，CDL_i——i 种材料的临界损伤阈值，μm；

Y_{pai}——材料调查条件下的腐蚀速度，μm/a，根据剂量 - 反应关系计算；

L_{pai}——材料调查获得的材料经验寿命，a。

（3）计算对照清洁区的材料寿命

$$L_{0i} = \mathrm{CDL}_i / Y_{0i} \tag{3-16}$$

式中，L_{0i}——对照清洁区 i 种材料的寿命，a；

Y_{0i}——对照清洁区 i 种材料的腐蚀速度，μm/a。

（4）计算污染条件下的材料寿命

$$L_{pi} = \mathrm{CDL}_i / Y_{pi} \tag{3-17}$$

式中，L_{pi}——污染条件下 i 种材料的寿命，a；

Y_{pi}——污染条件下 i 种材料的腐蚀速度，μm/a。

（5）计算酸雨和二氧化硫污染的材料损失

$$\mathrm{EC}_{mpi} = (1/L_{pi} - 1/L_{0i}) \times \mathrm{EC}_{m0i} \tag{3-18}$$

$$\mathrm{EC}_m = \sum_i \mathrm{EC}_{mpi} \tag{3-19}$$

式中，EC_{mpi}——酸雨和 SO_2 造成第 i 种材料的经济损失，10^4 元；

EC_m——酸雨和 SO_2 造成所有材料的经济损失，10^4 元。

计算酸沉降对材料的危害的关键在于酸沉降对材料损害的剂量－反应关系和材料存量及其维修或更换费用和周期的调查。

3.1.3.3 剂量－反应关系

本研究主要采用“七五”酸雨重点科学研究课题的中国实地实验和调查的结果，但因本研究仅限于中国南方酸雨区，而且材料种类不全，本书同时参考 ECON 报告[82]，提出本研究使用的暴露反应函数[83]（表 3-3）。

表 3-3 建筑物暴露材料损失计算的剂量－反应关系

序号	材料	腐蚀速度 Y/（μm/a）
1	水泥	如果［SO_2］＜15 μg/m^3，Y 为 50 μm/a，其他为 40 μm/a
2	砖	如果［SO_2］＜ 15 μg/m^3，Y 为 70 μm/a，其他为 65 μm/a
3	铝	Y=0.14+0.98［SO_2］+0.04×10^4［H^+］
4	油漆木材	Y=5.61+2.84［SO_2］+0.74×10^4［H^+］
5	大理石 / 花岗岩	Y=14.53+23.81［SO_2］+3.80×10^4［H^+］
6	陶瓷和马赛克	如果［SO_2］＜15 μg/m^3；Y 为 70 μm/a，其他为 65 μm/a
7	水磨石 / 水泥	如果［SO_2］＜15 μg/m^3，Y 为 50 μm/a，其他为 40 μm/a
8	油漆灰	Y=5.61+2.84［SO_2］+0.74×10^4［H^+］
9	瓦	如果［SO_2］＜15 μg/m^3，Y 为 45 μm/a，其他为 40 μm/a
10	镀锌钢	Y=0.43+4.47［SO_2］+0.95×10^4［H^+］
11	涂漆钢	Y=5.61+2.84［SO_2］+0.74×10^4［H^+］
12	涂漆钢防护网	Y=5.61+2.84［SO_2］+0.74×10^4［H^+］
13	镀锌防护网	Y=0.43+4.47［SO_2］+0.95×10^4［H^+］

3.1.3.4 暴露材料存量和其他系数

（1）暴露材料存量系数（S_i）

材料存量是计算酸雨和二氧化硫污染造成材料经济损失的基础信息，可以采用人均建筑物材料暴露量或单位面积建筑物材料暴露量。根据《中国环境经济核算技术指南》，人均建筑物材料暴露量推荐使用表 3-4 中的数据，各地可以使用本地人均建筑物材料暴露量或单位面积建筑物材料暴露量的调查数据。

$$S_i = K_i \times P \tag{3-20}$$

式中，K_i——材料 i 的人均占有量，m^2/ 人；

P——人口，人。

表 3-4 计算采用的人均占有建筑暴露材料存量

单位：m^2/ 人

材料	东部	其他
1. 水泥	7.25	18.34
2. 砖	18.51	10.83
3. 铝	10.03	3.20
4. 油漆木材	1.24	0.56
5. 大理石 / 花岗岩	9.14	0.47
6. 陶瓷和马赛克	40.97	7.76
7. 水磨石	22.51	15.17
8. 涂料 / 油漆灰	4.61	18.26
9. 瓦	2.36	3.28
10. 镀锌钢	0.29	0.00
11. 涂漆钢	6.69	0.28
12. 涂漆钢防护网	13.82	13.82
13. 镀锌防护网	9.21	9.21

（2）材料损失估算的其他系数

根据相关研究调查的各种材料的使用寿命，通过相应的剂量 - 反应关系计算得到不同材料的临界损伤阈值，并根据相关调查列出了材料维护或更换的价格，见表 3-5。

表 3-5 建筑物暴露材料损失计算的有关参数

材料	材料的临界损伤阈值（CDL）/μm	价格（P）/（元 /m^2）
水泥	—	22
砖	—	65
铝	10.0	200
油漆木材	13	20
大理石 / 花岗岩	160	200
陶瓷和马赛克	—	48
水磨石 / 水泥	—	26
涂料 / 油漆灰	13	15
瓦	—	8
镀锌钢	7.3	16
涂漆钢	13	16
涂漆钢防护网	13	16
镀锌防护网	7.3	16

3.1.3.5　不确定性分析

建筑物暴露材料种类和存量参数的局限性会带来一定的不确定性。针对不同经济发展水平和城市规模获取具有代表性的材料存量参数，是材料损失计算的重要环节。但由于各地经济水平差异较大，建筑物材料存量结构和材料种类也相差较多，本研究推荐参数调查年代较久远，且调查城市有限。

3.1.4　大气污染造成的清洁劳务成本

3.1.4.1　污染因子与危害终端

（1）污染因子及分类范围

大气污染的一个直接表现是空气变脏，导致与之直接或间接接触的建筑物、生产设备和人们衣物、身体等的脏污速度加快，进而导致所需清洁人力、物力和清洁频率的增加，造成大气污染引起的清洁和劳务费用增加。与清洁问题相关的大气污染物主要是各种颗粒物，即常说的“尘”。根据粒径大小和重力作用下沉降速度的不同，空气中的颗粒物可大致分成两类：飘尘，粒径小于 10 μm，能在空气中长期飘浮；降尘，粒径大于 10 μm，在重力作用下可以降落。

在核算大气污染造成的清洁成本增加时，可以用降尘量来判断大气的清洁度。目前，我国尚没有统一的降尘分级标准，本研究结合《环境空气质量标准》和目前的环境状况，提出核算大气污染引起清洁费用增加的城市大气清洁度的级别，见表 3-6。

表 3-6　清洁对照城市、轻污染城市与重污染城市的划分

大气清洁度	PM_{10} 浓度年均值 /（mg/m^3）	降尘量 /［t/（km^2·月）］	区域性质定位
优	＜0.04	0～6	清洁城市
良	0.04～0.07	6～12	较清洁
轻度污染	0.07～0.1	12～20	轻污染城市
重污染	＞0.1	＞20	重污染城市

（2）危害终端

大气中各种颗粒物浓度的升高对人们日常生活产生的影响主要表现为个人卫生、衣物清洗、居室卫生、洗车、道路清扫以及建筑物等额外增加的清洁费用，大气污染引起的生活清洁成本终端即为个人、家庭以及社会因污染引起的清洁费用支出和劳务支出的增加。污染物浓度与清洁劳务费之间的剂量 - 反应关系通过专项调查获得。

3.1.4.2 家庭清洁费用增加的核算

（1）核算思路

家庭清洁费用主要包括居室清洁费用、个人清洁费用和衣物清洁费用，部分家庭还涉及私家车的清洁费用。家庭清洁可选择自我服务和社会服务两种方式。前者涉及的主要费用支出是水费、电费、清洁剂等费用；后者涉及的主要费用支出则包括支付小时工或其他专业清洁人员的费用以及在专业服务场所（如洗车场所）的消费支出。

（2）核算方法

家庭清洁劳务费除与城市的清洁程度有关外，还与城市经济发展水平有关。调查发现，平均每户清洁劳务费与城市人均 GDP 呈显著正相关（$P<0.01$），因此，在推算全国各城市的平均家庭清洁费用时，将平均每户清洁劳务费用与人均 GDP 的比值乘以 100 定义为清洁费用系数 α，见表 3-7。调查同时发现，在经济发展水平中等及以下和人口规模小于 500 万人的城市中，α 值与城市空气清洁水平呈正相关关系，即越脏的城市 α 值越大；在经济发展水平高以及人口大于 500 万人的城市中，α 值与城市空气质量没有相关关系。α 值的选用说明如下：

1）α_0：是经济水平中等及以下城市中清洁对照区的基准清洁费用系数，根据调查数据，α_0 取值为 0.876。

2）α_1～α_3：分别为经济水平中等及以下城市中较清洁、轻污染以及重污染城市的清洁费用系数。

3）α_4：对于城市人均 GDP 超过 25 000 元或者人口超过 500 万人的大城市，选取调查城市的均值 0.971。

表 3-7 不同城市地区的清洁费用系数

城市人均 GDP	α	大气质量状况	清洁费用系数
人均 GDP＜25 000 元	α_0	清洁城市	0.876
	α_1	较清洁城市	1.275
	α_2	轻污染城市	1.656
	α_3	重污染城市	1.543
人均 GDP＞25 000 元（或人口＞500 万人）	α_4	大城市	0.971

大气污染城市由于污染造成的家庭清洁劳务增加费用根据式（3-21）计算：

$$C_h = H \cdot \mathrm{GDP}_{\mathrm{pc}} \cdot (\alpha - \alpha_0)/100 \tag{3-21}$$

式中，C_h——家庭清洁劳务费用的增加，万元；

H——城市总户数，万户；

$\mathrm{GDP}_{\mathrm{pc}}$——城市人均 GDP，万元 / 人；

α——清洁费用系数。

3.1.4.3 社会清洁费用和劳务成本

大气污染会导致长年暴露于室外的各种基础设施和室外作业设备的脏污，包括道路、建筑、车辆等。本研究主要核算大气污染造成的车辆、建筑等公共设施清洁和劳务费用增加部分。车辆和建筑的清洁主要包括两部分：一部分是溶剂和清洁剂的材料费，一部分是清洁人员的劳动报酬，相关参数主要通过调查获得。

（1）公交车辆清洁费用增加的估算

$$C_b = \Delta C_b \cdot Q_b \quad (3\text{-}22)$$

式中，C_b——污染城市公交车辆增加的总清洁费用，万元；

ΔC_b——污染城市平均每台车增加的清洁和劳务费用，元 /（台·年）；

Q_b——污染城市公交车辆标准运营车数，万标台。

根据调查结果分析，公交车的清洁劳务费用主要与城市的经济发展水平和污染程度有关。按人均 GDP 将城市分为发达、较发达、欠发达和落后四类，分别确定基准清洁费用。根据城市的 PM_{10} 浓度确定城市的大气污染等级，并根据表 3-8 中的清洁费用增加系数，计算污染城市每辆车的平均增加清洁和劳务费用 ΔC_p，ΔC_p= 公交车基准清洁费用 × 公交车清洁费用增加系数。

表 3-8 公交车基准清洁费用与清洁费用增加系数

基准清洁费用			清洁费用增加系数		
城市经济水平分级	城市人均 GDP/ 元	基准清洁费用 /［元 /（台·年）］	城市污染水平分级	PM_{10} 浓度年均值 /（mg/m^3）	清洁费用增加系数
发达	＞35 000	1 600	清洁城市	＜0.04	0.00
较发达	35 000～25 000	1 300	较清洁	0.04～0.1	0.10
欠发达	25 000～15 000	1 000	轻污染城市	0.1～0.15	0.25
落后	＜15 000	700	重污染城市	＞0.15	0.45

（2）出租车辆清洁费用增加的估算

$$C_t = \Delta C_t \cdot Q_t \quad (3\text{-}23)$$

式中，C_t——污染城市出租车辆增加的总清洁费用，万元；

ΔC_t——污染城市平均每辆出租车增加的清洁和劳务费用，元 /（辆·年），ΔC_t= 出租车基准清洁费用 × 出租车清洁费用增加系数 × 出租车清洗次数；

Q_t——污染城市出租车辆标准运营车数，万辆。

其中，出租车标准运营车数来源于中国城市建设统计年鉴，污染城市每辆出租车平均增加的清洁和劳务费用通过调查获得。根据调查，出租车辆的清洁劳务费用主要与城市的经济发展水平和污染程度有关，不同经济水平城市的出租车基准清洁劳务费用以及不同城市规模的出租车清洗次数见表3-9。其中，基准清洁费用按司机自己洗、请人或洗车店清洗的比例以及自己和请人洗的洗车费用加权获得，不同污染程度城市的出租车清洁费用增加系数同公交车。

表3-9 出租车基准清洁费用与清洁费用增加系数

出租车基准清洁费用			清洁费用增加系数			清洗次数	
城市经济水平分级	城市人均GDP/元	基准清洁费用/[元/（辆·次）]	城市污染水平分级	PM_{10}浓度年均值/（mg/m^3）	清洁费用增加系数	城市人口/万人	清洗次数
落后	＞35 000	5.2	清洁城市	＜0.04	0.00	＞260	120
欠发达	35 000～25 000	4.9	较清洁	0.04～0.1	0.10		
较发达	25 000～15 000	4.6	轻污染城市	0.1～0.15	0.25	＜260	90
发达	＜15 000	4.3	重污染城市	＞0.15	0.45		

（3）道路清扫费用增加的估算

$$C_s = \Delta C_s \cdot L_s \tag{3-24}$$

式中，C_s——污染城市道路增加的总清洁费用，万元；

ΔC_s——污染城市单位道路面积平均增加的清洁和劳务费用，元/m^2；

L_s——城市道路总面积，万m^2。

城市道路总面积来源于中国城市建设统计年鉴，污染城市单位道路面积平均增加的清洁和劳务费用通过调查获得。根据调查，城市道路的清洁劳务费用主要与城市的经济发展水平和污染程度有关。根据对北京、天津、邯郸、秦皇岛、抚顺、沈阳、淮南、黄山、佛山、潮州、惠州、韶关和广州13个城市130个有效样本点数据的整理分析，得到了不同经济水平城市的道路基准清洁费用，见表3-10，不同大气污染水平城市的道路清洁费用增加系数同公交车。

表3-10 城市道路基准清洁费用与清洁费用增加系数

基准清洁费用			清洁费用增加系数		
城市经济水平分级	城市人均GDP/元	基准清洁费用/（元/m^2）	城市污染水平分级	PM_{10}浓度年均值/（mg/m^3）	清洁费用增加系数
落后	＞35 000	2.8	清洁城市	＜0.04	0.00
欠发达	35 000～25 000	2.3	较清洁	0.04～0.1	0.10
较发达	25 000～15 000	1.8	轻污染城市	0.1～0.15	0.25
发达	＜15 000	1.3	重污染城市	＞0.15	0.45

（4）建筑清洁费用增加的估算

$$C_c = \sum_{i=1}^{n} \Delta C_{ci} \cdot S_i \tag{3-25}$$

式中，C_c——污染城市建筑物暴露面积增加的总清洁费用，万元；

ΔC_{ci}——污染城市 i 种材料的单位建筑物暴露面积平均增加的清洁费用，元 /m^2；

S_i——i 种建筑材料的暴露面积，万 m^2；

n——建筑材料种类，共包括玻璃、水泥、砖、铝、塑钢、油漆木材、大理石 / 花岗岩、陶瓷和马赛克、水磨石以及涂料 / 油漆灰 10 种建筑材料。

3.2 大气污染防治社会经济效益评估

3.2.1 投入产出模型简介

投入产出模型（input-output model）是指采用数学方法来表示投入产出表中各部门之间复杂关系，从而用以进行经济分析、政策模拟、计划论证和经济预测等，投入产出分析通过编制投入产出表来实现。投入产出表不仅可反映各产业之间的直接投入产出关系，还反映产业之间的完全投入和消耗联系。而且，基于一般均衡理论构建的投入产出表，可作为国民经济综合平衡分析、宏观经济调控、实现科学决策的数量分析工具。

投入产出表是指反映各种产品生产投入来源和去向的一种棋盘式表格，由投入表与产出表交叉而成。前者反映各种产品的价值，包括物质消耗、劳动报酬和剩余产品；后者反映各种产品的分配使用情况，包括投资、消费、出口等。投入产出表可以用来揭示国民经济中各部门之间经济技术的相互依存、相互制约的数量关系。表 3-11 是一个简化的价值型投入产出表。

表 3-11　一般价值型投入产出表简化框架

<table>
<tr><td colspan="2" rowspan="2">产出
投入</td><td colspan="3">中间产品</td><td colspan="3">最终产品</td><td rowspan="2">进口</td><td rowspan="2">总产出</td></tr>
<tr><td>部门 1</td><td>……</td><td>部门 n</td><td>最终消费</td><td>资本形成</td><td>出口</td></tr>
<tr><td rowspan="3">中间投入</td><td>部门 1</td><td colspan="3" rowspan="3">x_{ij}
Ⅰ象限</td><td colspan="3" rowspan="3">Y_i
Ⅱ象限</td><td rowspan="3"></td><td rowspan="3">X_i</td></tr>
<tr><td>……</td></tr>
<tr><td>部门 n</td></tr>
<tr><td rowspan="4">最初投入</td><td>劳动者报酬</td><td colspan="3" rowspan="4">N_{ij}
Ⅲ象限</td><td></td><td></td><td></td><td></td><td></td></tr>
<tr><td>生产税净额</td><td></td><td></td><td></td><td></td><td></td></tr>
<tr><td>固定资产折旧</td><td></td><td></td><td></td><td></td><td></td></tr>
<tr><td>营业盈余</td><td></td><td></td><td></td><td></td><td></td></tr>
<tr><td colspan="2">总投入</td><td colspan="3">X_j</td><td></td><td></td><td></td><td></td><td></td></tr>
</table>

3.2.2 绿色投入产出模型构建

传统投入产出表是建立在纯经济系统分析基础上的，没有考虑与经济活动密切相关的资源和环境系统。20 世纪 60 年代以来，西方一些经济学家为了研究经济发展与环境保护的关系将投入产出分析方法应用到环境保护领域，构建绿色投入产出表[84-86]。绿色投入产出表主要有加入废物和治理部门的环境经济投入产出表、加入资源消耗的投入产出表和企业的环境经济投入产出表等三方面进行构建。绿色投入产出表以全社会成本为理论基础，既考虑了生产成本，又考虑了资源使用成本和环境损害成本，能够定量揭示环境与经济内在联系，是实现经济发展和环境保护综合平衡的有效方法。

（1）基础投入产出表的合并

在 2012 年中国 135 部门投入产出表的基础上，根据数据的可得性和模拟分析需要，把 135 个部门合并为 42 个部门。

（2）绿色投入产出表的架构

绿色投入产出表可以是价值型的，也可以是实物价值型。本研究编制的绿色投入产出表是一张价值型投入产出表。在传统投入产出表中增加大气污染治理部门，具体包括 SO_2 治理部门、NO_x 治理部门和烟粉尘治理部门。最终产出中，增加大气污染治理投资项。生产部门为纯生产部门，不包含任何污染治理活动（表 3-12）。

表 3-12 绿色投入产出表的架构

	生产部门	大气污染治理	最终产出		总产出
			其他最终产出	大气污染治理投资	
生产部门	q_{ij}^{p}	q_{ij}^{w}	Y_{io}^{p}	Y_{ia}^{p}	X_{i}^{p}
大气污染物治理	e_{ij}^{p}	e_{ij}^{w}	Y_{io}^{w}	Y_{ia}^{w}	X_{i}^{w}
增加值	N_{j}^{p}	N_{j}^{w}			
总投入	Z_{j}^{p}	Z_{j}^{w}			

（3）大气污染治理部门中间投入和分配数据的确定

大气污染治理纵列：我国工业行业 SO_2、NO_x、烟粉尘的治理总成本数据来自《环境统计年报》，农业和第三产业的 SO_2、NO_x、烟粉尘治理总成本数据来自 2012 年环境经济核算报告。利用本项目调查获得的 SO_2、NO_x、烟粉尘治理成本的主要支出成本，找出大气污染治理中间投入的主要产业和投入费用比例，把治理成本分解到治理的主要投入行业中，其他行业的污染治理投入以其他行业的直接消耗系数作为权值，进行分解所得。

大气污染治理横列：主要为大气污染治理成本的分配，即为不同行业大气污染治理投入，这个数据主要来自环境统计年报中不同行业的大气污染治理运行成本。

（4）对原有产业部门中间投入和中间分配数据的扣减

由于大气污染治理部门为虚拟部门，其中间投入和最初投入均从其他部门分离所得，并非本部门创造，因此需要对原有产业部门的数据进行扣减，使总产出和总投入不变。扣减方法就是从原产业部门减去分离的数据。污染治理部门主要从污染治理的投入部门中进行扣减。

污染治理部门投入来源扣减＝污染治理投入产业中间投入－污染治理投入产业中间投入/总产业中间投入×各环保产业的治理投入

（5）最初投入数据的确定

大气污染治理部门最初投入为污染治理运行费用减去污染治理中间投入，在得到污染治理最初投入的合计后，营业盈余等于总污染治理最初投入减去固定资产折旧、劳动者报酬和生产税净额。其中，固定资产折旧的计算如式（3-26）所示。劳动者报酬通过不同产业专职环保人员数与不同产业平均职工工资相乘得到。因大气污染治理为企业的治理行为，不产生生产税净额。

$$C = \sum_{i=1}^{n} A_i - \sum_{i=1}^{n} A_i \times (1-r)^n \qquad (3-26)$$

式中，C——固定资产折旧，万元；

A_i——第 i 年的固定资产投资，万元，因设备一般的使用年限为 10 年左右，因此只计算近 10 年的固定资产投资；

r——固定资产折旧率，%。

（6）大气污染治理投资的确定

大气污染治理的固定资产投资总额数据来自《环境统计年报》，不同行业的投资比例来自实际调查。

3.2.3 绿色投入产出模型政策模拟

使用投入产出模型开展环境政策的经济影响分析，需要首先将环境政策量化为可以投入产出模型的输入变量，一般需要转变为对最终消耗品的影响，例如，增加了汽车的生产、增加了环保治理设备的生产、减少了某些落后产品的生产等，进而根据投入产出模型基于投入产出表和外部相关系数，获得对总产出、增加值、就业、税收以及产业结构等方面的影响（图 3-1）。

可以将投入产出表按行建立投入产出行模型，其可以反映各部门产品的生产与分配使用情况，描述最终产品与总产品之间的价值平衡关系。其方程表达式如下：

$$\sum_{j=1}^{n} a_{ij} \cdot x_j + y_i = x_i \qquad (i = 1, 2, \cdots, n) \qquad (3-27)$$

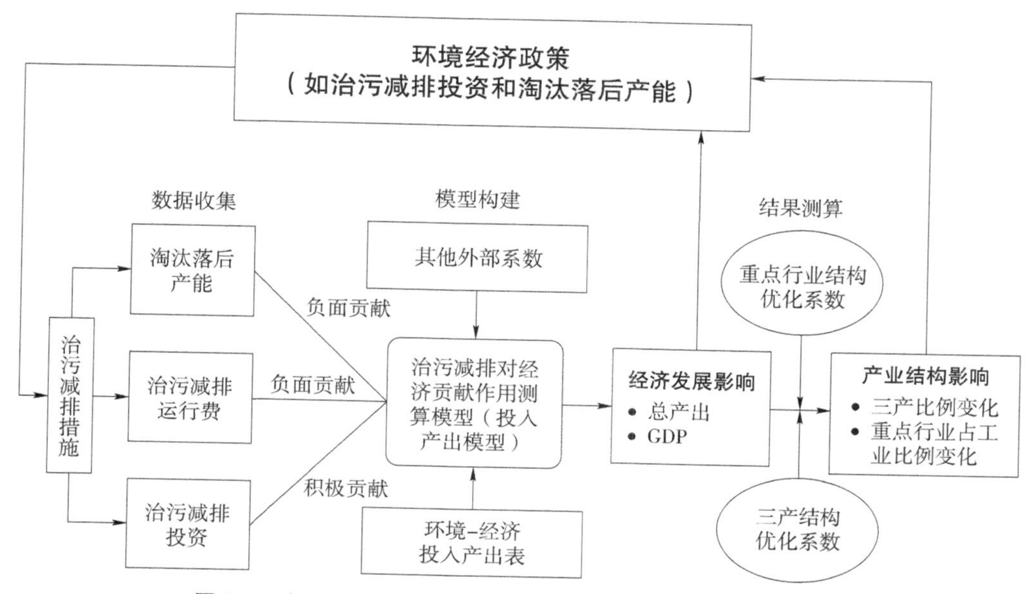

图 3-1　投入产出模型模拟环境经济政策经济影响的技术路线

其可以进一步写成矩阵式

$$(\boldsymbol{I}-\boldsymbol{A})X=Y \tag{3-28}$$

$$X=(\boldsymbol{I}-\boldsymbol{A})^{-1}Y \tag{3-29}$$

式中，$\boldsymbol{I}$——单位对角矩阵；

$\boldsymbol{A}$——直接消耗系数矩阵；

X——总产值；

Y——最终产品。

投入产出行模型反映了最终产品拉动总产出的经济机制。

我们设定 ΔY 为由于环境政策导致的最终产品变动量（如淘汰黄标车导致新车购买增加、加大环保投入增加环保产品需求等）资金量的列向量，那么根据式（3-28），就有

$$\Delta X=(\boldsymbol{I}-\boldsymbol{A})^{-1}\Delta Y \tag{3-30}$$

式中，ΔX——由于环境政策对最终产品需求，通过产业链上下游传导，导致整个宏观经济总产出的增加量。

同时，增加值（N）、劳动报酬（V）和就业（L）的影响也可以通过以下公式测算。

$$\Delta N=\hat{\boldsymbol{N}}\Delta X=\hat{\boldsymbol{N}}(\boldsymbol{I}-\boldsymbol{A})^{-1}\Delta Y \tag{3-31}$$

$$\Delta V=\hat{\boldsymbol{V}}\Delta X=\hat{\boldsymbol{V}}(\boldsymbol{I}-\boldsymbol{A})^{-1}\Delta Y \tag{3-32}$$

$$\Delta L = \hat{\boldsymbol{L}}\Delta X = \hat{\boldsymbol{L}}(\boldsymbol{I} - \boldsymbol{A})^{-1}\Delta Y \tag{3-33}$$

式中，$\hat{\mathbf{N}}$、$\hat{\mathbf{L}}$、$\hat{\mathbf{V}}$分别为第 j 行业增加值、劳动就业、劳动报酬与该行业总产出的比值数列。

上述基本模型中只考虑了环保投资导致的最终产出增加在生产领域内对国民经济各部门的直接影响和间接影响，而不包括消费领域中由环保投资引起的居民消费（收入）增加对生产领域国民经济各生产部门再次的促进作用和诱发影响[87]，需构建包含居民消费诱发影响以及扣除诱发影响经济漏损的环保投资总产出影响扩展模型[88]。经济漏损是指居民收入增量由于储蓄、税收、购买进口品等原因，不能完全转换为本地的投资和消费，计算时需使用边际消费倾向、边际税收倾向以及最终产品国内满足率等系数对经济漏损进行扣除。

$$\Delta X = \left(\boldsymbol{I} - \boldsymbol{A}\right)^{-1}\left[\boldsymbol{I} - C\left(1 - t\right)\hat{\boldsymbol{h}}Fi'\hat{\boldsymbol{V}}\left(\boldsymbol{I} - \boldsymbol{A}\right)^{-1}\right]^{-1}\Delta Y_e \tag{3-34}$$

式中，$(\boldsymbol{I}-\boldsymbol{A})^{-1}$——列昂惕夫逆矩阵；

$\boldsymbol{I}$——单位对角矩阵；

C——边际消费倾向；

t——边际税收倾向；

$\hat{\boldsymbol{h}}$——最终产品国内满足率对角矩阵；

F——居民直接消费系数列向量；

i'——单位行向量；

$\hat{\boldsymbol{V}}$——劳动报酬系数的对角矩阵；

ΔY_e——大气污染治理投入变化。

最终产品国内满足率是指各行业最终产品中由本国生产的产品所占比例，%；居民直接消费系数是投入产出表中各行业的居民消费占总居民消费的比重，%；劳动报酬系数是由投入产出表中各行业劳动报酬除以总产出得到的系数。

4

区域大气重污染应急社会-经济-环境损益评估技术研究

4.1 重污染天气应急措施分析

4.1.1 重污染天气

19世纪中后期，美国的洛杉矶、欧洲多个城市煤烟型污染及汽车尾气污染十分严重，先后发生了多起严重的大气烟雾污染事件，日本“二战”之前矿山的“烟害”和煤尘、煤烟问题及战后化学工业相继发生的重大公害污染事件，均造成大面积人群致病。随后，多国研究人员调查研究称，当空气中的污染物浓度超过一定的限值时，会形成重污染状况，即便是短期接触也会对人体健康产生较大的负面影响，严重的甚至会导致过早死亡。从那时起，各国政府和民众意识到工业化、城市化快速发展及机动车保有量的大幅增加是环境空气质量尤其是城市空气质量污染的主要原因，并开始高度关注如何有效防止空气污染、提高生活质量，减少环境空气污染对人体健康危害。“空气重污染状况”术语成为工业发达国家及公众广为熟悉的热词。

近年来，每到秋冬特别是入冬以后，我国中东部地区时常会出现持续性的雾霾天气，导致一些严重威胁我国人民身体健康的疾病（如呼吸道疾病、心脑血管疾病）的发病率呈逐年上升趋势，“重污染天气”这个词也逐渐被国内各级政府及大众重视。重污染天气和以可吸入颗粒物（PM_{10}）、细颗粒物（$PM_{2.5}$）为特征污染物的区域性大气环境成为人们关注的重点。国内研究人员围绕重污染天气的界定、形成过程、预测预报、防控防治开展了大量的研究工作。一些学者研究表明，空气污染既与污染排放有关，也与大气对污染物的稀释和扩散能力即气象条件有关，重污染天气的形成是由低温、雾、风、无降水等不利的气象因素和大量的污染物综合作用的结果。部分学者研究表明空气污染物浓度超过不同的浓度级别，会对人群健康产生不同的危害，因此需要对危害警报设定相应的分级。目前，各国对启动空气重污染警报浓度限值是不完全相同的，有些国家使用污染物浓度限值，有些国家则是将污染物（包括 SO_2、NO_2、CO、O_3、PM_{10} 和 $PM_{2.5}$）日均质量浓度转化为单一的概念性指数值——空气污染指数（air pollution index，API）或者空气质量指数（air quality index，AQI）来表征当天空气污染程度。我国 1996 年规定采用 API（范围在 0～500）来表征空气污染分级，以 API 大于 200 作为重污染的分类标准。对各城市出现的“重污染日”定义为：当某日城市空气质量的污染级别达到Ⅳ级及以上（API 超过 200）的污染日定义为一个重污染日，连续 2 d 或 2 d 以上出现的重污染日定义为一次持续重污染过程。根据这个重污染日界定评价 2002—2012 年，我国环保重点城市共发生污染天数为 54 312 d。污染天气以轻微污染为主，占全部污染天数的 80.4%，轻度污染、中度污染和重污染分别占 13.9%、2.3% 和 3.4%。

随着我国大气环境状况显著变化，以灰霾天气为代表的煤烟型与氧化型污染共存、局地污染和区域污染叠加、污染物之间相互耦合的新型复合型污染对人们健康的影响越来越严重，城市光化学烟雾引起的大气污染越来越引起人们的关注。原有主要针对传统煤烟型污染的空气质量评价指标体系已经难以完整地反映空气质量的真实状况。2012 年，环境保护部发布《环境空气质量指数（AQI）技术规定（试行）》（HJ 633—2012），确定以空气质量指数（AQI）作为评价空气质量状况，增加了常规监测 $PM_{2.5}$ 浓度，将“大气重污染”重新定义为：AQI≥201，即空气环境质量达到Ⅴ级（重度污染）及以上污染程度的大气污染天气确定为大气重污染。

我国重污染天气分为四类，分别是春季以粗矿物颗粒物为主的沙尘污染、夏季以二次氧化为主的重污染、秋季高温伴随生物质燃烧的重污染、冬季以 $PM_{2.5}$ 为主的重污染。与一般大气污染天气相比，重污染天气具有两个重要特点：一是气象条件会阻碍大气污染物扩散，大气环境容量大幅度降低，排放同等污染物导致的环境浓度会显著增加。二是一次污染物难扩散、相互接触机会增加，在水汽、光照等气象条件下，容易生成大量二次污染物。与大气污染突发事件相比，二者具有一定相似性，如发生后都需要采取应急措施进行处置，且都具有一定的高危害性等。但事实上二者间又存在明显区别，首先是天气和事件的区别，重污染天气的发生可以被监测并进行预警，而大气污染突发事件的发生具有较大的不确定性；其次是影响范围不同，重污染天气往往对一定的区域产生广泛的影响，而一般环境突发事件的危害范围较小；再次是影响时期不同，重污染天气的影响具有重复性，甚至具有周期性；最后是影响的后果不同，重污染天气已经成为一个时代发展的瑕疵，是社会必须要共同面对的一个问题，而不应该仅仅由政府来进行管理控制。

出现重污染天气时，首要污染物一般为$PM_{2.5}$，其质量浓度达到150 μg/m^3以上，不仅对人们正常生活造成不便，有害物质富集在$PM_{2.5}$上，还可以通过呼吸道进入机体，颗粒物沉积在肺泡，被肺泡吸收经血液输送到全身，容易导致急性中毒、心血管疾病、肺心病等，颗粒物还可引起机体免疫功能下降，对人体健康造成危害。重污染天气对人体健康影响特征具体表现为：五级重污染时，心脏病和肺病患者症状显著加剧，运动耐受力降低，健康人群普遍出现症状；六级严重污染时，健康人群运动耐受力降低，有明显强烈症状，提前出现某些疾病。我国当前重污染天气频发的状况仍没有得到根本改善。污染物排放总量远超环境容量、污染物排放强度大等原因，加上不利的气象条件因素，决定了大气污染防治工作既要在日常治理中下苦功，也要在不利气象条件下的重污染应急响应上下功夫。重污染天气对全年空气质量改善的负面影响很大，抓好重污染天气应对已经成为当前大气污染防治工作的重中之重。

4.1.2 重污染天气应急

重污染天气应急主要是指为应对不利气象条件下可能形成或已经出现的严重空气污染现象，政府、企业和公众采取系列应急减排措施，以减缓大气重污染程度、减轻对空气质量和公众身体健康的影响等。其中，最主要的是通过对工业源、移动源和扬尘源大气污染物排放采取强制性减排措施，来降低空气重污染程度和危害，保障群众身体健康和正常生活。当前，重污染天气应急不仅是减轻重污染天气危害、维护公众健康的必要举措，也是加强大气污染防治的重要抓手。秋冬季是我国重污染天气高发季节，尤其进入采暖季后，全国多地重污染过程呈高发态势。近年来，为改善冬季空气质量，全国多个省份都制定了冬季大气污染管控方案，采取强制性减排措施，最大限度地减少冬季大气污染物排放。特别近几年，京津冀区域秋冬季发生多次持续时间长、影响范围广的重污染天气，多个城市启动了重污染天气预警。以2017年为例，京津冀区域出现了7次区域性重污染天气过程，河北省发布区域预警7次。

为有效地应对重污染天气过程，2013年国务院印发了《大气污染防治行动计划》[89]，明确要求建立重污染天气监测预警体系，制定完善应急预案，将重污染天气应急响应纳入地方人民政府突发事件应急管理体系。同年5月，环境保护部印发了《城市大气重污染应急预案编制指南》[90]，以提高城市大气重污染预防预警和应急响应能力。同年9月，环境保护部和中国气象局联合发布了《京津冀及周边地区重污染天气监测预警方案》[91]，对区域的重污染天气过程进行预警。2017年，国务院启动“大气重污染成因与治理攻关项目”，设置了京津冀及周边地区大气重污染的成因和来源、排放现状评估和强化管控技术、大气污染防治综合科学决策支撑以及京津冀及周边地区大气污染对人群健康影响四大专题，强调科研攻关与实践应用衔接。2017 年至今，环境保护部（现生态环境部）相继发布京津冀及周边地区、长三角地区等区域当年秋冬季大气污染综合治理攻坚行动方案，明确指出区域各城市秋冬季空气质量改善目标、重污染天气数同比下降数，并重点从深化区域应急联动、夯实应急减排清单、实施差异化应急管理等方面指导各省市有效应对区域性重污染天气。各省市相继依据该系列实施方案，因地制宜拟定了适用于当地的实施方案。具体应急措施有城市禁售普通柴油、采取机动车限号、线路段出行、禁售禁放烟花爆竹、错峰生产、部分工业企业限期停产等。2018 年 7 月，国务院公开发布了“蓝天保卫战”[92]，提出经过 3 年的努力，进一步明确降低 $PM_{2.5}$ 浓度，明确减少重污染天数的行动目标，并明确指出区域内的相关企业必须落实重污染天气响应措施。2018 年，生态环境部印发《关于推进重污染天气应急预案修订工作的指导意见》[93]，为推进重污染天气应急预案完善提出指导意见。2019 年，生态环境部印发《2019 年全国大气污染防治工作要点》[94]，指出积极应对重污染天气，要重点从切实提高区域预测预报能力、修订重污染天气应急预案等方面推动完善重污染天气应急响应机制。同年，生态环境部印发《关于加强重污染天气应对夯实应急减排措施的指导意见》[95]，进一步完善重污染天气应急预案。重污染天气预警和应急响应措施很大程度上促进了我国大气污染防治工作成效的显现。据统计，2018 年，全国 338 个地级及以上城市平均优良天数比例为 79.3%，比 2015 年上升 2.6 个百分点；重污染天气发生频次和强度均明显下降，重污染天数比例为 2.2%，下降 1 个百分点；京津冀及周边地区平均优良天数比例上升 2.8 个百分点，重污染天数下降 42.6%。北京市已经基本消除了重污染天气。

总体来说，目前我国典型城市的重污染天气应急响应主要包括强制性污染减排措施、倡议性污染减排措施和健康防护引导措施。强制性应急减排措施主要是在重污染期间对纳入各市应急减排清单的工业企业采取“一企一策”的停产、限产、限排的方式减少大气污染物排放；对建筑施工工地停止有扬尘环节的施工作业，增加道路保洁和洒水作业频次等来降低扬尘排放；对高污染机动车辆限行、非道路移动机械限制使用等方式减少移动源尾气排放。倡议性污染减排措施主要是重污染期间倡导公众绿色出行、绿色消费。健康防护引导措施主要是重污染期间指导公众采取减少或停止室外活动，中小学停课等措施。通过梳理成渝地区、京津冀重污染天气应急预案内容，本研究统计分析了成都市、四川省、北京市、天津市、河北省重污染天气采取的一级、二级、三级、四级应急响应措施（表 4-1～表 4-4）。

表 4-1 重污染天气四级响应措施

四级响应	成都市	四川省	北京市	天津市	河北省
健康防护引导措施	（1）儿童、老年人和呼吸道、心脑血管疾病及其他慢性疾病患者尽量留在室内、避免户外活动，确需外出尽量采取防护措施。 （2）一般人群减少或避免户外活动；室外工作、执勤、作业、活动等人员可以采取佩戴口罩、缩短户外工作时间等必要的防护措施。 （3）教育部门协调幼儿园、中小学等教育机构减少户外活动	（1）儿童、老年人和呼吸道、心脑血管疾病及其他慢性疾病患者尽量留在室内、避免户外活动，确需外出尽量采取防护措施。 （2）一般人群减少或避免户外活动；室外工作、执勤、作业、活动等人员可以采取佩戴口罩、缩短户外工作时间等必要的防护措施。 （3）教育部门协调幼儿园、中小学等教育机构减少户外活动	（1）儿童、老年人和呼吸道、心脑血管疾病及其他慢性疾病患者减少户外活动。 （2）中小学、幼儿园减少户外活动。	（1）提醒儿童、老年人和心脏病、肺病患者以及过敏性疾病患者应当留在室内，停止户外运动，一般人群减少户外运动。	（1）儿童、老年人和呼吸道、心脑血管疾病及其他慢性疾病患者尽量留在室内，避免户外活动，尽量减少开窗通风时间。 （2）一般人群减少或避免户外活动；室外工作、执勤、作业、活动等人员可以采取佩戴口罩、缩短户外工作时间等必要的防护措施。 （3）已安装空气净化装置的幼儿园、中小学和企事业单位等，及时开启空气净化装置
倡议性污染减排措施	（1）倡导公众绿色生活，节能减排，夏天可适当将空调调高1～2℃，冬天可适当将空调调低1～2℃。 （2）倡导公众绿色出行，尽量乘坐公共交通工具或电动汽车等方式出行。 （3）倡导工业企业、施工工地等有关单位积极采取措施，减少工业和扬尘污染物排放	（1）倡导公众绿色生活，节能减排，夏天可适当将空调调高1～2℃，冬天可适当将空调调低1～2℃。 （2）倡导公众绿色出行，尽量乘坐公共交通工具或电动汽车等方式出行。 （3）倡导生产过程中排放大气污染物的企事业单位，自觉调整生产周期，减少污染物排放	（1）公众尽量乘坐公共交通工具出行，减少机动车上路行驶；驻车时及时熄火，减少车辆原地怠速运行时间。 （2）加大对施工工地、裸露地面、物料堆放等场所实施扬尘控制措施力度。 （3）加强道路清扫保洁，减少交通扬尘污染。 （4）拒绝露天烧烤	（2）倡导公众绿色出行和绿色生活，尽量乘坐公共交通工具或电动汽车等方式出行，减少祭祀烧纸等行为。 （3）倡导工厂、工地等有关单位积极采取措施，减少工业和扬尘污染物排放	（1）倡导公众绿色生活，节能减排，夏天可适当将空调调高1～2℃，冬天可适当将空调调低1～2℃。 （2）倡导公众绿色出行，尽量乘坐公共交通工具或电动汽车等方式出行；驻车时及时熄火，减少车辆原地怠速运行时间。 （3）生产过程中排放大气污染物的企事业单位，自觉调整生产周期，减少污染物排放

续表

四级响应	成都市	四川省	北京市	天津市	河北省
强制性污染减排措施	（1）建设工地施工时必须开启一切喷淋设施。实现扬尘在线监测的建设工地，其监测数据明显高于周边子站监测数据的，除应急抢险和重大民生工程项目外停止土石方作业。 （2）增加中心城区道路及进出城城市快速路、郊区（市）县建成区主要道路、行道树冲洗除尘频次。 （3）中心城区、郊区（市）县建成区所有露天堆放的散装物料全部苫盖，增加洒水降尘频次。 （4）禁止在绕城高速内、郊区（市）县建成区内露天烧烤。增加重点企业、各类工地、露天焚烧、露天烧烤等巡查频次，严查各类环境违法行为。 （5）在具备气象条件前提下，实施人工影响天气作业		在保障城市正常运行的前提下： （1）在常规作业基础上，对重点道路每日增加1次清扫保洁作业。 （2）停止室外建筑工地喷涂粉刷、护坡喷浆施工作业		

表 4-2 重污染天气三级响应措施

三级响应	成都市	四川省	北京市	天津市	河北省
健康防护引导措施	（1）儿童、老年人和呼吸道、心脑血管疾病及其他慢性疾病患者尽量留在室内、避免户外活动，确需外出尽量采取防护措施。 （2）一般人群减少或避免户外活动；室外工作、执勤、作业、活动等人员可以采取佩戴口罩、缩短户外工作时间等必要的防护措施。 （3）教育部门协调幼儿园、中小学等教育机构取消户外活动。 （4）卫生部门协调医疗机构适当增设相关疾病门诊急诊，增加医护人员数量，加强对呼吸类疾病患者的就医指导和诊疗保障	（1）儿童、老年人和呼吸道、心脑血管疾病及其他慢性疾病患者尽量留在室内、避免户外活动，确需外出尽量采取防护措施。 （2）一般人群减少或避免户外活动；室外工作、执勤、作业、活动等人员可以采取佩戴口罩、缩短户外工作时间等必要的防护措施。 （3）教育部门协调幼儿园、中小学等教育机构取消户外活动。 （4）卫生部门协调医疗机构适当增设相关疾病门诊急诊，增加医护人员数量，加强对呼吸类疾病患者的就医指导和诊疗保障	（1）儿童、老年人和呼吸道、心脑血管疾病及其他慢性疾病患者尽量留在室内，避免户外活动。 （2）中小学、幼儿园停止户外体育课、课间操、运动会等活动。 （3）环保、卫生计生、教育等部门和各区政府分别按行业和属地管理要求，加强对空气重污染应急、健康防护等方面科普知识的宣传	（1）提醒儿童、老年人和心脏病、肺病患者以及过敏性疾病患者应当留在室内，停止户外运动，一般人群减少户外运动。 （2）倡导公众绿色出行和绿色生活，尽量乘坐公共交通工具或电动汽车等方式出行，减少祭祀烧纸等行为。 （3）中小学、幼儿园停止户外课程及活动。 （4）医疗卫生机构加强对呼吸类疾病患者的防护宣传和就医指导。 （5）加强公交运力保障	（1）各市、县（市、区）教育主管部门组织中小学、幼儿园停止室外课程及活动。 （2）医疗卫生机构加强对呼吸类疾病患者的就医指导和诊疗保障
倡议性污染减排措施	（1）倡导公众绿色生活，节能减排，夏天可适当将空调调高 1～2℃，冬天可适当将空调调低 1～2℃。 （2）倡导公众绿色出行，尽量乘坐公共交通工具或电动汽车等方式出行。 （3）倡导公众绿色消费，单位和公众尽量减少含挥发性有机物的涂料、油漆、溶剂等原材料及产品的使用。 （4）倡导生产过程中排放大气污染物的企事业单位，自觉调整生产周期，减少污染物排放；在排放达标的基础上进一步提高污染治理设施效率	（1）倡导公众绿色生活，节能减排，夏天可适当将空调调高 1～2℃，冬天可适当将空调调低 1～2℃。 （2）倡导公众绿色出行，尽量乘坐公共交通工具或电动汽车等方式出行。 （3）倡导公众绿色消费，单位和公众尽量减少含挥发性有机物的涂料、油漆、溶剂等原材料及产品的使用。 （4）倡导生产过程中排放大气污染物的企事业单位，自觉调整生产周期，减少污染物排放；在排放达标的基础上进一步提高污染治理设施效率	（1）公众尽量乘坐公共交通工具出行，减少机动车上路行驶；驻车时及时熄火，减少车辆原地怠速运行时间。 （2）加大对施工工地、裸露地面、物料堆放等场所实施扬尘控制措施力度。 （3）加强道路清扫保洁，减少交通扬尘污染。 （4）拒绝露天烧烤。 （5）减少涂料、油漆、溶剂等含挥发性有机物的原材料及产品使用		（1）倡导公众绿色消费，单位和公众尽量减少含挥发性有机物的涂料、油漆、溶剂等原材料及产品的使用。 （2）倡导排污单位加强管理，主动减排，可在排放达标的基础上提高污染治理设施效率，调整有大气污染物排放生产工艺的生产时间

续表

三级响应	成都市	四川省	北京市	天津市	河北省
强制性污染减排措施	（1）基于强制性污染减排基数，工业企业按照重污染天气“一厂一策”应急预案采取限产、停产、加强污染治理等措施，重点排污工业企业至少减排30%的大气污染物排放量，其他企业最低减排15%的大气污染物排放量，列入年度落后产能淘汰计划的涉气企业全部停产；加强环境监察和执法检查，从严查处环境违法行为。 （2）在保障城市正常运行的前提下，中心城区（五城区和高新区）、郊区（市）县建成区内，除应急抢险和重大民生工程项目外停止施工工地的土石方作业（包括停止土石方开挖、回填、场内倒运、掺拌石灰、混凝土剔凿等作业，停止建筑工程配套道路和管沟开挖作业）；建设工地施工时必须开启一切喷淋设施。绕城高速内（含）、郊区（市）县建成区内，散装材料、建筑垃圾和渣土运输车、砂石运输车辆和大型有机溶剂槽车禁止上路行驶。全市范围水泥粉磨站、砂石厂（场）、渣土存放点全面停止生产、运行；混凝土搅拌站和砂浆搅拌站内堆放的散体物料全部苫盖，增加洒水降尘频次；加强施工扬尘环境监理和执法检查。 （3）在保障城市正常运行的前提下，中心城区、郊区（市）县建成区内停止室外喷涂、粉刷、切割、建筑拆除作业。	（1）在强制性污染减排基数的基础上，工业企业按照“一厂一策”采取降低生产负荷、停产、加强污染治理等措施，重点排污工业企业至少减排30%的大气污染物排放量，其他企业最低减排15%的大气污染物排放量；加强环境监察和执法检查。 （2）城市主城区停止室外喷涂、粉刷、切割、护坡喷浆作业；除应急抢险外停止施工工地的土石方作业（包括：停止土石方开挖、回填、场内倒运、掺拌石灰、混凝土剔凿等作业，停止建筑工程配套道路和管沟开挖作业）；建筑垃圾和渣土运输车、砂石运输车辆禁止上路行驶；加强施工扬尘环境监理和执法检查。 （3）城市主城区禁止上路行驶（0:00—3:00除外）国Ⅰ和国Ⅱ排放标准的汽油车（含驾校教练车），国Ⅲ排放标准以下的柴油车，已执行以上限行措施的成都及周边等重点城市，可根据实际，增加其他限制措施；公共交通部门加大运输保障力度；加强交通执法检查。	在保障城市正常运行的前提下： （1）在常规作业基础上，对重点道路每日增加1次及以上清扫保洁作业。 （2）停止室外建筑工地喷涂粉刷、护坡喷浆、建筑拆除、切割、土石方等施工作业。 （3）对纳入空气重污染黄色预警期间制造业企业停产限产名单的企业实施停产限产措施	（1）本市行政区域内禁止燃放烟花爆竹。 （2）全市工业企业按照“一厂一策”的减排要求，确保主要污染物总体减排30%以上。主要采取工业企业停产限产、提高污染治理设施运行效率等措施，或以区为单位，安排区内工业企业轮流实施停产、限产、限排等方式实现减排要求。其中，部分重点行业减排要求如下（其他行业按照工业源项目清单要求落实停、限产措施）： ①金属加工业：铝压延加工业停产，钢压延加工业压延工序停止生产。 ②涂料制造业：生产溶剂型涂料的工序停止生产。 ③家具制造业：使用溶剂型涂料的工序停止生产。 ④玻璃制造业：提高污染治理设施效率，主要污染物排放浓度较天津市地方排放标准降低30%以上。 ⑤铸造行业：全部停产（包含电炉、天然气炉）。	（1）机动车限行措施：除城市运行保障车辆和执行任务特种车辆外，城市主城区、县（市、区）城区内全天或白天禁止重型和中型货车、三轮汽车、低速载货汽车和拖拉机通行。 （2）工业企业按照“一厂一策”采取降低生产负荷、停产、加强污染治理等措施，在现有污染物排放总量的基础上，最低减少20%的大气污染物排放量；也可采取轮流停产、限时停产、限产等方式实现应急减排目标。 （3）矿山开采、矿石破碎企业（设施）和水泥粉磨站停止生产，混凝土搅拌站和砂浆搅拌站停止原材料运输。 （4）停止室外喷涂、粉刷、切割、护坡喷浆作业。 （5）除应急抢险外，城市建成区停止所有施工工地的土石方作业（包括停止土石方开挖、回填、场内倒运、掺拌石灰、混凝土剔凿等作业，停止建筑工程配套道路和管沟开挖作业）。建筑垃圾和渣土运输车、砂石运输车辆禁止上路行驶。

续表

三级响应	成都市	四川省	北京市	天津市	河北省
强制性污染减排措施	（4）在现行机动车限行措施基础上，国Ⅱ排放标准及以下汽油车、国Ⅲ排放标准以下的柴油车绕城高速内（含）、郊区（市）县建成区道路禁止上路行驶（0：00—3：00除外）；增加城市公交、地铁等公共交通工具的营运频次；加强交通执法检查。 （5）增加中心城区道路及进出城城市快速路、郊区（市）县建成区主要道路、行道树冲洗除尘频次。中心城区三环路内（含）道路19：00—24：00至少冲洗2次。 （6）中心城区、郊区（市）县建成区所有企事业单位露天堆放的散装物料全部苫盖，增加洒水降尘频次。 （7）禁止在绕城高速内、郊区（市）县建成区内露天烧烤。 （8）增加重点企业、各类工地、露天焚烧、露天烧烤等巡查频次，从严查处不按规定落实应急措施及环境违法行为。 （9）在具备气象条件的前提下，实施人工影响天气作业	（4）在日常道路清扫保洁频次的基础上，增加清扫保洁作业频次，城市主城区主要道路、行道树每天至少进行2次冲洗除尘。 （5）城市主城区企业露天堆放的散装物料全部苫盖，增加洒水降尘领次。 （6）城市主城区禁止燃放烟花爆竹和露天烧烤	在保障城市正常运行的前提下： （1）在常规作业基础上，对重点道路每日增加1次及以上清扫保洁作业。 （2）停止室外建筑工地喷涂粉刷、护坡喷浆、建筑拆除、切割、土石方等施工作业。 （3）对纳入空气重污染黄色预警期间制造业企业停产限产名单的企业实施停产限产措施	超低排放标准的燃煤电厂、工业企业中的自备电厂以及已备案的承担居民供暖、协同处置城市垃圾或危险废物等保民生任务的单位要确保重污染天气期间稳定排放，不执行减排措施。 （3）停止室外喷涂、粉刷、切割、护坡喷浆作业。 （4）停止所有施工工地的土石方作业（包括停止土石方开挖、回填、场内倒运、掺拌石灰、混凝土剔凿等作业，停止建筑工程配套道路和管沟开挖作业）。建筑垃圾和渣土运输车、砂石运输车辆禁止上路行驶。 （5）除重大民生工程及应急抢险任务外，全面停止使用各类非道路移动机械。 （6）所有水泥粉磨站、渣土存放点全面停止生产、运行。全市混凝土搅拌站和砂浆搅拌站停止生产，站内堆放的散体物料全部苫盖，增加洒水降尘频次。 （7）中心城区、滨海新区核心区及其他各区主要道路在日常机扫水洗作业的基础上，增加机扫水洗和保洁作业频次。对于可机扫水洗道路，在非冰冻期内每日大水量冲洗2～3次，在冰冻期内增加吸扫作业频次	（6）在常规作业基础上，对城市主要干道增加机扫、吸扫等清洁频次。 （7）所有企业露天堆放的散装物料全部苫盖，增加洒水降尘频次。 （8）城市主城区、县（市、区）城区禁止燃放烟花爆竹和露天烧烤

表 4-3 重污染天气二级响应措施

二级响应	成都市	四川省	北京市	天津市	河北省
健康防护引导措施	（1）儿童、老年人和呼吸道、心脑血管疾病及其他慢性疾病患者尽量留在室内、避免户外活动，确需外出强烈建议采取防护措施。 （2）一般人群避免户外活动；室外工作、执勤、作业、活动等人员强烈建议采取佩戴口罩、缩短户外工作时间等必要的防护措施。 （3）教育部门协调幼儿园、中小学等教育机构取消户外活动。 （4）卫生部门协调医疗机构适当增设相关疾病门诊急诊，增加医护人员数量，加强对呼吸道、心脑血管疾病及其他慢性疾病的就医指导和诊疗保障。 （5）停止举办大型群众性户外活动	（1）儿童、老年人和呼吸道、心脑血管疾病及其他慢性疾病患者尽量留在室内、避免户外活动，确需外出强烈建议采取防护措施。 （2）一般人群避免户外活动；室外工作、执勤、作业、活动等人员强烈建议采取佩戴口罩、缩短户外工作时间等必要的防护措施。 （3）教育部门协调幼儿园、中小学等教育机构取消户外活动。 （4）卫生计生部门协调医疗机构适当增设相关疾病门诊急诊，增加医护人员数量，加强对呼吸道、心脑血管疾病及其他慢性疾病的就医指导和诊疗保障。 （5）停止举办大型群众性户外活动	（1）儿童、老年人和呼吸道、心脑血管疾病及其他慢性疾病患者尽量留在室内，避免户外活动；一般人群减少户外活动。 （2）中小学、幼儿园停止户外课程和活动。 （3）医疗卫生机构加强对呼吸类疾病患者的防护宣传和就医指导	（1）提醒儿童、老年人和心脏病、肺病患者以及过敏性疾病患者应当留在室内，停止户外运动，一般人群减少户外运动。倡导公众绿色出行和绿色生活，尽量乘坐公共交通工具或电动汽车等方式出行，减少祭祀烧纸等行为。 （2）中小学、幼儿园停止户外课程及活动。 （3）医疗卫生机构加强对呼吸类疾病患者的防护宣传和就医指导。 （4）加强公交运力保障	各市、县（市、区）教育主管部门指导中小学、幼儿园可采取弹性教学，停止室外课程及活动。停止举办大型群众性户外活动

续表

二级响应	成都市	四川省	北京市	天津市	河北省
倡议性污染减排措施	（1）倡导公众绿色生活，节能减排，夏天可适当将空调调高1～2° ℃，冬天可适当将空调调低1～2℃。 （2）倡导公众绿色出行，尽量乘坐公共交通工具或电动汽车等方式出行。 （3）倡导公众绿色消费，单位和公众尽量减少含挥发性有机物的涂料、油漆、溶剂等原材料及产品的使用。 （4）倡导工业企业、施工工地等有关单位积极采取措施，减少工业和扬尘污染物排放；在排放达标的基础上进一步提高污染治理设施效率。 （5）倡导企事业单位根据空气重污染实际情况采取应急强制响应措施	（1）倡导公众绿色生活，节能减排，夏天可适当将空调调高1～2℃，冬天可适当将空调调低1～2℃。 （2）倡导公众绿色出行，尽量乘坐公共交通工具或电动汽车等方式出行。 （3）倡导公众绿色消费，单位和公众尽量减少含挥发性有机物的涂料、油漆、溶剂等原材料及产品的使用。 （4）倡导生产过程中排放大气污染物的企事业单位，自觉调整生产周期，减少污染物排放；在排放达标的基础上进一步提高污染治理设施效率。 （5）倡导企事业单位可根据空气重污染实际情况、应急强制响应措施，采取调休、错峰上下班、远程办公等弹性工作制。 （6）有条件的城市可免除公交乘车成本。 （7）积极开展人工影响天气作业，缓解空气污染	（1）公众尽量乘坐公共交通工具出行，减少机动车上路行驶；驻车时及时熄火，减少车辆原地怠速运行时间。 （2）加大对施工工地、裸露地面、物料堆放等场所实施扬尘控制措施力度。 （3）加强道路清扫保洁，减少交通扬尘污染。 （4）减少涂料、油漆、溶剂等含挥发性有机物的原材料及产品使用。 （5）企事业单位可根据空气污染情况实行错峰上下班	（1）提醒儿童、老年人和心脏病、肺病患者以及过敏性疾病患者应当留在室内，停止户外运动，一般人群减少户外运动。倡导公众绿色出行和绿色生活，尽量乘坐公共交通工具或电动汽车等方式出行，减少祭祀烧纸等行为。 （2）中小学、幼儿园停止户外课程及活动。 （3）医疗卫生机构加强对呼吸类疾病患者的防护宣传和就医指导。 （4）加强公交运力保障	倡导企事业单位可根据重污染天气实际、应急强制响应措施，采取调休、错峰上下班、远程办公等弹性工作制。自觉停驶2003年12月31日前注册的燃油机动车

续表

二级响应	成都市	四川省	北京市	天津市	河北省
强制性污染减排措施	（1）基于强制性污染减排基数，工业企业按照重污染天气“一厂一策”应急预案采取限产、停产、加强污染治理等措施，重点排污工业企业至少减排50%的大气污染物排放量，其他企业最低减排30%的大气污染物排放量，列入年度落后产能淘汰计划的涉气企业全部停产；加强环境监察和执法检查，从严查处环境违法行为。 （2）在保障城市正常运行的前提下，中心城区、郊区（市）县建成区内，除应急抢险和重大民生工程项目外停止施工工地的土石方作业（包括停止土石方开挖、回填、场内倒运、掺拌石灰、混凝土剔凿等作业，停止建筑工程配套道路和管沟开挖作业）；建设工地施工时必须开启一切喷淋设施。绕城高速内（含）、郊区（市）县建成区内，散装材料、建筑垃圾和渣土运输车、砂石运输车辆和大型有机溶剂槽车禁止上路行驶。全市范围水泥粉磨站、砂石厂（场）、渣土存放点停止生产、运行；混凝土搅拌站和砂浆搅拌站内堆放的散体物料全部苫盖，增加洒水降尘频次；加强施工扬尘环境监理和执法检查。 （3）在保障城市正常运行的前提下，中心城区、郊区（市）县建成区停止室外喷涂、粉刷、切割、建筑拆除作业。	（1）在强制性污染减排基数的基础上，工业企业按照“一厂一策”采取降低生产负荷、停产、加强污染治理等措施，重点排污工业企业至少减排50%的大气污染物排放量，其他企业最低减排30%的大气污染物排放量；加强环境监察和执法检查，发现环境违法行为从严从重进行处罚。 （2）城市主城区停止室外喷涂、粉刷、切割、护坡喷浆作业；除应急抢险外停止施工工地的土石方作业（包括停止土石方开挖、回填、场内倒运、掺拌石灰、混凝土剔凿等作业，停止建筑工程配套道路和管沟开挖作业）；建筑垃圾和渣土运输车、砂石运输车辆禁止上路行驶；加强施工扬尘环境监理和执法检查。	在保障城市正常运行的前提下： （1）在常规作业基础上，对重点道路每日增加1次及以上清扫保洁作业。 （2）停止室外建筑工地喷涂粉刷、护坡喷浆、建筑拆除、切割、土石方等施工作业。 （3）在实施工作日高峰时段区域限行交通管理措施的基础上，国Ⅰ和国Ⅱ排放标准轻型汽油车（含驾校教练车）禁止上路行驶。 （4）建筑垃圾、渣土、砂石运输车辆禁止上路行驶（清洁能源汽车除外）。 （5）对纳入空气重污染橙色预警期间制造业企业停产限产名单的企业实施停产限产措施。 （6）禁止燃放烟花爆竹和露天烧烤。	（1）本市行政区域内禁止燃放烟花爆竹。 （2）全市工业企业按照“一厂一策”的减排要求，确保主要污染物总体减排50%以上。主要采取工业企业停产限产、提高污染治理设施运行效率等措施，或以区为单位，安排区内工业企业轮流实施停产、限产、限排等方式实现减排要求。其中，部分重点行业减排要求如下（其他行业按照工业源项目清单要求落实停、限产措施）： ①金属加工业：铝压延加工业停产，钢压延加工业压延工序停止生产。 ②涂料制造业：生产溶剂型涂料的工序停止生产。 ③家具制造业：使用溶剂型涂料的工序停止生产。 ④玻璃制造业：提高污染治理设施效率，主要污染物排放浓度较天津市地方排放标准降低30%以上。 ⑤铸造行业：全部停产（包含电炉、天然气炉）。 超低排放标准的燃煤电厂、工业企业中的自备电厂以及已备案的承担居民供暖、协同处置城市垃圾或危险废物等保民生任务的单位要确保重污染天气期间稳定排放，不执行减排措施。 （3）停止室外喷涂、粉刷、切割、护坡喷浆作业。	（1）机动车限行措施。除各地根据实际和相关政策核准的邮政快递车、残疾人专用车、新能源汽车和其他特定车辆外，城市主城区、县（市、区）城区对机动车采取2个车牌尾号一组轮换限行的方式，限制20%的机动车通行，限行车辆尾号与北京市保持一致，各市可结合实际规定每日的限行时间，法定节假日和公休日不限行。加大公共交通运力，有条件的市可减免公交乘车成本。城市主城区、县（市、区）城区内，以柴油为燃料的非道路工程机械和车辆停止使用。 （2）工业企业按照“一厂一策”采取降低生产负荷、停产、加强污染治理等措施，在现有污染物排放总量的基础上，最低减少30%的大气污染物排放量；也可采取轮流停产、限时停产、限产等方式实现应急减排目标。 （3）混凝土搅拌站和砂浆搅拌站停止生产

续表

二级响应	成都市	四川省	北京市	天津市	河北省
强制性污染减排措施	（4）在现行机动车限行措施的基础上，将机动车（特种车辆、公交车、出租车、长途客车和电动汽车除外）尾号限行（周末节假日除外）区域扩大到绕城高速以内全部区域；国Ⅱ排放标准及以下的汽油车、国Ⅲ排放标准以下的柴油车绕城高速内（含）、郊区（市）县建成区内禁止上路行驶；绕城高速内（含）、郊区（市）县建成区内，以柴油为燃料的非道路工程机械停止使用（应急抢险、民生项目保障车辆除外）；增加城市公交、地铁等公共交通工具的营运频次；加强交通执法检查。 （5）增加中心城区道路及进出城城市快速路、郊区（市）县建成区主要道路、行道树冲洗除尘频次。中心城区三环路内（含）道路 19：00—24：00 至少冲洗 2 次。 （6）全市范围所有企事业露天堆放的散装物料全部苫盖，增加洒水降尘频次。 （7）禁止在绕城高速内、郊区（市）县建成区内露天烧烤。 （8）增加重点企业、各类工地、露天焚烧、露天烧烤等巡查频次，从严查处不按规定落实应急措施及环境违法行为。 （9）在具备气象条件的前提下，实施人工影响天气作业	（3）除城市运行保障车辆和特种车辆外，在确定的限行区域内，采取 2 个车牌尾号一组轮换限行（车牌尾号分为 1 和 6 周一限行、2 和 7 周二限行、3 和 8 周三限行、4 和 9 周四限行、5 和 0 周五限行，尾号是字母的，以最后一个数字为准）的方式，限制城市主城区 20% 的机动车通行，法定节假日和公休日不限行，已执行以上限行措施的成都及周边等重点城市，可根据实际，增加其他限制措施；在城市主城区对货车等大型汽车实行禁止通行，以柴油为燃料的非道路工程机械和车辆停止使用；增加城市主干道的公交、地铁等公共交通工具的营运频次；加强交通执法检查。 （4）在日常道路清扫保洁频次的基础上，增加清扫保洁作业频次，城市主城区主要道路、行道树每天至少进行 3 次冲洗除尘。 （5）城市主城区企业露天堆放的散装物料全部苫盖，增加洒水降尘频次。 （6）城市主城区禁止燃放烟花爆竹和露天烧烤		（4）停止所有施工工地的土石方作业（包括停止土石方开挖、回填、场内倒运、掺拌石灰、混凝土剔凿等作业，停止建筑工程配套道路和管沟开挖作业）。建筑垃圾和渣土运输车、砂石运输车辆禁止上路行驶。（5）除重大民生工程及应急抢险任务外，全面停止使用各类非道路移动机械。 （6）所有水泥粉磨站、渣土存放点全面停止生产、运行。全市混凝土搅拌站和砂浆搅拌站停止生产，站内堆放的散体物料全部苫盖，增加洒水降尘频次。 （7）中心城区、滨海新区核心区及其他各区主要道路在日常机扫水洗作业的基础上，增加机扫水洗和保洁作业频次。对于可机扫水洗道路，在非冰冻期内每日大水量冲洗 3～4 次，在冰冻期内增加吸扫作业频次。 （8）本市及外埠中型、重型载货汽车在执行日常限行措施的基础上，在本市行政区域内道路全天实行按单双号行驶（承担民生保障、特殊需求产品及急救、抢险等任务的车辆除外）。 （9）港口集疏运车辆禁止进出港区（民生保障物资或特殊需求产品除外）；重点用车企业原则上不允许运输车辆进出厂区（保证安全生产运行的运输车辆除外）	

表 4-4　重污染天气一级响应措施

一级响应	成都市	四川省	北京市	天津市	河北省
健康防护引导措施	（1）儿童、老年人和呼吸道、心脑血管疾病及其他慢性疾病患者尽量留在室内、避免户外活动，确需外出强烈建议采取防护措施。 （2）一般人群避免户外活动；室外工作、执勤、作业、活动等人员强烈建议采取佩戴口罩、缩短户外工作时间等必要的防护措施。 （3）教育部门协调幼儿园、中小学等教育机构采取停课措施。对于已经到校的学生，学校可安排学生自习；对于未到校的学生，学校可通过远程教育等方式，安排学生在家学习。 （4）卫生部门协调医疗机构适当增设相关疾病门诊急诊，增加医护人员数量，加强对呼吸道、心脑血管病及其他慢性疾病的就医指导和诊疗保障。 （5）停止举办大型群众性户外活动	（1）儿童、老年人和呼吸道、心脑血管疾病及其他慢性疾病患者尽量留在室内、避免户外活动，确需外出强烈建议采取防护措施。 （2）一般人群避免户外活动；室外工作、执勤、作业、活动等人员强烈建议采取佩戴口罩、缩短户外工作时间等必要的防护措施。 （3）教育部门协调幼儿园、中小学校等教育机构采取停课措施。对于已经到校的学生，学校可安排学生自习；对于未到校的学生，学校可通过远程教育等方式，安排学生在家学习。 （4）卫生计生部门协调医疗机构适当增设相关疾病门诊急诊，增加医护人员数量，加强对呼吸道、心脑血管疾病及其他慢性疾病的就医指导和诊疗保障。 （5）停止举办大型群众性户外活动	（1）儿童、老年人和呼吸道、心脑血管疾病及其他慢性疾病患者尽量留在室内，避免户外活动；一般人群尽量避免户外活动。 （2）室外执勤、作业等人员可采取佩戴口罩等防护措施。 （3）中小学、幼儿园采取弹性教学或停课等防护措施。 （4）医疗卫生机构组织专家开展健康防护咨询、讲解防护知识，加强应急值守和对相关疾病患者的诊疗保障	（1）提醒儿童、老年人和心脏病、肺病患者以及过敏性疾病患者应当留在室内，停止户外运动，一般人群减少户外运动。倡导公众绿色出行和绿色生活，尽量乘坐公共交通工具或电动汽车等方式出行，减少祭祀烧纸等行为。 （2）医疗卫生机构加强对呼吸类疾病患者的防护宣传和就医指导，加强对相关呼吸疾病患者的医疗保障。 （3）加强公交运力保障。 （4）室外执勤、作业等人员采取佩戴口罩等防护措施。 （5）中小学、幼儿园采取弹性教学或停课等防护措施。 （6）企事业单位可采取调休和远程办公等弹性工作方式	接到红色预警且AQI日均值达到500时，在市、县（市、区）教育主管部门的指导下，有条件的学校可采取停课措施。对已经到校的学生，学校可安排学生自习；对未到校的学生，学校可通过远程教育等方式，安排学生在家学习

续表

一级响应	成都市	四川省	北京市	天津市	河北省
倡议性污染减排措施	（1）倡导公众绿色生活，节能减排，夏天可适当将空调调高1～2℃，冬天可适当将空调调低1～2℃。 （2）倡导公众绿色出行，尽量乘坐公共交通工具或电动汽车等方式出行。 （3）倡导公众绿色消费，单位和公众尽量减少含挥发性有机物的涂料、油漆、溶剂等原材料及产品的使用。 （4）倡导工业企业、施工工地等有关单位积极采取措施，减少工业和扬尘污染物排放；在排放达标的基础上进一步提高污染治理设施效率。 （5）倡导企事业单位可根据空气重污染实际情况、应急强制响应措施，采取调休、错峰上下班、远程办公等弹性工作制	（1）倡导公众绿色生活，节能减排，夏天可适当将空调调高1～2℃，冬天可适当将空调调低1～2℃。 （2）倡导公众绿色出行，尽量乘坐公共交通工具或电动汽车等方式出行。 （3）倡导公众绿色消费，单位和公众尽量减少含挥发性有机物的涂料、油漆、溶剂等原材料及产品的使用。 （4）倡导生产过程中排放大气污染物的企事业单位，自觉调整生产周期，减少污染物排放；在排放达标的基础上进一步提高污染治理设施效率。 （5）倡导企事业单位可根据空气重污染实际情况、应急强制响应措施，采取调休、错峰上下班、远程办公等弹性工作制。 （6）有条件的城市可免除公交乘车成本。 （7）积极开展人工影响天气作业，缓解空气污染	（1）公众尽量乘坐公共交通工具出行，减少机动车上路行驶；驻车时及时熄火，减少车辆原地怠速运行时间。 （2）加大对施工工地、裸露地面、物料堆放等场所实施扬尘控制措施力度。 （3）加强道路清扫保洁，减少交通扬尘污染。 （4）大气污染物排放单位在确保达标排放基础上，进一步提高大气污染治理设施的使用效率。 （5）减少涂料、油漆、溶剂等含挥发性有机物的原材料及产品使用。 （6）企事业单位可根据空气污染情况采取错峰上下班、调休和远程办公等弹性工作方式	（1）提醒儿童、老年人和心脏病、肺病患者以及过敏性疾病患者应当留在室内，停止户外运动，一般人群减少户外运动。倡导公众绿色出行和绿色生活，尽量乘坐公共交通工具或电动汽车等方式出行，减少祭祀烧纸等行为。 （2）医疗卫生机构加强对呼吸类疾病患者的防护宣传和就医指导，加强对相关呼吸疾病患者的医疗保障。 （3）加强公交运力保障。 （4）室外执勤、作业等人员采取佩戴口罩等防护措施。 （5）中小学、幼儿园采取弹性教学或停课等防护措施。 （6）企事业单位可采取调休和远程办公等弹性工作方式	自觉停驶2005年12月31日前注册的燃油机动车

续表

一级响应	成都市	四川省	北京市	天津市	河北省
强制性污染减排措施	（1）基于强制性污染减排基数，工业企业按照重污染天气“一厂一策”应急预案采取限产、停产、加强污染治理等措施，重点排污工业企业至少减排70%的大气污染物排放量，其他企业最低减排50%的大气污染物排放量，列入年度落后产能淘汰计划的涉气企业全部停产；从严查处环境违法行为。 （2）在保障城市正常运行的前提下，中心城区、郊区（市）县建成区内，除应急抢险项目外停止施工工地的土石方作业（包括停止土石方开挖、回填、场内倒运、掺拌石灰、混凝土剔凿等作业，停止建筑工程配套道路和管沟开挖作业）；建设工地施工时必须开启一切喷淋设施。绕城高速内（含）、郊区（市）县建成区内，散装材料、建筑垃圾和渣土运输车、砂石运输车辆和大型有机溶剂槽车禁止上路行驶。全市范围水泥粉磨站、砂石厂（场）、渣土存放点停止生产、运行；混凝土搅拌站和	（1）在强制性污染减排基数的基础上，工业企业按照“一厂一策”采取降低生产负荷、停产、加强污染治理等措施，重点排污工业企业至少减排70%的大气污染物排放量，其他企业最低减排50%的大气污染物排放量；加强环境监察和执法检查，发现环境违法行为从严从重进行处罚。 （2）城市主城区停止室外喷涂、粉刷、切割、护坡喷浆作业；除应急抢险外停止施工工地的土石方作业（包括停止土石方开挖、回填、场内倒运、掺拌石灰、混凝土剔凿等作业，停止建筑工程配套道路和管沟开挖作业）；建筑垃圾和渣土运输车、砂石运输车辆禁止上路行驶；加强施工扬尘环境监理和执法检查。 （3）除城市运行保障车辆和特种车辆外，在确定的限行区域内，采取单双号车牌尾号限行（尾号为1/3/5/7/9的车牌和尾号为0/2/4/6/8的车牌隔日轮换限行，尾号是字母的，以最后一个数字为准）的方式，限制主城区50%的机动车通行，法定节假日和公休日不限行，已执行以上限行措施的成都及周边等重点城市，可	在保障城市正常运行的前提下： （1）在常规作业的基础上，对重点道路每日增加1次及以上清扫保洁作业。 （2）停止室外建筑工地喷涂粉刷、护坡喷浆、建筑拆除、切割、土石方等施工作业。 （3）国Ⅰ和国Ⅱ排放标准轻型汽油车（含驾校教练车）禁止上路行驶；国Ⅲ及以上排放标准机动车（含驾校教练车）按单双号行驶（纯电动汽车除外），其中本市公务用车在单双号行驶基础上，再停驶车辆总数的30%。 （4）建筑垃圾、渣土、砂石运输车辆禁止上路行驶（清洁能源汽车除外）。 （5）对纳入空气重污染红色预警期间制造业企业停产限产名单的企业实施停产限产措施。 （6）禁止燃放烟花爆竹和露天烧烤。 （7）协调加大外调电力度，降低本市发电负荷	（1）本市行政区域内禁止燃放烟花爆竹。 （2）全市工业企业按照“一厂一策”的减排要求，确保主要污染物总体减排50%以上。主要采取工业企业停产限产、提高污染治理设施运行效率等措施，或以区为单位，安排区内工业企业轮流实施停产、限产、限排等方式实现减排要求。其中，部分重点行业减排要求如下（其他行业按照工业源项目清单要求落实停、限产措施）： ①金属加工业：全部停产。 ②涂料制造业：生产溶剂型涂料的工序停止生产。 ③家具制造业：全部停产。 ④玻璃制造业：提高污染治理设施效率，主要污染物排放浓度较天津市地方排放标准降低30%以上。 ⑤铸造行业：全部停产（包含电炉、天然气炉）。 ⑥造纸、纸制品、橡胶及塑料制造业：涉及废气排放的工序全部停产。 ⑦钢铁行业：采暖季在错峰生产的基础上，烧结球团工艺停产。	（1）机动车限行措施。除执行二级应急响应不受限行措施机动车外，城市主城区、县（市、区）城区所有非营运机动车实行单双号通行（单号单日通行，双号双日通行，尾号是字母的以最后一个数字为准）。加大公共交通运力，有条件的市免除公交乘车成本。 （2）工业企业按照“一厂一策”采取降低生产负荷、停产、加强污染治理等措施，在现有污染物排放总量的基础上最低减少40%的大气污染物排放量；也可采取轮流停产、限时停产、限产等方式实现应急减排目标。 （3）火电、钢铁、焦化、水泥、玻璃等原材料用量大的企业，停止原材料机动车运输。 （4）城市主城区、县（市、区）城区及以外3 km范围内，以柴油为燃料的非道路工程机械停止使用，大型运货柴油车辆绕行城市最外侧环线，限行范围及路线由各市、县（市、区）自行制定公布。

续表

一级响应	成都市	四川省	北京市	天津市	河北省
强制性污染减排措施	砂浆搅拌站内堆放的散体物料全部苫盖，增加洒水降尘频次；加强施工扬尘环境监理和执法检查。 （3）在保障城市正常运行的前提下，全市范围停止室外喷涂、粉刷、切割、建筑拆除作业。 （4）在现行机动车限行措施的基础上，绕城高速内（含）实施机动车（城市运行保障车辆和特种车辆除外）单双号限行（周末节假日除外）；国Ⅱ排放标准及以下的汽油车、国Ⅲ排放标准以下的柴油车绕城高速内（含）、郊区（市）县建成区内禁止上路行驶；绕城高速内（含）、郊区（市）县建成区内，以柴油为燃料的非道路工程机械停止使用（应急抢险、民生项目保障车辆除外）；增加城市主干道的公交、地铁等公共交通工具的营运频次；加强交通执法检查。	根据实际，增加其他限制措施；在城市主城区对货车等大型汽车实行禁止通行，以柴油为燃料的非道路工程机械和车辆停止使用；增加城市主干道的公交、地铁等公共交通工具的营运频次和营运时间。 （4）在日常道路清扫保洁频次的基础上，增加清扫保洁作业频次，城市主城区主要道路、行道树每天至少进行4次冲洗除尘。 （5）城市主城区企业露天堆放的散装物料全部苫盖，增加洒水降尘频次。 （6）禁止燃放烟花爆竹和露天烧烤		超低排放标准的燃煤电厂、工业企业中的自备电厂以及已备案的承担居民供暖、协同处置城市垃圾或危险废物等保民生任务的单位要确保重污染天气期间稳定排放，不执行减排措施。 （3）停止室外喷涂、粉刷、切割、护坡喷浆作业。 （4）所有水泥粉磨站、渣土存放点全面停止生产、运行。全市混凝土搅拌站和砂浆搅拌站停止生产，站内堆放的散体物料全部苫盖，增加洒水降尘频次。 （5）停止全市可能产生大气污染的与建设工程有关的生产活动（塔吊、地下施工等不产生大气污染物的工序除外），建筑垃圾和渣土运输车、砂石运输车辆禁止上路行驶。 （6）除重大民生工程及应急抢险任务外，全面停止使用各类非道路移动机械。 （7）中心城区、滨海新区核心区及其他各区主要道路在日常机扫水洗作业的基础上，增加机扫水洗和保洁作业频次。对于可机扫水洗道路，在非冰冻期内持续进行机扫、冲洗和洒水作业；在冰冻期内增加吸扫作业频次。	（5）除应急抢险外，停止所有施工工地和建筑工地作业（电器、门窗安装等不产生大气污染物的工序除外）

续表

一级响应	成都市	四川省	北京市	天津市	河北省
强制性污染减排措施	（5）增加中心城区道路及进出城城市快速路、郊区（市）县建成区主要道路、行道树冲洗除尘频次。中心城区三环路内（含）道路19：00—24：00至少冲洗2次。 （6）全市范围所有企业露天堆放的散装物料全部苫盖，增加洒水降尘频次。 （7）禁止在绕城高速内、郊区（市）县建成区内露天烧烤。 （8）增加重点企业、各类工地、露天焚烧、露天烧烤等巡查频次，从严查处不按规定落实应急措施及环境违法行为。 （9）在具备气象条件的前提下，实施人工影响天气作业			（8）本市行政区域内道路全天实行机动车（含外埠车辆）按单双号行驶（承担民生保障、特殊需求产品及急救、抢险等任务的车辆及纯电动汽车除外）。 （9）停止所有户外大型活动。 （10）港口集疏运车辆禁止进出港区（民生保障物资或特殊需求产品除外）；重点用车企业原则上不允许运输车辆进出厂区（保证安全生产运行的运输车辆除外）	

4.2 研究思路与范围界定

4.2.1 总体思路

根据实施的重污染天气应急措施，分析工业源、移动源、扬尘源和公众生活等部分产生的一次性投资与运行成本。工业企业成本主要包含企业按照重污染天气应急措施的限制要求所采取的停产、限产导致的产品成本、设备成本和其他成本。移动源成本主要包含发布重污染天气应急限号行驶、限路段行驶等措施导致机动车因绕路、拥堵等所产生的出行成本、洗车成本等。扬尘源成本主要包含对露天沙场、石场、施工区域、道路进行覆盖、清洗等措施实施产生的成本。公众生活应急成本主要包含公众为应对重污染天气而采取购买口罩、空气净化器等健康防护设备所产生的成本。可能产生的效益，一般包括健康效益、社会效益等。环境健康效益即实施应急减排后，重污染天气空气质量改善导致的呼吸系统、循环系统疾病发病率和死亡率的减少。社会效益即实施重污染天气应急减排后，公众因重污染天气的应急治理和环境空气质量的改善，使公众对社会满意度、政府公信力方面的提升。由于重污染天气应急的环境健康效益、社会效益具有很强的关联性，本研究重点关注健康效益评估。

1）重污染天气应急成本效益范围界定。梳理成渝地区、京津冀重污染天气应急预案，总结重污染天气应急时采取的措施，根据重污染天气应急时采取的措施，界定重污染天气应急的成本效益范围。

2）重污染天气应急成本研究。重污染天气应急成本主要包括工业源、生活源、交通源和公众生活源等成本部分。其中，工业源应急成本通过统计数据分析和实地调查相结合的方式开展。一是基于成渝地区环统数据，按照不同的企业规模，统计分析各地市重点行业企业的年产值，根据企业年运行时间得出单位时间内的工业企业产值，进而得出企业停产一天的成本；二是开展实地调查，通过问卷调查方式调查不同行业、不同规模的企业在重污染天气应急时花费的成本。将两种方法获得的成本数据进行对比，同时利用调查数据对统计分析数据进行校正，最终得出工业源应急减排成本矩阵。移动源、扬尘源和公众生活应急成本，均通过问卷调查的方式进行，通过问卷调查获取重污染天气应急基础数据，在汇总分析的基础上得出移动源、扬尘源和公众生活应急成本矩阵。

3）重污染天气应急效益研究。重污染天气应急效益主要考虑健康效益。重污染天气应急措施采取后，污染物浓度下降，因污染物浓度过高导致的疾病减少或死亡率降低，从而产生健康效益。选择呼吸系统和循环系统死亡率为健康终端，利用Meta分析方法确定污染物的暴露－反应系数，利用支付意愿法计算重污染天气应急产生的健康效益。

4）对计算出的成本和效应进行比较，包括做差、做商。根据比较结论，根据单项结果、成本加和结果以及成本效应比较结果，分析重污染天气应急投入、成效，从经济性、有效性等方面对重污染天气应急提出改进建议。开展评估方法和数据的不确定性分析。

4.2.2 成本效益范围界定

从现有的应急预案和已采取的应急措施来看（表 4-5、表 4-6），重污染天气应急措施一般包括以下几个方面：

企业应急减排措施。针对钢铁、水泥、火电、有色金属等大气污染物排放量大的行业企业，削减排放总量、降低排放负荷、停产限产、燃煤锅炉限产减排或使用优质煤、加强污染源监管等。

机动车应急减排措施。我国一方面采取限号来控制机动车的排放，如北京在重污染天气时机动车单双号限行。另一方面采取路段限行的方式控制机动车的排放，如黄标车、无标车、重型货车等污染物高排放量车限制进入城市某些区域，油品不达标的禁止在某些路段行驶等。此外，政府加大公共交通运输的力度，解决机动车限行带来的公众出行问题。

扬尘应急控制措施。大气中扬尘污染的主要来源为建筑施工工地（包括拆迁工地）、粉状物料堆放和作业场、道路扬尘三个方面。成渝地区在重污染天气期间采取的扬尘控制措施，主要包括洒水、扬尘控制措施监督检查等。

健康防护措施。主要包括中小学停课、儿童和患有呼吸道疾病的老人避免或减少户外活动、外出佩戴口罩等。

表 4-5 重污染天气应急成本范围界定

措施对象 / 主体	应急措施	成本类型
固定源：重点行业（火力发电、钢铁冶炼、水泥制造、玻璃制造、有色金属冶炼）	限产停产损失、废气治理设施投资和运行成本	停产限产经济损失，包括产品成本、设备成本、其他成本
移动源：机动车（私家车）	道路限行、车号限行、油品升级	增加的时间成本、耗油成本、洗车成本等
开放源：扬尘	道路喷洒、苫盖	道路喷洒成本、苫盖成本等
公众：健康防护	佩戴口罩、购买空气净化器、新风机等	购买防护用品的成本

表 4-6 重污染天气应急的效益范围界定

效益类型	具体表现
健康效益	呼吸系统和循环系统疾病发病率和死亡率降低

根据对重污染天气应急措施的分类总结，对重污染天气应急成本和效益的研究范围进行了界定。重污染天气应急成本包括固定源、移动源和开放源的应急成本。

固定源：针对重点行业（火力发电、钢铁冶炼、水泥制造、玻璃制造、有色金属冶炼），调查分析其在应急停产限产等应急措施的成本（损失）。

移动源：涉及重污染天气应急响应的移动源包括私家车、大货车、工程机械等。考虑到重污染天气应急对大货车、工程机械影响较小（这类车辆可转移到不受管控的区域内开展经营活动），本研究仅考虑重污染天气应急时私家车的应急成本。

开放源：针对施工工地、砂石厂等产生扬尘的场所，研究其道路清扫、喷洒、苫盖等成本。

通过以上分析可知，重污染天气应急措施的实施会对工业企业、交通以及公众生活的正常运行造成负面影响，从而产生经济损失；而这些应急措施的实施可以促进空气质量改善，从而带来降低暴露的健康效益。因此，本研究中重污染天气应急产生的成本包括企业因停产限产、机动车限行、扬尘治理等产生的减排成本以及公众个人防护成本，效益重点关注重污染天气应急使空气质量改善带来的健康效益。

4.3 重点工业行业重污染应急控制成本分析

4.3.1 工业源

根据资料整理分析、访谈及问卷调查，工业企业重污染天气应急成本主要包括停产、限产要求导致的产品成本、设备成本和其他成本。本部分首先采用统计数据分析，形成成渝地区重点行业应急成本矩阵，再利用问卷调查、应急减排清单中的成本对矩阵进行校核，提出工业企业重污染天气应急成本计算概念模型。

4.3.1.1 基于统计数据的成渝地区重点行业应急成本矩阵

根据环境统计数据统计分析成渝地区大气污染重点行业（火力发电、钢铁冶炼、水泥制造、有色金属冶炼、玻璃制造）的工业总产值，根据企业年生产时间计算出每小时的工业产值，进而得出企业每停产 1 d（12 h）所需要的成本（表 4-7～表 4-11）。

表 4-7 成渝地区火力发电（4411）行业停产成本统计

序号	城市	停产成本 /（万元 /d）			
		微型（4）	小型（3）	中型（2）	大型（1）
1	重庆	—	8.15	8.6	40.05
2	成都	—	—	31.9	248.7

续表

序号	城市	停产成本 /（万元 /d）			
		微型（4）	小型（3）	中型（2）	大型（1）
3	自贡	—	—	—	—
4	泸州	—	—	—	177.45
5	德阳	—	—	—	—
6	绵阳	—	—	226.4	454.85
7	遂宁	—	—	—	—
8	内江	—	15.45	6.4	72.95
9	乐山	—	—	23.25	—
10	南充	—	—	—	—
11	眉山	—	20.95	5.5	—
12	宜宾	—	—	16	89.95
13	广安	—	—	4.3	124.55
14	达州	—	—	20.95	77.35
15	雅安	—	—	—	—
16	资阳	—	—	—	—
成本范围			8.15～20.95	4.3～31.9	40.05～248.7
成本平均值			14.85	14.61	118.71

表 4-8　成渝地区水泥制造（3011）行业停产成本统计

序号	城市	停产成本 /（万元 /d）			
		微型（4）	小型（3）	中型（2）	大型（1）
1	重庆	—	0.7	1	13.1
2	成都	—	6.2	70.3	79.6
3	自贡	—	—	18.75	—
4	泸州	—	7.9	12.55	—
5	德阳	—	7.25	17.9	—
6	绵阳	5.55	10.95	37.85	147.25
7	遂宁	—	—	26.05	—
8	内江	—	—	10.3	—
9	乐山	—	—	9.05	117.7
10	南充	—	—	46.9	—
11	眉山	7.45	1	16.05	—

续表

序号	城市	停产成本 /（万元 /d）			
		微型（4）	小型（3）	中型（2）	大型（1）
12	宜宾	—	—	114.3	45.15
13	广安	—	—	10.95	108.4
14	达州	—	13.15	3.5	117.3
15	雅安	—	—	68	—
16	资阳	—	—	54	—
成本范围		5.55～7.45	1～13.15	9.05～70.3	45.15～147.25
成本平均值		6.5	7.74	30.67	102.57

表 4-9 成渝地区钢铁冶炼（炼铁 3110、炼钢 3120）行业停产成本统计

序号	城市	停产成本 /（万元 /d）			
		微型（4）	小型（3）	中型（2）	大型（1）
1	重庆	—	25.65	10.2	—
2	成都	—	—	—	404.55
3	自贡	—	—	—	—
4	泸州	—	—	—	—
5	德阳	—	—	95.85	—
6	绵阳	—	—	—	284.9
7	遂宁	—	—	—	—
8	内江	—	—	—	358.2
9	乐山	—	—	—	451.2
10	南充	—	38.7	89.75	—
11	眉山	—	—	—	—
12	宜宾	—	—	—	—
13	广安	—	—	32.25	—
14	达州	—	—	—	—
15	雅安	—	—	—	—
16	资阳	—	—	—	—
成本范围		—	25.65～38.7	32.25～95.85	284.9～451.2
成本平均值		—	32.17	72.62	374.71

表 4-10 成渝地区有色金属冶炼（321、322、323）行业停产成本统计

序号	城市	停产成本 /（万元 /d）			
		微型（4）	小型（3）	中型（2）	大型（1）
1	重庆	—	1.05	7.6	—
2	成都	—	—	45.8	—
3	自贡	—	—	—	—
4	泸州	—	—	—	—
5	德阳	—	3.95	5.45	135.1
6	绵阳	—	7.85	—	—
7	遂宁	—	—	—	325.2
8	内江	—	—	—	—
9	乐山	—	13.05	15.85	177.7
10	南充	—	—	—	—
11	眉山	—	14.85	219.7	—
12	宜宾	—	—	13.95	—
13	广安	—	—	—	—
14	达州	—	—	—	—
15	雅安	—	2.9	4.4	—
16	资阳	—	—	—	—
成本范围		—	1.05～14.85	4.4～45.8	135.1～325.2
成本平均值		—	7.27	15.51	212.67

表 4-11 成渝地区玻璃制造（304）行业停产成本统计

序号	城市	停产成本 /（万元 /d）			
		微型（4）	小型（3）	中型（2）	大型（1）
1	重庆	0.25	1.3	11.1	85
2	成都	0.075	9.6	30.65	72.9
3	自贡	—	—	11.7	—
4	泸州	5.75	2.5	—	—
5	德阳	—	—	130.15	—
6	绵阳	—	6.25	45.15	—

续表

序号	城市	停产成本 /（万元 /d）			
		微型（4）	小型（3）	中型（2）	大型（1）
7	遂宁	—	—	—	—
8	内江	—	—	—	—
9	乐山	—	—	—	—
10	南充	—	—	—	—
11	眉山	—	—	—	—
12	宜宾	—	—	—	—
13	广安	—	—	—	—
14	达州	—	—	—	—
15	雅安	—	—	—	—
16	资阳	—	—	—	—
成本范围		0.075～5.75	1.3～9.6	11.1～45.15	72.9～85
成本平均值		2.03	4.91	24.65	78.95

综合以上各重点行业应急成本统计结果，得出重点行业重污染天气应急成本矩阵（表 4-12）。

表 4-12　重点行业重污染天气应急成本矩阵　　单位：万元 /d

行业类型 / 规模	微型（4）	小型（3）	中型（2）	大型（1）
火力发电		8.15～20.95	4.3～31.9	40.05～248.7
水泥制造	5.55～7.45	1～13.15	9.05～70.3	45.15～147.25
钢铁冶炼		25.65～38.7	32.25～95.85	284.9～451.2
有色金属冶炼		1.05～14.85	4.4～45.8	135.1～325.2
玻璃制造	0.075～5.75	1.3～9.6	11.1～45.15	72.9～85

4.3.1.2　基于问卷调查的重点行业应急成本

我们开展了成渝地区、河北省部分地区 10 余个行业 100 多家企业的重污染天气应急成本调查，对重污染天气应急响应采取的停产、限产和加强污染治理等措施情况、采取措施付出的产品成本、设备成本以及其他成本情况进行了调查。

根据收集的企业应急成本调查问卷，对不同行业的应急成本进行统计整理，计算得出各行业企业重污染天气应急停产成本（表 4-13）。

表 4-13　重污染天气企业应急停产成本

序号	所属行业	规模	企业数	平均每家企业停产成本 /（万元 /d）			
				产品	设备	其他	合计
1	专用设备制造业	微型	1	0.04	0.01	0.00	0.05
2	有色金属冶炼和压延加工业	微型	1	15.50	0.00	0.00	15.50
		小型	2	27.50	0.00	0.00	27.50
3	橡胶和塑料制品业	微型	4	8.61	1.90	0.05	10.55
		小型	5	8.65	18.14	0.03	26.82
		中型	3	14.43	1.67	0.27	16.37
4	文教、工美、体育和娱乐用品制造业	小型	1	7.00	3.00	0.00	10.00
5	通用设备制造业	微型	2	0.09	0.02	0.00	0.11
		小型	1	240.00	0.23	0.00	240.23
6	汽车制造业	微型	3	2.56	0.08	0.08	2.72
		小型	3	4.42	0.07	0.33	4.83
7	农副食品加工业	中型	1	4.00	0.00	0.00	4.00
8	木材加工和木、竹、藤、棕、草制品业	小型	7	0.84	26.23	0.26	27.34
9	金属制品业	微型	14	1.61	0.03	0.05	1.68
		小型	13	1.32	0.21	0.29	1.81
10	家具制造业	微型	2	0.21	0.10	0.00	0.30
		小型	1	0.80	0.38	0.00	1.18
11	化学原料和化学制品制造业	微型	1	0.40	0.00	0.02	0.42
		小型	5	58.16	1.48	0.03	59.67
12	黑色金属冶炼和压延加工业	中型	2	207.63	11.05	4.97	223.65
13	非金属矿物制品业	微型	5	1.67	0.00	0.11	1.78
		小型	12	3.35	0.86	0.19	4.40
		中型	1	3.00	0.00	0.16	3.16
14	纺织业	小型	4	7.53	0.18	0.00	7.71
15	电气机械和器材制造业	微型	1	0.00	0.03	0.05	0.08
		小型	2	0.31	39.70	0.00	40.01

在以上调查的 15 个行业中，筛选出钢铁冶炼（黑色金属冶炼和压延加工业）、水泥制造（非金属矿物制品业）两个重点行业，统计得出这两个重点行业的重污染天气应急停产成本（表 4-14）。

表 4-14 基于问卷调查的重点行业重污染天气应急成本 单位：万元 /d

序号	行业	规模	应急停产成本	基于统计数据的应急停产成本
1	钢铁冶炼	中型	223.65	32.25～95.85
2	水泥制造	小型	9.3	1～13.15

经与基于统计数据的成渝地区重点行业应急成本矩阵对比可知，调查得出的水泥制造行业小型企业的应急停产成本（9.3 万元 /d）为 1.4 万～26.3 万元 /d，说明基于统计数据得出的水泥制造行业小型企业的成本矩阵符合实际。调查得出的钢铁冶炼行业中型企业的应急停产成本为 223.65 万元 /d，不在 32.25 万～95.85 万元 /d 范围内，高出基于统计数据得出的该行业成本矩阵最大值。

4.3.1.3 基于重污染天气应急减排清单的应急成本

收集整理河北省石家庄市重污染天气应急减排清单，经统计分析，得出石家庄市重点行业不同规模企业的应急成本（表 4-15）。

表 4-15 基于重污染天气应急减排清单的应急成本 单位：万元 /d

行业	规模	成本			基于统计数据的应急停产成本
		红色预警	橙色预警	黄色预警	
玻璃	微型	0.1	0.05	0.05	0.075～5.75
	中型	1.472 5	0.889 5	0.462 5	11.1～45.15
钢铁	微型	20	20	20	
	小型	6.7	6.7	6.7	25.65～38.7
	中型	21	5.5	4	32.25～95.85
	大型	4 000	3 000	2 000	284.9～451.2
火力发电	中型	60	20	10	4.3～31.9
水泥制造	微型	0.52	0.42	0.32	5.55～7.45
	小型	1.4	1.35	1.1	1～13.15
	中型	63.5	35.2	35.2	9.05～70.3

经与基于统计数据的应急停产成本矩阵对比可知，石家庄市应急减排清单中的中型钢铁企业、中型火力发电企业、小型和中型水泥制造企业的应急停产成本均在基于统计数据得出的应急停产成本范围内，说明基于统计数据得出的钢铁行业、火力发电行业、水泥制造行业的停产成本矩阵基本符合实际。

4.3.1.4 工业企业应急成本计算模型

重污染天气应急时，工业企业的应急成本一般包括产品成本、设备成本和其他

成本，应急成本计算模型为

$$C_{企业}=\sum_{t=1}^{n}\left(C_{p}+C_{e}+C_{ot}\right) \tag{4-1}$$

式中，C_p——企业因停产或限产造成的产品成本；

C_e——企业因停产或限产造成的设备成本；

C_{ot}——企业因停产或限产造成的其他成本；

i——实施停产或限产的企业数。

上述模型详细介绍了各项重污染天气工业企业应急成本的具体参数和物理意义。依据该模型在获取某地该评估模型所包含的各项参数值时可计算当地重污染天气工业企业应急成本。

4.3.2 移动源

重污染天气应急响应时，机动车方面采取的措施包括限号行驶、限路段行驶等。例如，成都市重污染天气应急预案中，一级响应时机动车采取的应急措施为：在现行机动车限行措施基础上，绕城高速内（含）实施机动车（城市运行保障车辆和特种车辆除外）单双号限行（周末节假日除外）；国Ⅱ排放标准及以下的汽油车、国Ⅲ排放标准以下的柴油车绕城高速内（含）、郊区（市）县建成区内禁止上路行驶；绕城高速内（含）、郊区（市）县建成区内，以柴油为燃料的非道路工程机械停止使用（应急抢险、民生项目保障车辆除外）；增加城市主干道的公交、地铁等公共交通工具的营运频次；加强交通执法检查。

考虑到大货车、工程机械虽在一定区域内限行，但仍可以在不限行区域使用，重污染天气对其影响较小。因此本研究中重污染天气的移动源应急成本仅考虑私家车的应急成本。

对成渝地区开展了 1 700 余份公众调查（含私家车主），就私家车应对重污染天气产生的成本进行了分析。对于经常乘坐机动车出行的市民，在重污染天气应急响应时，因限号限路段等措施的施行，部分改由公共交通出行，部分改变原来的路线绕道行驶，这些措施可能会影响机动车的耗油量、市民的出行时间等。另外，重污染天气的机动车应急成本还包括增加的洗车成本。

4.3.2.1 基于问卷调查的机动车源应急成本

（1）耗油成本

在调查的 1 722 名公众中，通常开私家车出行的有 408 名，占调查人员数量的 23.7%。对 408 名车主的重污染天气应急成本调查显示，其中 66.9% 的机动车主认为，雾霾天气会增加机动车耗油量，其他人员认为雾霾天气减少了耗油量（图 4-1）。认为增加耗油量的人，可能是因为绕道行驶路程加大、空气能见度降低导致的行驶速度减慢等。认为减少油耗的人，可能是因为雾霾天气时改乘公共交通出行。

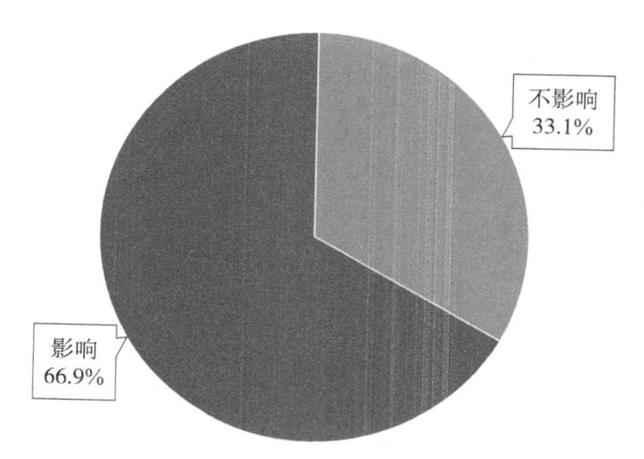

图 4-1 重污染影响耗油量情况

在认为雾霾天气增加耗油量的机动车车主中，认为雾霾天气会增加 5%～10% 油耗量的人最多，有 143 位，占 47.8%；23.7% 的人认为雾霾天气增加的耗油量不到 5%；18.7% 的人认为雾霾天气增加的油耗量在 10%～15%；1% 的人认为雾霾增加的耗油量在 15% 以上（图 4-2）。

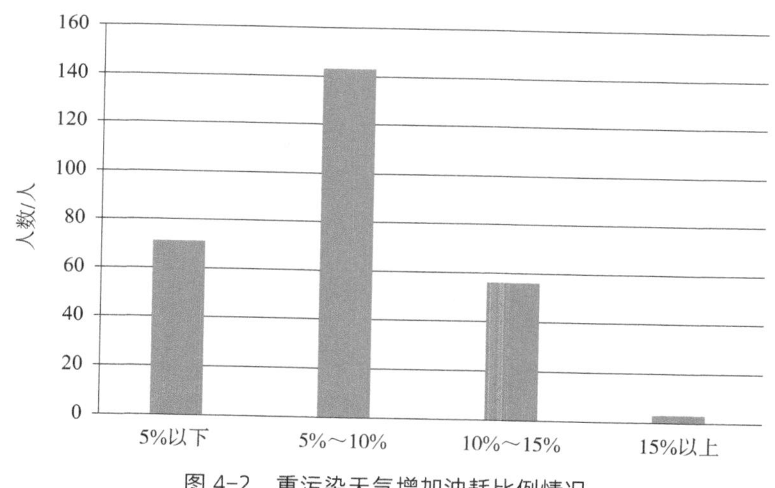

图 4-2 重污染天气增加油耗比例情况

（2）洗车成本

在对 408 名机动车车主的重污染天气应急成本调查中，有 73% 的机动车车主认为，重污染天气增加了洗车的成本（图 4-3）。

在认为重污染天气增加洗车成本的受访者中，将近一半的人认为因为重污染天气增加的洗车成本在每月 50～100 元。25% 的人认为每月增加 100～200 元洗车成本，认为每月增加 50 元以下洗车成本的人占 17%，还有 8% 的人认为洗车成本每月增加 200 元以上（图 4-4）。

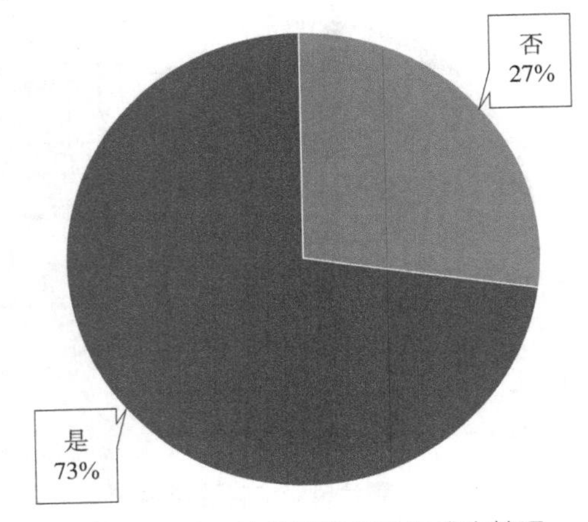

图 4-3　重污染是否增加洗车成本情况

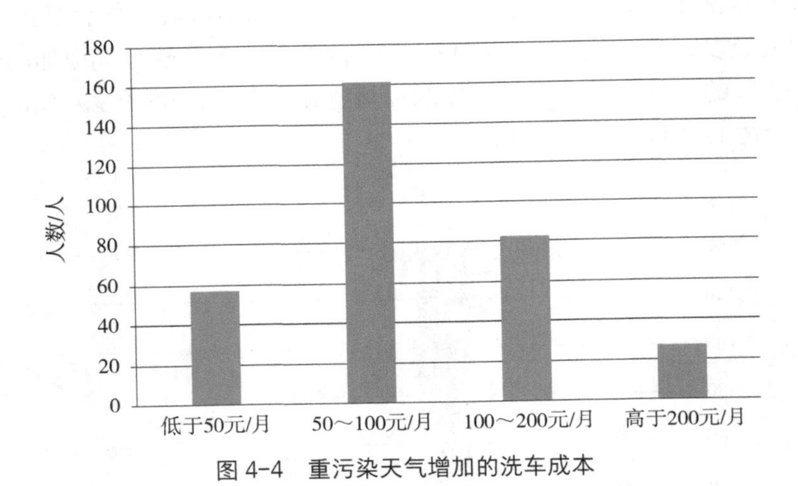

图 4-4　重污染天气增加的洗车成本

（3）出行时间成本

在 1 700 余位受访公众中，43% 的人认为雾霾天气影响出行的时间（图 4-5）。雾霾天气可从以下方面影响人们的出行时间：一是由于限号，部分开私家车出行的车主改由乘坐公共交通出行，增加或减少了出行时间；二是部分路段限行，车主绕道行驶增加了出行时间；三是由于出行前要做好个人防护措施，增加了佩戴防护措施的时间。

认为雾霾影响出行时间的人中，82.5% 的人认为雾霾增加了出行时间。其中，41% 的人认为雾霾增加的出行时间在 20 min 左右，20% 的人认为雾霾增加了 10 min 的出行时间，20% 的人认为雾霾增加了 30 min 的出行时间，9% 的人认为雾霾增加的出行时间在 30～60 min，另外有 8% 的人认为雾霾增加了 60 min 以上的出行时间（图 4-6）。

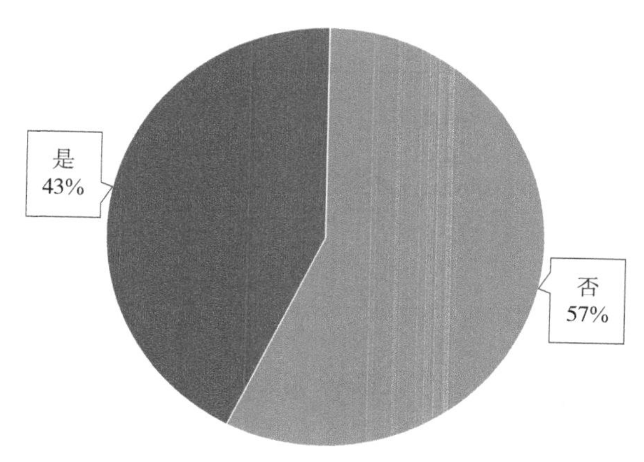

图 4-5 重污染天气是否影响出行时间

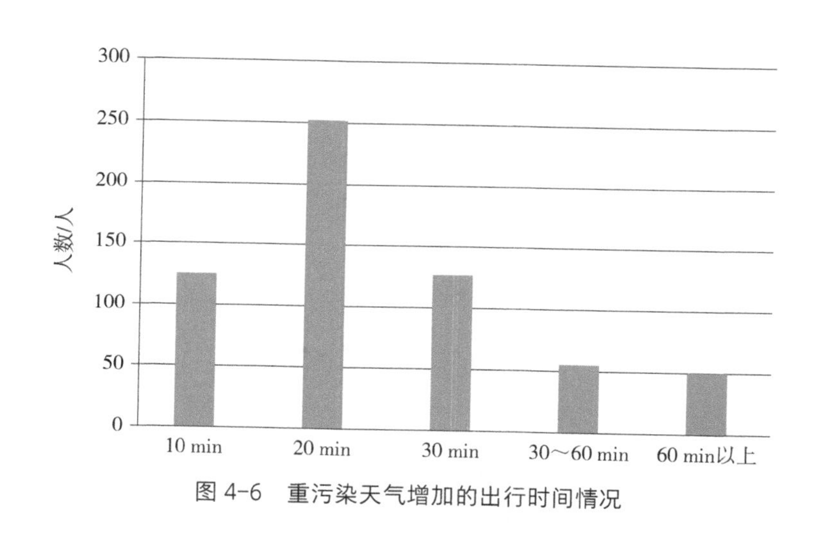

图 4-6 重污染天气增加的出行时间情况

4.3.2.2 重污染天气机动车源应急成本矩阵

通过汇总上述重污染天气应急响应时机动车源耗油量增加成本、洗车成本、出行时间增加成本，得出重污染天气机动车源应急成本矩阵。由表 4-16 可知，重污染天气应急会导致机动车源的耗油量增加范围在 6%～8.5%，平均耗油量增加 7.3%。洗车成本范围在 58～116 元 / 月，平均成本为 96 元 / 月，占平均月收入的 0.95%。出行时间增加成本在 25～28 元 /d，平均成本为 26 元 /d，占平均日收入的 5.2%。可见，当调查统计出某地一些特定变量值，即可根据表 4-16 的机动车源的应急成本矩阵，计算出该地重污染天气机动车源应急成本。如通过调查某地平均收入水平、机动车数量、平均每辆私家车增加耗油量、当地油价，即可计算。此外，可以发现这些特定变量值具有统计简单、易获取或容易凭借经验得出等性质。

表 4-16　重污染天气机动车源应急成本矩阵

	耗油量增加成本	洗车增加的成本 /（元 / 月）	出行时间增加成本 /（元 /d）
私家车成本范围	耗油量增加 6%～8.5%	58～116	25～28
私家车平均成本	耗油量增加 7.3%	96	26
占收入的比例	—	平均月收入的 0.95%	平均日收入的 5.2%

4.3.2.3　重污染天气应急交通成本评估模型

根据分析，重污染天气应急时，机动车（私家车）应急成本主要包括耗油量增加成本、洗车成本、出行时间增加成本等。应急成本计算模型为

$$C_{交通}=\sum(C_{耗油量增加}+C_{洗车成本增加}+C_{出行时间增加}) \quad (4-2)$$

式中，$C_{耗油量增加}$——因重污染天气造成的耗油量增加成本，元，根据耗油量的增加，乘以当时油价计算；

$C_{洗车成本增加}$——因重污染天气造成的洗车成本增加成本，元；

$C_{出行时间增加}$——因重污染天气造成的出行时间增加成本，元，根据增加的时间，乘以单位时间的收入计算。

因此，大气重污染应急交通成本模型可写为

$$C_{交通}=\sum_{i=1}^{n}(C_o \times O + C_w \times W + C_t \times I) \quad (4-3)$$

式中，C_o——汽油的价格，元 /L；

O——重污染天气增加的耗油量，L；

C_w——单次洗车成本，元 / 次；

W——洗车次数，次；

C_t——出行时间增加的小时数，h；

I——单位小时内的收入，元 /h；

i——统计范围内有机动车的人数，人。

4.3.3　扬尘源

扬尘的应急减排成本包括所有采取应急措施的裸露工地、道路所花费的成本，一般为苫盖成本和道路喷洒成本。

$$C_{扬尘}=\sum(C_{苫盖}+C_{喷洒}) \quad (4-4)$$

式中，$C_{苫盖}$——因应对重污染天气，工地进行苫盖的成本，元；

$C_{喷洒}$——因应对重污染天气，进行道路喷洒的成本，元。

苫盖成本：

$$C_{苫盖}=\sum_{i=1}^{n}C_{s}\times S \tag{4-5}$$

式中，C_s——苫盖单价，元 /m^2；

S——苫盖面积，m^2；

i——裸露工地数量，个。

道路喷洒成本：

$$C_{喷洒}=\sum_{i=1}^{n}C_{p}\times P \tag{4-6}$$

式中，C_p——喷洒单价，元 / 次，C_p= 单次水费 + 单次人工费 + 单次油费 = 单次用水量 × 水价 + 单次喷洒时间 × 每小时人工费 + 单次耗油量 × 油价；

P——喷洒次数，次。

因此，扬尘应急减排成本：

$$C_{扬尘}=\sum_{i=1}^{n}C_{s}\times S+\sum_{j=1}^{p}C_{p}\times P \tag{4-7}$$

4.3.4 公众生活

重污染天气应急响应时，当地重污染天气应急指挥部一般会提示公众做好健康防护。其中，公众为应对重污染天气而采取购买口罩、室内空气净化器或者新风系统等健康防护设备所产生的成本就属公众生活应急成本。但现有研究缺乏对这部分应急成本的调查统计和具体核算方法的研究，故本研究主要以成渝地区为研究区，采取问卷调查的形式来分析当地公众为应对重污染天气而产生的生活成本。

4.3.4.1 基于问卷调查的公众应急成本

基于在成渝地区开展的 1 700 余份公众调查问卷，统计分析了当地公众应对重污染天气时（如佩戴防雾霾口罩、使用空气净化器、安装新风系统）产生的生活成本。

（1）防护口罩

对 1 700 余名受访者的公众调查显示，将近一半的公众会佩戴防雾霾口罩（图 4-7）。

在这些使用防雾霾口罩的人中，90% 的人每年花费的防雾霾口罩成本在 200 元以下，其中 47% 的人每年花费 100 元以下，43% 的人每年花费 100～200 元，10% 的人每年花费 200 元以上（图 4-8）。

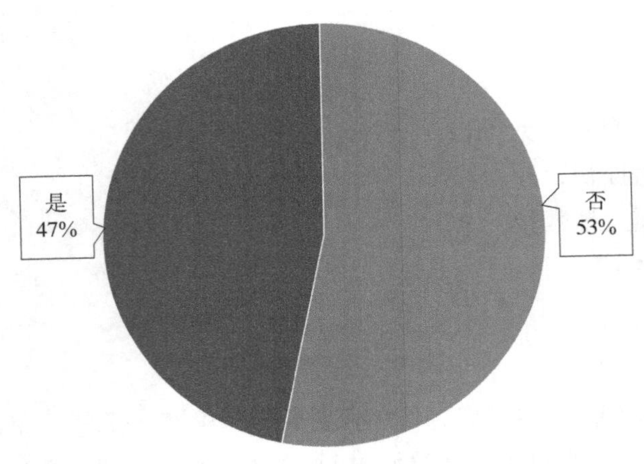

图 4-7　重污染天气是否使用防雾霾口罩情况

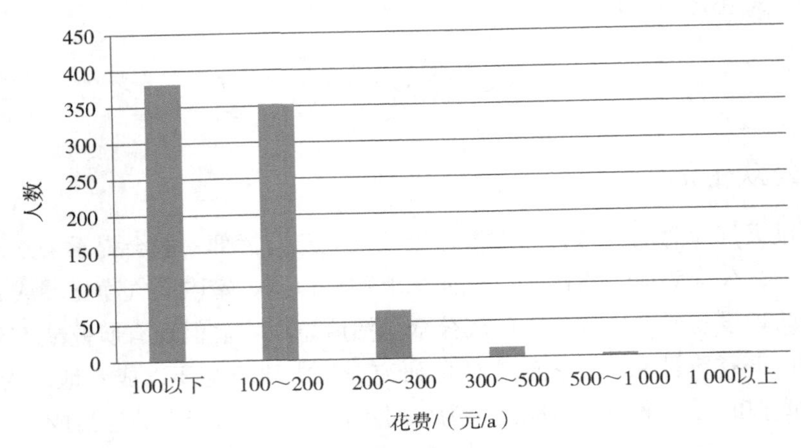

图 4-8　购买防雾霾口罩的花费

根据对公众防雾霾口罩花费情况的调查，计算得出购买防雾霾口罩的成本范围为 113～123 元 /（人·a），取成本范围的中位数计算，每人每年在购买防雾霾口罩上的平均花费成本为 118 元，占平均月收入的 1%。

（2）空气净化器

受访的 1 700 余人中，有 18% 的人因重污染天气购买了空气净化器。空气净化器的花费大都在 500～1 500 元。其中，空气净化器花费在 501～1 000 元的人最多，占购买空气净化器人数的 30%；其次是花费在 1 001～1 500 元的人，占 16%。空气净化器在 500 元以下、2 001～3 000 元、3 001～5 000 元的人数各占 13%；8% 的人购买空气净化器花费 1 501～2 000 元，其他购置空气净化器的花费在 5 001 元以上。经计算，受访者购买空气净化器的成本范围为 1 160～2 070 元 /（人·a），平均每人购买空气净化器花费 1 800 元，占到平均年收入的 1.5%（图 4-9）。

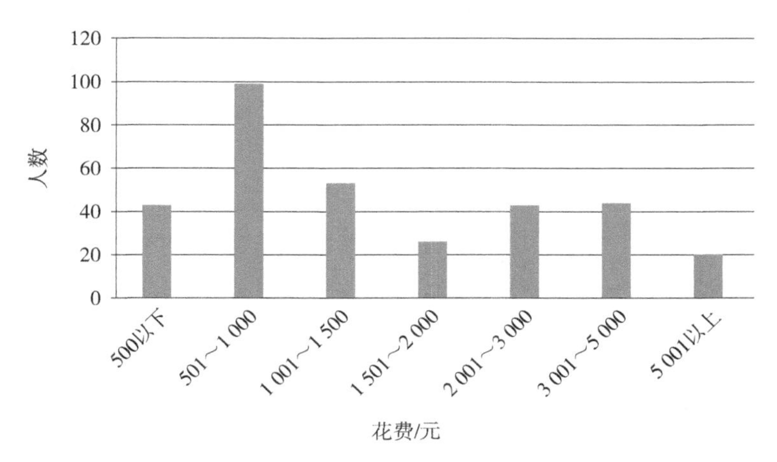

图 4-9　购买空气净化器的花费

（3）新风系统

受访的 1 700 余人中，6% 的家庭为防雾霾安装了新风系统。安装新风系统的人中，30% 的受访者新风系统花费 5 000 元以下，46% 的受访者新风系统花费 5 001～10 000 元，17% 的受访者购买安装新风系统花费 10 001～20 000 元，其他花费在 20 000 元以上。经计算，安装新风系统的人中，花费范围为 7 130～10 260 元，平均花费为 9 456 元，占平均年收入的 8%（图 4-10）。

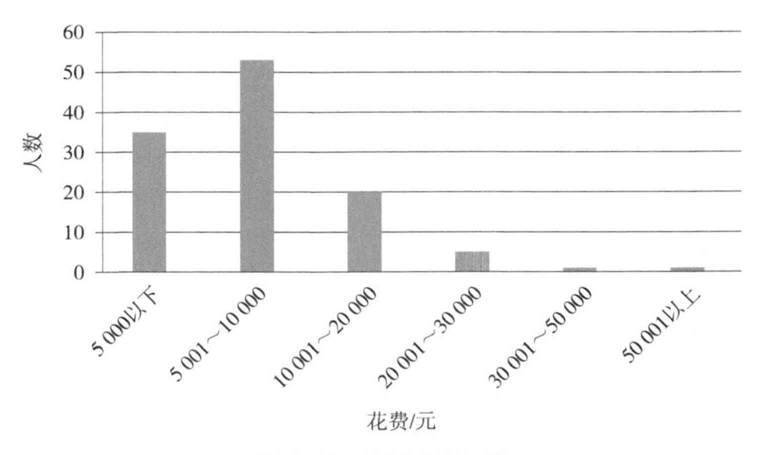

图 4-10　新风系统花费

4.3.4.2　重污染天气公众生活成本矩阵

通过汇总上述公众为应对重污染天气而使用防护口罩、空气净化器、新风系统所增加的各项成本，得出重污染天气公众生活应急成本矩阵如表 4-17 所示。由表可知，重污染天气应急会导致公众因购买使用防护口罩增加 113～123 元 /（人·a）的生活成本，平均增加的生活成本为 118 元 /（人·a），占平均年收入的 0.083%。因购买使用空气净化器增加 1 160～2 070 元 /（人·a）的生活成本，平均增加的生活成本为 1 800 元 /（人·a），占平均年收入的 1.5%。因购买使用新风系统增加 7 130～10 260 元 /（人·a）的生活成本，平均增加的生活成本为 9 456 元 /（人·a），占平均年收入的 8%。当调查统计出某地一些特定变量值，即可根据表 4-17 的公众生活应急成本矩阵，计算得出该地重污染天气公众生活应急成本。

表 4-17　重污染天气公众生活应急成本矩阵

成本项	防护口罩	空气净化器	新风系统
成本范围 / [元 /（人·a）]	113～123	1 160～2 070	7 130～10 260
平均成本 / [元 /（人·a）]	118	1 800	9 456
占收入的比例	年收入的 0.083%	平均年收入的 1.5%	平均年收入的 8%

4.3.4.3　重污染天气公众生活应急成本评估模型

重污染天气公众生活方面的成本主要包括防护口罩、空气净化器、新风系统等方面。应急成本计算模型为

$$C_{生活}=\sum_{i=1}^{n}C_m\times M+\sum_{j=1}^{p}C_a\times A+\sum_{k=1}^{q}C_f\times F \tag{4-8}$$

式中，C_m——防雾霾口罩单价，元 / 个；

M——防雾霾口罩数量，个；

C_a——空气净化器单价，元 / 个；

A——空气净化器数量，个；

C_f——新风系统单价，元 / 个；

F——新风系统数量，个；

i——统计范围内购买防雾霾口罩的人数；

j——统计范围内购买空气净化器的人数；

k——统计范围内购买安装新风系统的人数。

4.3.5　可供参考的成本矩阵

根据项目组调查数据分析，给出重污染天气下重点行业（表 4-18）、交通移动源（表 4-19）和公众生活应急成本矩阵（表 4-20）。

表 4-18 重点行业重污染天气应急成本矩阵 单位：万元 /d

行业类型 / 规模	成本类型	微型（4）	小型（3）	中型（2）	大型（1）
火力发电	成本范围	—	8.15～20.95	4.3～31.9	40.05～248.7
	平均成本	—	14.85	14.61	118.71
水泥制造	成本范围	5.55～7.45	1～13.15	9.05～70.3	45.15～147.25
	平均成本	6.5	7.74	30.67	102.57
钢铁冶炼	成本范围	—	25.65～38.7	32.25～95.85	284.9～451.2
	平均成本	—	32.18	72.62	374.71
有色金属冶炼	成本范围	—	1.05～14.85	4.4～45.8	135.1～325.2
	平均成本	—	7.28	15.51	212.67
玻璃制造	成本范围	0.075～5.75	1.3～9.6	11.1～45.15	72.9～85
	平均成本	2.03	4.91	24.65	78.95

表 4-19 重污染天气交通移动源应急成本矩阵

	耗油量增加成本	洗车成本 /（元 / 月）	出行时间增加成本 /（元 /d）
私家车成本范围	耗油量增加 6%～8.5%	58～116	25～28
私家车平均成本	耗油量增加 7.3%	96	26
占收入的比例	—	平均月收入的 0.95%	平均日收入的 5.2%

表 4-20 重污染天气公众生活成本矩阵

成本项 / 成本	防护口罩	空气净化器	新风系统
成本范围 /［元 /（人·a）］	113～123	1 160～2 070	7 130～10 260
平均成本 /［元 /（人·a）］	118	1 800	9 456
占收入的比例	月收入的 1%	平均年收入的 1.5%	平均年收入的 8%

4.4 重污染天气应急效益研究

4.4.1 重污染天气应急健康效益评估模型

重污染天气导致的急性健康自 20 世纪 90 年代以来，国内外大量的时间序列研究、病例交叉研究报道了颗粒物短期暴露与人群每日死亡、住院人次、门急诊人次、心血管效应（如心律失常、心率变异性异常、缺血性事件）等健康效应结局存在相关。其中，美国开展的几项时间序列研究开启了空气污染健康影响研究的新阶段。欧洲的 APHEA（Air Pollution and Health: A European Approach）、美国的 NMMAPS（The National Morbidity Mortality Air Pollution Study）和亚洲的 PAPA（Public Health and Air Pollution in Asia）是迄今已开展的几项重大的多城市时间序列研究，对推动世界各国空气污染防治行动起到关键性作用。近年来，亚洲[96, 97]、拉丁美洲[98]等地区的多项时间序列研究进一步证实了颗粒物短期暴露与人群健康结局间的关联。

重污染天气应急健康效益指重污染天气应急措施实施，使得重污染天气导致的短期急性健康损失的减少，产生环境健康效益。为此，通过措施采取前后，重污染天气短期急性的健康损失的差值进行重污染天气应急健康效益评估。模型主要通过暴露人口、急性剂量 - 反应系数、健康危害终端的平均日死亡率进行计算。

$$\begin{aligned}\Delta E &= \sum_{i=1}^{n} f_{ti} \times \beta_i \times C_{ib} \times P_e \times U_i - \sum_{i=1}^{n} f_{ti} \times \beta_i \times C_{ia} \times P_e \times U_i \\ &= \sum_{i=1}^{n} f_{ti} \times \beta_i \times \Delta C_i \times P_e \times U_i\end{aligned} \tag{4-9}$$

式中，E——大气污染健康经济总损失，万元；

i——大气污染健康终端类型，个；

f_{ti}——健康危害终端的平均日死亡率，%；

C_{ib}——采取措施前的重污染大气污染浓度，μg/m^3；

C_{ia}——采取措施后的大气污染浓度，μg/m^3；

ΔC_i——采取措施的大气污染浓度差，μg/m^3；

β_i——急性剂量反应系数，%；

P_e——暴露人口，人；

U_i——健康损失经济价值，万元 / 人，一般采用修正的人力资本法或基于支付意愿调查得出的统计生命价值法进行计算。

4.4.2 基于 Meta 分析的急性剂量 - 反应关系

急性剂量 - 反应关系是重污染天气应急健康效益估算的核心参数，其物理意义为污染物浓度每升高一定浓度（如 10 μg/m^3），健康因子（如死亡率、发病率）所增加的百分比。在流行病学研究中，一般采用时间序列研究和病例交叉研究建立大气污染物浓度变化与人群每日健康事件发生率的浓度 - 反应关系，并在全球不同地点、不同大气污染背景、不同人群取得了相似的结果，初步证实了大气污染物浓度的短期变化与居民逐日死亡数或发病数等健康结局密切相关。

空气颗粒物与人群健康效应间暴露 - 反应关系是否存在阈值浓度以及暴露反应关系曲线是否为非线性关系等问题引起了国内外学者的关注。Samet 等[99]在美国 20 个城市开展的多城市时间序列研究发现，PM_{10} 浓度每升高 10 μg/m^3，人群全死因死亡率、心血管疾病和呼吸道疾病死亡率分别增加 0.51%、0.68%。Katsouyanni 等[100]在欧洲 29 个城市开展的时间序列研究表明，PM_{10} 浓度每升高 10 μg/m^3，人群全死因死亡率增加 0.62%。Schwartz 等[101]对美国 10 城市颗粒物与人群死亡率间暴露－反应关系特征的研究发现，暴露－反应关系曲线近似线性且无阈值浓度；Daniels 等[102]对美国 20 城市可吸入颗粒物与人群死亡率关系的研究表明，对于人群总死亡、呼吸系统疾病死亡和心血管疾病死亡，线性无阈值模型能更好地估计 PM_{10} 短期暴露对人群死亡率的影响。Samoli 等[103]对欧洲 22 城市颗粒物与人群死亡率间的关系研究发现，在研究当时的污染水平下，线性模型能够很好地估计颗粒物与人群死亡率间的关联。

目前，尚无明确的证据表明颗粒物短期暴露对人群健康效应的影响存在阈值浓度，一般认为线性无阈值模型或对数线性模型能够较好地反映颗粒物短期暴露对人群健康的影响，而不同粒径颗粒物与不同人群健康结局间的暴露－反应关系可能存在差别。WHO 和 HEI[104]利用 Meta 分析方法，对亚洲的 PM_{10} 浓度短期变化与日死亡的关系得出，当 PM_{10} 增加 10 μg/m^3 时，日均死亡率分别增加 0.6% 和 0.4%～0.5%。为此，本研究定量地合并多个有关研究的结果，采用 Meta 分析方法，构建 $PM_{2.5}$、SO_2、NO_2、O_3 短期暴露与人群呼吸系统和循环系统疾病死亡之间的暴露－反应关系，获得能够代表这些研究的平均结果的统计结果，对成渝地区因实施重污染天气应急预案减少人群暴露带来的健康效益进行评估。

本研究的文献搜索包括英文及中文文献两大部分，英文由 PubMed 和 Web of Science，中文由中国期刊网（CNKI）搜索，收集时间范围为 1990—2016 年 12 月发表的有关中国大气污染物对公众健康影响的文章。同时查找纳入文献资料的参考文献，以期全面涵盖与主题相关的文献资料。在文献检索策略中，使用以下检索关键词组合：颗粒物（PM_{10}、$PM_{2.5}$）、大气污染物（SO_2、NO_2、CO、O_3）；呼吸系统、循环系统、死亡率；时间序列或病例交叉研究；地区（中国内地和香港）。

在用关键词检索获得的文献中，不可避免包含了一些与本研究目标不相符的研究，为了剔除这些研究，本研究设定如下判断标准：①在中国开展的大气污染急性健康效应的流行病学研究；②研究对象为全人群；③研究方法为时间序列或病例交叉研究，至少有一年的数据；④若研究方法为时序分析，则其应用的统计学方法为广义相加模型或者泊松回归模型，并且控制温度、相对湿度等混杂因素；⑤研究结果应报道大气污染暴露与死亡率相关的结局指标间的数量关系。经检索和筛选后，对符合纳入标准的文献进行文献信息提取。

4.4.2.1 $PM_{2.5}$ 与呼吸系统疾病死亡的浓度－反应关系

国内外学者开展的中国 $PM_{2.5}$ 与呼吸系统疾病死亡急性暴露－反应关系的文献如表 4-21 所示，涉及城市包括北京、西安、香港、苏州、沈阳、上海、宁波、广州，主要研究类型为时间序列研究和病例交叉研究，时间范围覆盖 1998—2015 年。共有 16 项关于 $PM_{2.5}$ 浓度与呼吸系统疾病死亡的浓度－反应关系系数，异质性检验表明，研究结果间存在显著异质性（Q=14.08，P<0.5196），选择随机效应模型，合并后的浓度－反应关系系数为 0.613 2，95% 可信区间（0.506 9，0.719 6），即 $PM_{2.5}$ 浓度每升高 10 μg/m^3，呼吸系统疾病死亡率增加 0.613 2%。

表 4-21　$PM_{2.5}$ 与呼吸系统疾病死亡间浓度－反应关系

作者	年份	地点	时间	类型	终点	β	β_{min}	β_{max}	标准差
Li 等	2013	北京	2004—2009	时间序列研究	呼吸系统死亡	0.69	0.54	0.85	0.08
Li 等	2013	北京	2005—2009	时间序列研究	呼吸系统死亡	0.63	0.28	0.83	0.14
Huang 等	2012	西安	2004—2008	时间序列研究	呼吸系统死亡	0.19	−0.2	0.59	0.2
Lin 等	2016	香港	1998—2011	时间序列研究	呼吸系统死亡	0.61	0.19	1.03	0.21
Chen 等	2011	北京	2007—2008	时间序列研究	呼吸系统死亡	0.66	0.21	1.11	0.23
Ge 等	2015	苏州	2010—2013	时间序列研究	呼吸系统死亡	0.28	−0.23	0.78	0.26
Chen 等	2011	沈阳	2006—2008	时间序列研究	呼吸系统死亡	0.41	−0.17	0.99	0.3
Huang 等	2009	上海	2004—2005	时间序列研究	呼吸系统死亡	0.71	0.05	1.37	0.34
He 等	2016	宁波	2009—2013	时间序列研究	呼吸系统死亡	0.99	0.19	1.79	0.41
Yang 等	2012	广州	2007—2008	病例交叉研究	呼吸系统死亡	0.97	0.16	1.79	0.42
Lin 等	2016	广州	2012—2015	时间序列研究	呼吸系统死亡	1.06	0.19	1.94	0.45
Li 等	2015	北京	2005—2009	时间序列研究	呼吸系统死亡	0.36	−0.59	1.3	0.48
Chen 等	2011	上海	2004—2008	时间序列研究	呼吸系统死亡	0.71	−0.55	1.47	0.52
Lee 等	2015	沈阳	2007—2008	时间序列研究	呼吸系统死亡	−0.37	−1.61	0.9	0.64
Geng 等	2013	上海	2007—2008	时间序列研究	呼吸系统死亡	0.07	−1.27	1.41	0.68
Shi 等	2015	广州	2013	时间序列研究	呼吸系统死亡	1.13	−0.19	2.48	0.68

4.4.2.2 $PM_{2.5}$ 与循环系统疾病死亡的浓度 – 反应关系

国内外学者开展的中国 $PM_{2.5}$ 与心血管死亡急性暴露 – 反应关系的文献如表 4-22 所示，涉及城市包括北京、西安、上海、沈阳、广州、宁波等，主要研究类型为时间序列研究和病例交叉研究，时间范围覆盖 2004—2015 年。共有 15 项关于 $PM_{2.5}$ 浓度与心血管疾病死亡的浓度 – 反应关系系数，异质性检验表明，研究结果间存在显著异质性（Q=55.79，$P<0.0001$），选择随机效应模型，合并后的浓度 – 反应关系系数为 0.732 5，95% 可信区间（0.539 3，0.925 7），即 $PM_{2.5}$ 浓度每升高 10 μg/m^3，心血管疾病死亡率增加 0.732 5%。

表 4-22　$PM_{2.5}$ 与心血管疾病死亡间浓度 – 反应关系

作者	年份	地点	时间	类型	终点	β	β_{min}	β_{max}	标准差
Luo 等	2016	北京	2008—2011	时间序列研究	循环系统死亡	0.42	0.28	0.56	0.07
Huang 等	2012	西安	2004—2008	时间序列研究	循环系统死亡	0.27	0.08	0.46	0.1
Chen 等	2011	北京	2007—2008	时间序列研究	循环系统死亡	0.58	0.35	0.81	0.12
Huang 等	2009	上海	2004—2005	时间序列研究	循环系统死亡	0.39	0.12	0.66	0.14
Chen 等	2011	沈阳	2006—2008	时间序列研究	循环系统死亡	0.49	0.22	0.75	0.14
Chen 等	2011	上海	2004—2008	时间序列研究	循环系统死亡	0.41	0	0.81	0.21
Li 等	2013	北京	2005—2009	时间序列研究	循环系统死亡	1.38	0.81	1.71	0.23
Li 等	2015	北京	2005—2009	时间序列研究	循环系统死亡	0.59	0.07	1.11	0.27
Lin 等	2016	广州	2012—2015	时间序列研究	循环系统死亡	1.31	0.75	1.87	0.29
Yang 等	2012	广州	2007—2008	病例交叉研究	循环系统死亡	1.22	0.63	1.8	0.3
He 等	2016	宁波	2009—2013	时间序列研究	循环系统死亡	0.46	−0.19	1.11	0.33
Lin 等	2016	广州	2013—2015	时间序列研究	循环系统死亡	1.56	0.91	2.21	0.33
Geng 等	2013	上海	2007—2008	时间序列研究	循环系统死亡	0.79	0.1	1.46	0.35
Shi 等	2015	广州	2013	时间序列研究	循环系统死亡	1.41	0.62	2.21	0.41
Lin 等	2016	广州	2007—2011	时间序列研究	循环系统死亡	1.94	0.56	3.38	0.72

4.4.2.3 O_3 与呼吸系统疾病死亡的浓度－反应关系

国内外学者开展的中国 O_3 与呼吸系统疾病死亡急性暴露－反应关系的文献如表 4-23 所示，涉及城市包括香港、广州、苏州、上海、佛山、中山、武汉、珠海，主要研究类型均为时间序列研究，时间范围覆盖 1979—2015 年。共有 10 项关于 O_3 浓度与呼吸系统疾病死亡的浓度－反应关系系数，异质性检验表明，研究结果间不存在显著异质性（Q=11.55，P<0.240 0），选择固定效应模型，合并后的浓度－反应关系系数为 0.555 6，95% 可信区间（0.342 1，0.769 0），即 O_3 浓度每升高 10 μg/m³，呼吸系统疾病死亡率增加 0.555 6%。

表 4-23　O_3 与呼吸系统疾病死亡间浓度－反应关系

作者	年份	地点	时间	类型	终点	β	β_{min}	β_{max}	标准差
Wong 等	2008	香港	1996—2002	时间序列研究	呼吸系统死亡	0.36	0.21	0.93	0.18
Tao 等	2012	广州	2006—2008	时间序列研究	呼吸系统死亡	0.89	0.38	1.41	0.26
Wong 等	2002	香港	1995—1998	时间序列研究	呼吸系统死亡	1.00	0.4	1.60	0.31
Yang 等	2012	苏州	2006—2008	时间序列研究	呼吸系统死亡	−0.31	−1.16	0.54	0.43
Cheng 等	2012	上海	2001—2004	时间序列研究	呼吸系统死亡	0.79	−0.07	1.67	0.44
Tao 等	2012	佛山	2006—2008	时间序列研究	呼吸系统死亡	0.46	−0.43	1.36	0.46
Tao 等	2012	中山	2006—2008	时间序列研究	呼吸系统死亡	0.61	−0.32	1.55	0.48
Wong 等	2008	武汉	2001—2004	时间序列研究	呼吸系统死亡	0.12	−0.89	1.15	0.52
Qian 等	2007	武汉	2000—2004	时间序列研究	呼吸系统死亡	0.64	−0.39	1.67	0.53
Tao 等	2012	珠海	2006—2008	时间序列研究	呼吸系统死亡	1.61	−0.05	3.3	0.85

4.4.2.4 O_3 与循环系统疾病死亡的浓度－反应关系

国内外学者开展的中国 O_3 与心血管死亡急性暴露－反应关系的文献如表 4-24 所示，涉及城市包括广州、武汉、香港、上海、苏州、中山、佛山、珠海、苏州，主要研究类型均为时间序列研究，时间范围覆盖 1995—2009 年。共有 11 项关于O_3浓度与心血管疾病死亡的浓度－反应关系系数，异质性检验表明，研究结果间存在显著异质性（Q=28.67，P<0.01），选择随机效应模型，合并后的浓度－反应关系系数为0.506 3，95%可信区间（0.223 9，0.788 6），即O_3浓度每升高10 μg/m^3，心血管疾病死亡率增加0.506 3%。

表4-24　O_3与心血管疾病死亡间浓度－反应关系

作者	年份	地点	时间	类型	终点	β	β_{min}	β_{max}	标准差
Tao等	2012	广州	2006—2008	时间序列研究	循环系统死亡	0.98	0.61	1.35	0.19
Qian等	2007	武汉	2000—2004	时间序列研究	循环系统死亡	0.44	−0.39	0.47	0.22
Wong等	2008	武汉	2001—2004	时间序列研究	循环系统死亡	−0.07	−0.53	0.39	0.23
Wong等	2008	香港	1996—2002	时间序列研究	循环系统死亡	0.45	−0.04	0.94	0.25
Cheng等	2012	上海	2001—2004	时间序列研究	循环系统死亡	0.75	0.25	1.24	0.25
Yang等	2012	苏州	2006—2008	时间序列研究	循环系统死亡	0.75	0.24	1.26	0.26
Tao等	2012	中山	2006—2008	时间序列研究	循环系统死亡	0.77	0.19	1.35	0.30
Wong等	2002	香港	1995—1998	时间序列研究	循环系统死亡	−0.30	−0.9	0.3	0.31
Tao等	2012	佛山	2006—2008	时间序列研究	循环系统死亡	0.43	−0.25	1.12	0.35
Tao等	2012	珠海	2006—2008	时间序列研究	循环系统死亡	−0.08	−1.00	0.85	0.47
Chen等	2013	苏州	2008—2009	时间序列研究	循环系统死亡	1.84	0.70	3.03	0.59

4.4.2.5　SO_2与呼吸系统疾病死亡的浓度－反应关系

4个研究报道了SO_2与呼吸系统疾病死亡率的相关性（表4-25）。纳入文献的各项研究间不存在异质性，采用固定效应模型。合并效应值为1.012，95%可信区间（1.009～1.016），即大气SO_2浓度每升高10 μg/m^3，短期内居民呼吸系统死亡率风险平均增加1.2%。

表 4-25　SO_2 与呼吸系统疾病死亡间浓度-反应关系

作者	年份	地点	时间	类型	终点	β	β_{min}	β_{max}
宋桂香	2006	上海	2001—2004	时间序列	呼吸系统死亡率	1.017 1	1.007 2	1.027 1
侯斌	2011	西安	2004—2008	时间序列	呼吸系统死亡率	1.010 2	0.996 8	1.023 8
Chen 等	2010	鞍山	2004—2006	病例交叉	呼吸系统死亡率	1.000 4	0.988 4	1.012 4
Tong 等	2015	上海	2001—2004	时间序列	呼吸系统死亡率	1.031 7	1.005 1	1.022 3

4.4.2.6　SO_2 与循环系统疾病死亡的浓度-反应关系

8 个研究报道了 SO_2 与循环系统疾病死亡的浓度-反应关系（表 4-26），异质性检验表明，研究结果存在异质性（Q=23.71，P<0.05），采用随机效应模型。合并效应值为 1.007，95% 可信区间（1.005～1.008），即大气 SO_2 浓度每升高 10 μg/m^3，短期内居民循环系统疾病死亡率风险平均上升 0.7%。

表 4-26　SO_2 与循环系统疾病死亡间浓度-反应关系

作者	年份	地点	时间	类型	终点	β	β_{min}	β_{max}
张金艳	2010	北京	2004—2008	时间序列研究	循环系统死亡率	1.003 6	0.998 7	1.008 5
王德征	2014	天津	2001—2009	时间序列研究	循环系统死亡率	1.007 0	1.004 7	1.009 4
秦萌	2014	上海	2008—2012	时间序列	循环系统死亡率	1.018 2	1.000 9	1.035 4
宋桂香	2006	上海	2001—2004	时间序列	循环系统死亡率	1.014 5	1.008 6	1.020 4
张燕萍	2008	太原	2004	时间序列	循环系统死亡率	1.012 0	0.934 0	1.097 0
侯斌	2011	西安	2004—2008	时间序列	循环系统死亡率	0.999 1	0.992 6	1.005 7
Chen 等	2010	鞍山	2004—2006	病例交叉	循环系统死亡率	1.003 8	0.999 4	1.008 3
Tao 等	2012	上海	2001—2004	时间序列	循环系统死亡率	1.009 1	1.004 2	1.014 1

4.4.2.7　NO_2 与呼吸系统疾病死亡的浓度-反应关系

6 个研究报道了 NO_2 与呼吸系统疾病死亡的浓度-反应关系（表 4-27），异质性检验表明，各研究间不存在异质性（Q=15.68，P>0.05），采用固定效应模型。合并效应值为 1.016，95% 可信区间（1.012～1.019），即大气 NO_2 浓度每升高 10 μg/m^3，短期内居民呼吸系统疾病死亡率平均上升 1.6%。

表 4-27 NO_2 与呼吸系统疾病死亡间浓度－反应关系

作者	年份	地点	时间	类型	污染物	终点	β	β_{min}	β_{max}
刘楠媚	2014	北京	2006—2009	时间序列研究	NO_2	呼吸系统死亡率	1.006 1	0.997 5	1.014 8
Tong 等	2015	上海	2001—2004	时间序列	NO_2	呼吸系统死亡率	1.012 2	1.004 2	1.020 1
宋桂香	2006	上海	2001—2004	时间序列	NO_2	呼吸系统死亡率	1.014 3	1.006 5	1.022 1
侯斌	2011	西安	2004—2008	时间序列	NO_2	呼吸系统死亡率	1.037 1	1.010 9	1.064 0
Chen 等	2010	鞍山	2004—2006	病例交叉	NO_2	呼吸系统死亡率	0.998 2	0.946 0	1.050 2
Tao 等	2012	佛山	2006—2008	时间序列	NO_2	呼吸系统死亡率	1.016 0	1.006 0	1.026 0

4.4.2.8 NO_2 与循环系统疾病死亡的浓度－反应关系

8 个研究报道了 NO_2 与循环系统疾病死亡的浓度－反应关系（表 4-28），异质性检验表明，各项研究间存在异质性（Q=32.91，P<0.05），采用随机效应模型。合并效应值为 1.014，95% 置信区间（1.011～1.015），即大气 NO_2 浓度每升高 10 μg/m^3，短期内居民循环系统疾病的死亡率平均上升 1.4%。

表 4-28 NO_2 与循环系统疾病死亡间浓度－反应关系

作者	年份	地点	时间	类型	污染物	终点	β	β_{min}	β_{max}
张金艳	2012	北京	2004—2008	时间序列研究	NO_2	循环系统死亡率	1.003	0.996 6	1.009 4
杨海兵	2010	苏州	2002—2007	时间序列研究	NO_2	循环系统死亡率	1.01	1.002	1.018
宋桂香	2006	上海	2001—2004	时间序列	NO_2	循环系统死亡率	1.010 5	1.005 9	1.015 1
张燕萍	2008	太原	2004	时间序列	NO_2	循环系统死亡率	1.014	0.962	1.068
侯斌	2011	西安	2004—2008	时间序列	NO_2	循环系统死亡率	1.020 6	1.008 2	1.033 2
Chen 等	2010	鞍山	2004—2006	病例交叉	NO_2	循环系统死亡率	1.021 1	1.002 2	1.04
Tao 等	2012	佛山	2006—2008	时间序列	NO_2	循环系统死亡率	1.023 5	1.015 9	1.031 3
Tong 等	2015	上海	2001—2004	时间序列	NO_2	循环系统死亡率	1.010 1	1.005 5	1.014 7

通过 Meta 分析方法，获得 $PM_{2.5}$、SO_2、NO_2、O_3 浓度与人群呼吸系统疾病和循环系统疾病死亡的暴露－反应关系系数见表 4-29。

表 4-29 污染物短期暴露与人群因呼吸或循环系统疾病死亡的暴露－反应关系

污染物	健康终点	暴露－反应关系系数 /%	95% 可信区间
$PM_{2.5}$	循环系统疾病	0.73	（0.54，0.93）
	呼吸系统疾病	0.61	（0.51，0.72）
SO_2	循环系统疾病	0.7	（0.5，0.8）
	呼吸系统疾病	1.2	（0.9，1.6）
NO_2	循环系统疾病	1.4	（1.1，1.5）
	呼吸系统疾病	1.6	（1.2，1.9）
O_3	循环系统疾病	0.51	（0.22，0.79）
	呼吸系统疾病	0.56	（0.34，0.77）

4.4.3 成渝地区重污染天气 $PM_{2.5}$ 单位浓度降低效益评估

根据国内外学者的研究，在大气污染导致的人体健康效益核算时，主要采用颗粒物 $PM_{2.5}$ 作为大气污染因子进行人体健康影响评价。因此，根据以上得出的 $PM_{2.5}$ 的呼吸系统疾病和循环系统疾病死亡的暴露－反应关系系数，以及呼吸系统疾病和循环系统疾病死亡率、人口总数，计算成都和重庆 $PM_{2.5}$ 每降低 10 μg/m³，呼吸系统和循环系统疾病死亡减少的人数。成都市呼吸系统和循环系统疾病每百万人的死亡率分别为 152.52 和 170.94 [105]，重庆市呼吸系统和循环系统疾病每百万人的死亡率分别为 153.89 和 190.74 [106]。根据国家统计局的数据，2016 年四川省城市人口为 4 066 万人，重庆市城市人口为 1 908 万人，计算得知 $PM_{2.5}$ 每降低 10 μg/m³，四川省城市地区呼吸系统疾病死亡人数减少为 378 人，循环系统疾病死亡人数减少 453 人；重庆市呼吸系统疾病死亡人数减少为 199 人，循环系统疾病死亡人数减少 238 人（表 4-30）。

表 4-30 成渝城市地区 $PM_{2.5}$ 降低 10 μg/m³ 呼吸和循环系统疾病死亡人数减少情况

单位：人

地区	呼吸系统	循环系统	合计
四川	378	453	831
重庆	199	238	437

利用支付意愿法计算重污染天气应急措施实施后的健康效益。根据项目调查得知，成渝地区大气污染浓度降低的支付意愿为 395 万元，计算 $PM_{2.5}$ 每降低

10 μg/m^3 的健康效益如表 4-31 所示。

表 4-31　$PM_{2.5}$ 降低 10 μg/m^3 呼吸系统和循环系统疾病死亡人数减少的健康效益

单位：万元

区域	呼吸系统疾病死亡人数减少的健康效益	循环系统疾病死亡人数减少的健康效益	合计
四川	149 424	178 819	328 243
重庆	78 587	94 046	172 633

4.4.4　不确定性分析

不确定性包括评估方法不确定性和评估数据不确定性，通过不确定性分析确定评估结果的可靠性，识别主要影响因素。方法不确定性主要分析健康效益表征方法（污染物确定、健康效应重点等）可能造成的计算结果与客观真实情况的差异；数据不确定性主要分析健康效益评估所采用的统计、调查等基础数据（致死率等）误差和参数（暴露－反应关系系数等）本身不确定性可能造成的计算结果与客观真实情况的差异。

（1）大气污染与人体健康暴露－反应关系的不确定性

环境健康暴露－反应关系的建立是一个复杂的研究课题，研究方法、研究对象、大气污染水平、总体生活水平等都对剂量－反应关系的研究结果有一定影响。本研究采用的剂量－反应关系主要是利用国内外相关文献的研究结果，存在的问题包括：

1）研究对象存在局限性：目前研究依据的国内资料主要是个别空气污染较严重的大城市的研究报告，没有反映中国大量的中小城市和空气质量较好城市的大气污染健康影响状况。

2）研究方法缺乏可比性：目前中国国内的研究文献中尚缺乏设计严密科学的大样本流行病学队列研究结果，国内研究大多采用生态学方法，在大气污染与健康的因果关系推断上，有一定局限性，与国外的研究方法缺乏可比性。

3）大气污染对健康影响的暴露－反应关系系数多来源于人群流行病学资料，尽管考虑了大气污染物的特征，但并未考虑目标人群健康危害的个体差异。计算短期暴露急性健康影响暴露－反应关系系数的时间序列研究属于生态学研究，可能存在不可测量的混杂因素，而且模型参数的选择也会影响暴露－反应关系系数。

（2）污染物健康阈值的不确定性

在确定阈值和剂量－反应关系的实际研究中，发现对健康造成影响的污染物阈值有一个较大的变化区间，不同种族、年龄段和体质的人群对污染物的耐受度有所不同，老人、儿童以及心脑血管疾病和呼吸系统疾病患者是大气污染的易感人群。

评价健康危害时往往采用污染造成危害程度5%的剂量作为阈值，把它视为危害的起点。

（3）其他不确定性因素

大气污染物的浓度、多种污染物混合暴露的联合作用、人群的流动以及患病或死亡率等基线数据的准确性，也会使结果产生不确定性。

5 区域大气污染防治效益评估参数——大气污染生命统计价值

5.1 研究进展

近年来，我国大气污染问题日益凸显，特别是在2013年雾霾问题频发以来，相继编制出台了“大气十条”“蓝天保卫战”等多项政策措施。一系列大气污染综合治理措施的不断出台，最终目标都是改善大气质量，维护人民群众的身体健康。2014年新修订的《中华人民共和国环境保护法》第一条中就明确提出“为保护和改善环境，防治污染和其他公害，保障公众健康，推进生态文明建设，促进经济社会可持续发展，制定本法”。保护人民群众的生命，提高人类生存环境的安全水平是环境保护工作的出发点和归宿点。要对大气污染导致的健康损失和大气污染防治政策的健康效益进行评估，必须首先要对生命的价值这一个关键参数进行确定。

从伦理上来讲，生命是无价的，是不能用金钱衡量的，通过金钱衡量生命价值有违社会道德。一般意义上的生命价值论涉及经济、道德、宗教、艺术、科学、政治等多个领域，是一个丰富的哲学概念[107]。本书所指的生命价值是生命的财富价值，特指生命统计学意义上的经济价值，即减少某一部分人的死亡风险有多少价值[108]。从应用层面上来讲，不是生命价值多少货币金额，就可以用多少货币购买到该生命，而是一旦生命损失了，在人均意义上需要得到多少补偿金额。所以，当用于减小不同风险所需付出的经济代价以及比较同样的资源用于减小风险时，生命价值才有意义。因此，经济学意义上的生命价值，是理论层面的价值，每个人的生命价值是不同的；而统计学意义上的生命价值，是应用层面的价值，是人均意义的价值[109]。

近几十年来，学者从不同的角度、采用不同方法对生命价值进行了研究，主要包括人力资本理论、风险交易理论两种分析思路和方法[110]。人力资本理论评估方法主要包括人力资本法、保险金额法、延长生命年法、战争补偿法、人口迁移理论法、比较分析法等，风险交易理论评估方法主要包括支付意愿法，支付意愿法又分为工资风险法、消费市场法和条件价值法三种类型[111]。在生命价值评估方法中，国内普遍使用的是人力资本法，而国外主要使用支付意愿法。在支付意愿法三种类型中，由于消费者市场法和工资风险法中的价格和工资数据只能被工人或消费者被动接受，不能较好地反映个人的真实支付意愿，同时工资或价格与风险之间的模型较难建立，因此工资风险法和消费市场法目前已很少被关注，生命价值研究主要采用条件价值法。

国外对生命价值研究起步早，成果多，尤其是英美等发达国家，以支付意愿法评估生命价值作为管理决策或死亡赔偿标准等方面的重要依据。Schelling 于 1968 年首次将条件价值法应用于评估人的生命价值，并指出评估人的生命价值不应该表述为“一条人命值多少钱”，而应该表述为“为了降低死亡的概率，社会的支付意愿是多少”[112]。Jone-Lee 等受英国交通部的委托，1985 年计算的生命价值为 50 万美元[113]。Gerking 等得到 1988 年被访问者为降低职业死亡风险的平均支付意愿为 665 万美元，进而估算出生命统计价值为 266 万美元[114]。Vassanadum 等 2005 年在泰国曼谷对降低空气污染和交通事故两种致命风险进行了条件价值法研究调查，得出的生命价值分别为：空气污染背景下为 74 万～132 万美元，交通事故背景下为 87 万～148 万美元[115]。Hammitt 等 2006 年运用条件价值法在中国北京和安庆估算通过提升空气质量挽救一个人的生命的经济价值为 0.4 万～1.7 万美元[116]。

我国生命统计价值研究相对较少，主要集中在道路安全和环境健康方面。道路安全领域主要通过一定死亡风险，获得不同交通安全情境下人们的支付意愿，得出交通安全的生命统计价值。罗俊鹏等 2008 年运用条件价值法，采用支付卡、单边界两分式和双边界二分式 3 种问卷格式在北京地区进行了关于避免道路交通事故支付意愿调查，得到统计生命价值评估值为 51.3 万元[117]。刘文歌等 2011 年利用双边界二分式的条件价值评估方法，得到我国道路交通安全的生命统计价值为 59.8 万元[118]。

环境健康领域更多集中在“改善一定大气质量的支付意愿”调查上，对降低大气污染死亡风险的统计生命价值研究较少。徐晓程等利用 Meta 回归分析，采用我国 2008 年数据，得到我国大气污染相关的统计生命价值约为 86 万元，城镇约为 159 万元，农村约为 32 万元[119]。蔡春光等 2005 年运用单边界和双边界二分式的条件价值评估方法，利用北京空气污染健康损失 CVM 调查数据，得到平均支付意愿分别为 739.57 元 /a 和 652.33 元 /a[120]。曾贤刚等 2014 年利用北京地区的调查，在降低 $PM_{2.5}$ 浓度 30% 和 60% 情景下，居民平均支付意愿分别为 22.78 元 / 月和 39.82 元 / 月[121]。魏同洋等 2012 年运用单边界、双边界二分式方面对北京居民的支付意愿进行调查，得到单边界下居民的支付意愿是 404.34 元 /（户 · a），双边界下支付意愿是 283.9 元 /（户 · a）[122]。彭希哲等 1999—2000 年对上海地区呼吸系统疾病损失的意愿支付费用在 24 亿～79.3 亿元[123]。张明军等 2000 年对改善兰州市大气环境质量的支付意愿调查显示，兰州市有支付意愿家庭的平均支付意愿为每年每户 98.6 元，兰州市大气环境质量改善的经济效益为 7.1 亿元[124]。Wang 等 2006 年运用开放式和投标博弈式评估重庆空气污染的支付意愿为 14.3 元 /（人 · a）[125]。

本研究运用支付意愿调查方法，采用单边界二分式诱导技术，以“降低 5‰ 死亡率，人们的支付意愿是多少”为调查核心，2018 年聘请专业调查公司在成渝地区开展调查。调查样本共计 2 586 个，调查样本涉及了不同性别、年龄、文化程度、职业、家庭人口数、家庭年收入、是否患有疾病、健康状况等不同群体。利用单边界二分式的函数模型，对支付意愿和生命统计价值进行计算，得到的生命统计价值将会对成渝地区大气污染健康损失计算以及相关大气污染防治措施的成本效益分析提供支撑。

5.2 生命统计价值的理论与方法

5.2.1 理论研究基础与方法

福利经济学、法律经济学和管制经济学认为，对人的生命价值评估应通过衡量个人为了避免死亡风险、伤残或疾病而愿意支付的程度来估价。作为一个理性经济人，在某一事件的概率水平下，个人会对降低其概率而愿意支付的金额进行权衡或交易[110]，愿意为减少死亡风险而支付的金额可以作为人的生命价值[126]。假如人们对死亡水平具有消费偏好，不同的死亡水平（用死亡概率 P 表示）带给理性经济人的效用不同。在选择死亡水平时，理性经济人在其预算约束下，力图获得最大的期望效用，即期望效用函数最大化[127, 128]。在实践中，当运用条件价值法估算人的生命价值时，通常是直接询问被调查者降低一定死亡风险情景下的支付意愿[129]，而不是直接由被调查者自行确定自身的生命价值（VOSL）。

根据效用理论，效用由非随机变化和随机变化两部分组成，所以效用是一个随机变量，效用的随机性可以从两方面理解，一方面是每个人在相同条件下，即使对需要选择的问题有了充分认识，做出的选择结果也是随机的，这种随机主要来源于心理学上的随机性；另一方面由于调查者不能充分观测出影响效用的全部因素，效用是随机的[130]。所以，期望效用函数 U_{in} 包括非随机变化部分和随机变化部分，即效用固定项（函数）和效用概率变动项（函数）两部分。

$$U_{in}=V_{in}+\varepsilon_{in} \tag{5-1}$$

$$V_{in}=V_i(X_{in}) \tag{5-2}$$

式中，V_{in}——与可以观测的要素向量 X_{in} 相应的效用固定项；

V_i——X_i 相应的效用固定项；

ε_{in}——由不能观测的要素向量以及个人特有的不可观测的喜好造成的效用概率变动项。

由于效用函数的概率项 ε_{in} 服从二重指数分布，U_{in} 的概率 P_{in} 为

$$P_{in}=\frac{eV_{in}}{\sum_{1}^{c}eV_{jn}} \tag{5-3}$$

式中，P_{in}——期望效用函数 U_{in} 的概率；

c——可供选择的不同效用水平的种类数量。

假定效用函数固定项与可以观测的要素向量 X_{in} 呈线性关系，则 V_{in} 表示为

$$V_{in}=\sum_{k=1}^{K}\gamma kX_{ink} \tag{5-4}$$

式中，X_{ink}——第 n 个被调查者第 i 个选择中包含的第 k 个特性变量；

K——特性变量的个数；

γ_k——第 k 个特性变量所对应的未知参数，为常数，则 P_{in} 可表示为

$$P_{in}=\frac{eV_{in}}{\sum_{1}^{c}eV_{jn}}=\frac{1}{\sum_{1}^{c}e\sum_{k=1}^{K}\left[\gamma k\left(X_{jnk}-X_{ink}\right)\right]} \tag{5-5}$$

确定 P_{in} 的对数似然函数为

$$L=\sum_{n=1}^{N}\sum_{i=1}^{c}\delta_{in}\ln P_{in} \tag{5-6}$$

式中，δ_{in}——第 i 个选择下的观测值，根据对数似然函数，推导参数 γ 以及相关统计量。

5.2.2 生命统计价值函数模型构建

生命统计价值函数模型主要根据期望效用函数进行推导，支付意愿调查主要采用条件价值法（CVM）进行结果分析，条件价值法主要通过调查员向被调查者直接询问来获得对被调查者生命价值的评估，所以问卷设计、调查方式、调查员和被调查者信息交流等各种因素都会影响到 CVM 的评估结果。通过何种方法来询问被调查者的支付意愿，被称作“诱导技术”，诱导技术是 CVM 的核心内容，支付意愿调查问卷设计有投标博弈、支付卡、开放式问卷、二分式等四种方式（表 5-1），

支付意愿的提问方式不同，会直接影响到被调查者的支付意愿。Hausman 认为，开放式回答所得到的支付意愿值一般要低于其他提问方式[131]。Arrow 等认为，二分式方法接近一般人的日常消费决策行为，所得到的支付意愿更接近真实值[132]。

表 5-1　CVM 的主要诱导技术[133]

诱导技术		主要特征
投标博弈		调查者预先确定了一个具体的投标值，询问中依据此投标值不断提高或降低投标水平，直到辨明受访者的最大支付意愿为止
开放式		在不给予受访者任何投标值信息的前提下，直接询问受访者被调查的评估对象，直接询问参与者的最大支付意愿
支付卡		调查者根据各种资料在调查前事先拟定若干投标值，并写在卡片上，让受访者从中选择一个
二分式	单边界二分式	给受访者提供一个投标值，询问其是否同意支付
	双边界二分式	首先给受访者提供一个投标值，询问其是否同意支付，如果受访者对第一个问题的回答是“肯定”，第二个投标值将高于第一个投标值；如果对第一个问题的回答是“否定”，则第二个投标值略低于第一个投标值
	三边界二分式	先为受访者提供一个投标值，询问其是否同意支付：①如果受访者对第一个问题回答是“是”，则为其提供一个较高的投标值；当受访者再次回答“是”时，则为其提供一个更高的投标值，否则就提供一个比第一个问题高、比第二个问题低的投标值。②如果受访者对第一个问题的回答是“否”，则为其提供一个较低的投标值；当受访者再次回答“否”时，则为其提供一个更低的投标值，否则就提供一个比第一个问题低、比第二个问题高的投标值

多数条件价值法都采用二分式方法，本研究在成渝地区开展的生命统计价值研究采用了单边界二分式调查方法。单边界二分式方法中，效用函数的固定项与初始投标值（bid_I）、死亡风险水平（r）和个人特征变量（年龄、性别、收入等）呈线性关系，被调查者 n 的效用函数的固定项 V_{in} 可以表示为式（5-7），其中 i 有“愿意”和“不愿意”两种情况：

$$V_{in}=\alpha+\beta \mathrm{bid}_1+\mathrm{br}+\sum_{k=1}^{K}\gamma_k X_{nk} \tag{5-7}$$

因此，被调查者 n 选择“愿意”的概率函数为

$$P_n(Y)=\frac{1}{1+\mathrm{e}^{-\alpha-\beta \mathrm{bid}_1}-\sum_{k=1}^{K}\gamma_k X_{nk}} \tag{5-8}$$

确定对数似然函数，并用极大似然估计法估计参数：

$$L=\sum_{n=1}^{N}\left[\delta_Y \ln P_n(Y)+\delta_Y \ln P_n(N)\right] \quad (5\text{-}9)$$

式中，L——单边界二分式生命价值评估函数模型的对数似然函数；

δ_Y、δ_N——0～1 指示变量，当被调查者的回答是“愿意”时，δ_Y=1，δ_N=0，当被调查者的回答是“不愿意”时，δ_Y=0，δ_N=1，N 为样本容量。

根据 Hanemann[134] 推导，在 WTP≥0 时，被调查者的平均支付意愿为

$$E(\mathrm{WTP})=\int_0^{+\infty}P(Y)d_{\mathrm{bidI}}=\frac{1}{-\beta}\ln\left(1+\mathrm{e}^{\alpha+\sum_{k=1}^{K}\gamma_k\overline{X_k}}\right) \quad (5\text{-}10)$$

根据统计生命价值定义，则单边界二分式的统计生命价值 VOSL 可表示为

$$\mathrm{VOSL}=\frac{E(\mathrm{WTP})}{T\cdot\Delta R} \quad (5\text{-}11)$$

式中，T——支付年数；

ΔR——死亡风险降低值。

5.2.3 成渝地区大气污染生命统计数据处理

我们对成渝地区重点调查了 9 个指标（表 5-2），根据单边界二分式的支付意愿调查方法，成渝地区生命统计价值调查设置 12 个目标值 B_i，分别是：2 000 元、3 000 元、4 000 元、5 000 元、6 000 元、8 000 元、10 000 元、20 000 元、30 000 元、50 000 元、100 000 元、200 000 元。但边界二分式选择问题如下：

为了让您 70～80 岁的死亡概率下降 5‰，在接下来的 10 年内您愿意每年支付 B_i 元降低您的死亡概率吗？

[1] 愿意　　　　　[2] 不愿意

表 5-2　模型分析中各分类变量处理

变量	说明
性别	1 为男，2 为女
年龄	1 为 18～30 岁，2 为 31～45 岁，3 为 46～65 岁，4 为 65 岁以上
文化程度	1 为小学以下，2 为中专 / 高中 / 职中 / 职高，3 为大专，4 为本科，5 为硕士以上
职业	1 为农民，2 为普通工人，3 为公务员 / 事业单位人员，4 为学生，5 为自由职业者，6 为个体经营者 / 私营企业主，7 为公司中高层管理者，8 为退休
家庭人口数	1 为 1 人，2 为 2 人，3 为 3 人，4 为 4 人，5 为 5 人，6 为 6 人，7 为 7 人，8 为 8 人，9 为 9 人以上

续表

变量	说明
家庭年收入	1 为 3 万元以下，2 为 3.1 万～6 万元，3 为 6.1 万～10 万元，4 为 10.1 万～15 万元，5 为 15.1 万～30 万元，6 为 30.1 万～50 万元，7 为 50.1 万～80 万元，8 为 80.1 万～100 万元，9 为 100 万元以上
是否患有疾病	1 为否，2 为是
自我感觉健康状况	1 为极好，2 为非常好，3 为好，4 为一般，5 为差
支付意愿	1 为愿意，2 为不愿意

5.3 成渝地区大气污染生命统计调查基本情况分析

成渝地区地形复杂、地貌多样，静风天气频发，逆温常见，大气污染物极易累积在盆地。随着成渝地区的快速经济发展，大气污染环境治理与经济发展的矛盾突出，是我国大气污染最为严重的“三区十群”之一[135]。成渝地区大气污染在“三区十群”中仅次于京津冀地区，环境治理与经济发展矛盾突出，相比京津冀地区，成渝地区复杂的下垫面地形使大气条件和污染物传输变得更为复杂[136]。2017 年，成都 $PM_{2.5}$ 年均浓度为 56 μg/m³，重庆为 45 μg/m³，是国家空气质量二级标准的 1.6 倍和 1.3 倍，成渝地区是我国雾霾控制的重点区域。成渝地区老百姓对雾霾问题关注度也较高，但每个人用于防护大气污染、减少人体健康损失的支付意愿是不同的。

我们在四川和重庆地区开展了统计生命价值支付意愿调查工作，四川省主要在成都市、达州市、乐山市、彭州市以及成都市的龙泉驿区、郫都区、双流区、温江区开展调查，调查样本为 1 748 个，其中有效样本为 827 个，重庆市主要在重庆市区和郊区开展调查，调查样本为 838 个，其中有效样本为 378 个，成渝地区有效样本共计 1 205 个。样本调查的基本信息有：性别、年龄、文化程度、职业、家庭人口数、家庭年收入、是否患有疾病、健康状况 8 个个性变量。

5.3.1 调查样本人群分布特征

成渝地区总体调查样本中男性 620 个，女性 585 个，男女比例为 51.5：48.5（图 5-1），2017 年全国男女比例为 51.2：48.8，样本性别分布符合人群特征，其中调查样本中四川地区男女比例 51.9：48.1，重庆地区男女比例为 50.5：49.5；调查样本的年龄主要分布在 18～45 岁，占总样本的比例为 69%，根据 2017 年全国人口变动抽样调查结果全国 18～45 岁的人口比例为 48.5%，成渝地区支付意愿调查样本中青年人口比例略高于人群分布特征，其中四川地区调查样本中的中青年比例为

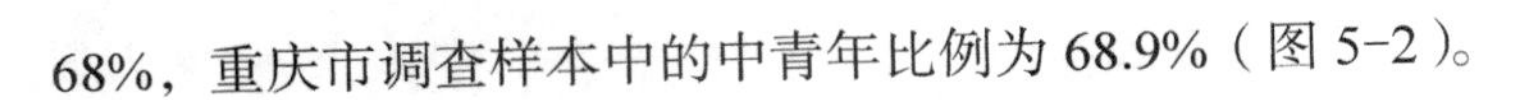

68%，重庆市调查样本中的中青年比例为 68.9%（图 5-2）。

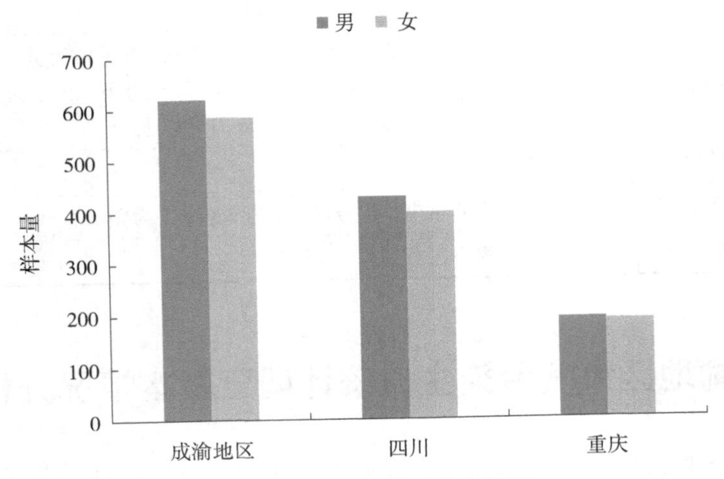

图 5-1　成渝地区性别分布情况

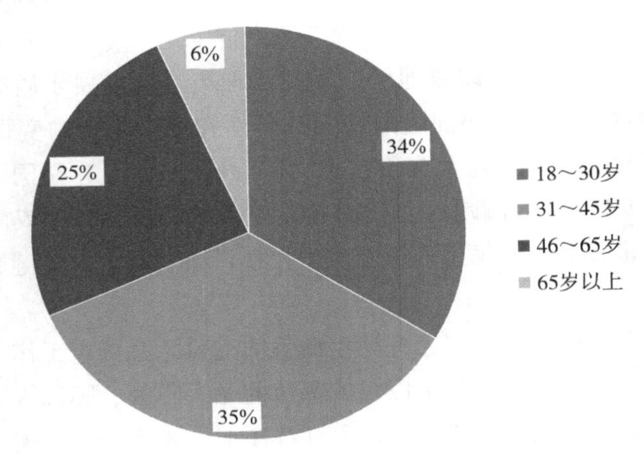

图 5-2　成渝地区生命统计调查样本年龄分类

5.3.2　调查人群文化特征

调查样本中专 / 高中 / 职中 / 职高的样本量最多，为 506 个，占总调查样本的 42%，其中四川地区中专 / 高中 / 职中 / 职高样本比例为 37%，重庆地区比例为 52.9%；调查样本家庭收入主要分布在 3 万～10 万元，占总调查样本的 53.1%（图 5-3）；家庭人口数主要是 3～4 人，根据 2017 年统计局发布的四川、重庆的年人均可支配收入（20 579.8 元和 24 153 元）计算得到四川、重庆家庭平均收入在 6 万～8 万元，可见调查样本的家庭收入情况基本代表了四川、重庆地区的平均水平，所以根据该调查样本获得的支付意愿水平可以较好地反映大多数成渝地区人民群众的真实水平。

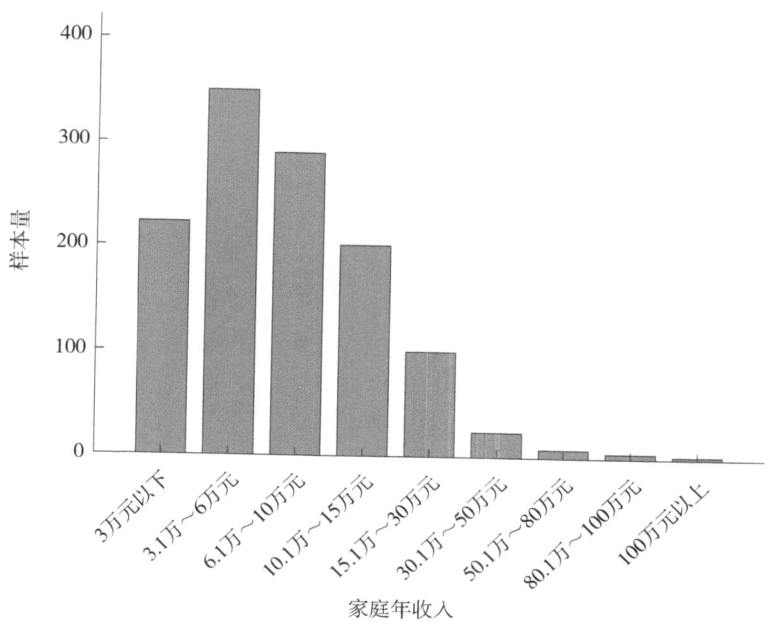

图 5-3 成渝地区生命统计调查家庭年收入分类

5.3.3 调查人群支付特征

调查样本成渝地区 89.7% 的调查人口未患有疾病［慢性阻塞性肺病（COPD）、心脑血管疾病、糖尿病、慢性支气管炎、哮喘、癌症或其他恶性肿瘤］，身体健康状况良好的调查人数占总调查样本的 74.2%，调查样本的身体健康分布情况整体符合正态分布（图 5-4），可见调查样本具有良好的人群代表性，能够较好地反映正常群体的支付意愿，其中四川、重庆身体健康状况良好的调查人数占总调查样本的比例分别为 75.2% 和 72.2%。

对于降低 5‰ 死亡率，“愿意”支付一定金额的被调查者是 725 个，占总调查样本的 60.2%，“不愿意”支付一定金额的被调查者是 480 个，占总调查样本的 39.8%，“愿意支付”的样本量高于“不愿意支付”的数量。“愿意”支付金额的被调查者中，多数被调查者未来 10 年内每年愿意支付的金额是 2 000 元，占总调查样本的 54.5%，其次是 3 000 元和 5 000 元，分别占总调查样本的 12.1% 和 11%（图 5-5）。分地区来看，四川和重庆地区“愿意支付”的样本量均高于“不愿意支付”的数量，“愿意支付”的样本占总样本的比例分别为 62.3% 和 55.6%。对于“愿意支付”的样本中，四川地区调查样本 1 万元以上的人数的比例（17.1%）高于重庆地区（13.3%），调查样本四川地区平均支付意愿为 6 733 元，高于重庆地区的 5 542 元。

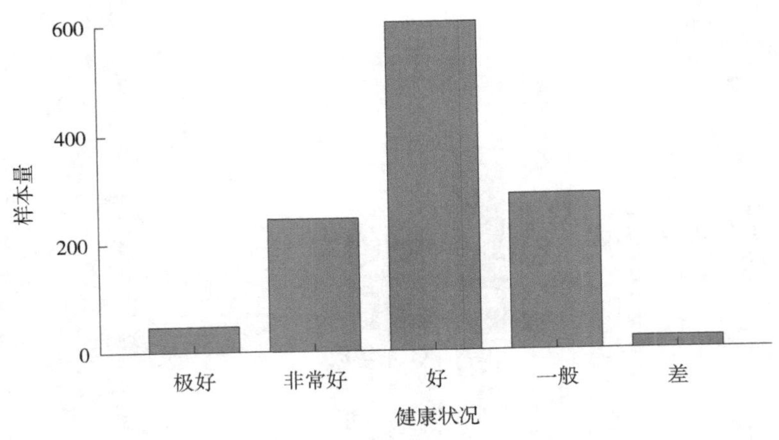

图 5-4　成渝地区生命统计调查健康状况分类

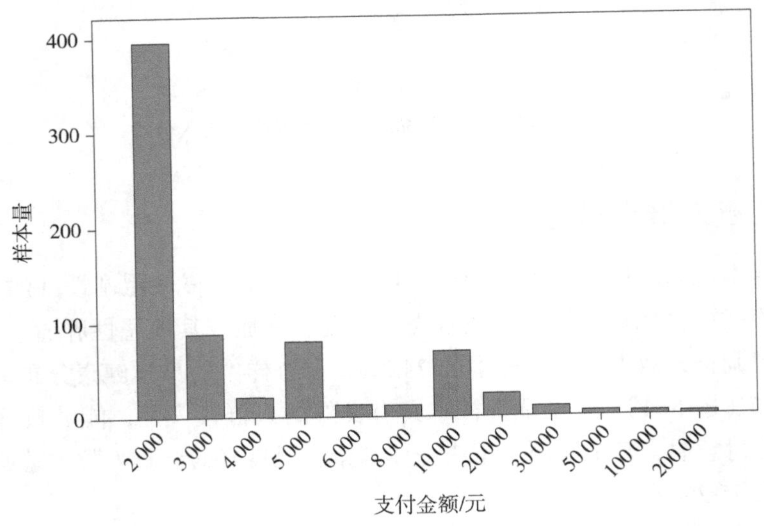

图 5-5　成渝地区生命统计调查样本变量频率统计

5.4　成渝地区大气污染生命统计价值结果分析

5.4.1　模型估计结果

根据单边界二分式生命价值评估函数模型的对数似然函数，采用极大似然估计法对模型参数进行标定和检验，把全部个性变量纳入二项 Logistic 回归，模型对数似然值为 1 171.1，Nagelkerke R^2 为 0.421。从各指标的显著性检验来看，年龄、文化程度、职业、家庭人口数和是否患有疾病的显著性不高，均在 0.05 左右（表 5-3），性别、家庭收入、健康状况的显著性相对较高，是影响支付意愿结果的主要因素。利用生命统计价值函数模型进行模拟结果显示，成渝地区 E（WTP）= 1 974.2 元。根据 10 年下降 5‰ 的死亡率计算得到的生命统计价值为 394.8 万元。其中，重庆市支付意愿 E（WTP）=1 964.2 元，根据 10 年下降 5‰ 的死亡率计算得到的生命统计价值为 392.8 万元。四川省支付意愿 E（WTP）=2 009.8 元，根据 10 年下降 5‰ 的死亡率计算得到的生命统计价值为 402 万元。

表 5-3 方程变量

类别	*B*	S.E.	Wals	df	Sig.	Exp（*B*）	EXP（*B*）的 95%CI	
							下限	上限
性别	−0.415	0.141	8.654	1	0.003	0.66	0.501	0.871
年龄	0.103	0.091	1.287	1	0.257	1.109	0.928	1.326
文化程度	−0.053	0.082	0.416	1	0.519	0.949	0.809	1.113
职业	−0.037	0.036	1.093	1	0.296	0.964	0.899	1.033
家庭人口数	−0.055	0.058	0.891	1	0.345	0.947	0.845	1.061
家庭年收入	−0.117	0.057	4.257	1	0.039	0.89	0.796	0.994
是否患有疾病	−0.129	0.248	0.269	1	0.604	0.879	0.541	1.43
健康状况	0.326	0.094	12.039	1	0.001	1.386	1.153	1.666
目标值	−0.016	0.249	0.004	1	0.95	0.984	0.605	1.602
常量	31.8	497.1	0.004	1	0.949	6.50×10^{13}		

5.4.2 模型结果分析

（1）对于“是否愿意支付费用来减少大气污染造成的死亡风险”的问题，女性表现出更强的支付意愿，但男性的支付水平高于女性

因为模型中因变量（支付意愿：1 为愿意，2 为不愿意），自变量性别（1 为男，2 为女），根据模型结果，性别变量的参数是 −0.415，说明性别变量取值越高，因变量取值越低，本次 Logistic 回归中女性的变量取值高于男性，所以女性比男性有更高的支付意愿。根据样本调查数据，男性样本中“愿意支付”的样本数量为 360 个，占男性调查样本的 58%，女性样本中“愿意支付”的样本数量为 365 个，占女性调查样本的 62.4%（表 5-4），但是通过对支付意愿水平和性别的分析可以看出，支付意愿高于 10 000 元（包含 10 000 元）的男性人数为 65 人，占男性总调查样本的 10.5%；女性为 51 人，占女性总调查样本的 8.7%，可以看出男性有更高的支付愿意。

表 5-4　性别与支付意愿的频数交叉

类别		支付意愿		合计
		愿意	不愿意	
性别	男	360	260	620
	女	365	220	585
合计		725	480	1 205

（2）家庭年收入越高，“支付意愿”越强烈

因为模型中因变量（支付意愿：1 为愿意，2 为不愿意），自变量家庭收入（1 为 3 万元以下，2 为 3.1 万～6 万元，3 为 6.1 万～10 万元，4 为 10.1 万～15 万元，5 为 15.1 万～30 万 元，6 为 30.1 万～50 万 元，7 为 50.1 万～80 万 元，8 为 80.1 万～100 万元，9 为 100 万元以上），根据模型结果，家庭收入的变量参数为 -0.117，说明家庭收入变量取值越高，因变量取值越低，本次 Logistic 回归中家庭收入越高，变量取值越高，所以家庭收入越高，越愿意支付费用来降低大气污染造成的死亡风险。通过对“支付意愿”和“家庭收入”的卡方检验可以看出，两者之间显著关联（表 5-5）。根据样本调查数据可知，随着家庭收入逐渐变高，愿意支付的比例逐渐提高（表 5-6）。高收入家庭中支付意愿高于 10 000 元的人数的比例远高于低收入家庭，家庭收入高于 30 万元时，约有 40% 以上的人数愿意支付 10 000 元用于降低因大气污染造成的死亡率。

表 5-5　家庭收入与支付意愿的卡方检验

类别	值	df	渐进 Sig.（双侧）
Pearson 卡方	53.469	8	0
似然比	54.435	8	0
线性和线性组合	40.582	1	0
有效案例中的 N	1 205		

（3）自我感觉身体健康状况越好，“支付意愿”越强烈

因为模型中因变量（支付意愿：1 为愿意，2 为不愿意），自变量自我感觉健康状况（1 为极好，2 为非常好，3 为好，4 为一般，5 为差），根据模型结果，家庭收入的变量参数为 0.326，说明自我感觉身体健康状况变量取值越低，因变量取值越低，本次 Logistic 回归中自我感觉身体状况越好，取值越低，所以自我感觉身体健康状况越好，越愿意支付费用用来降低大气污染造成的死亡风险。通过对“支付意愿”和“自我感觉健康状况”的卡方检验也可以看出，两者之间显著关联（表 5-7）。根据样本调查数据可知，被调查者随着身体健康状况逐渐变差，愿意支付的比例不断下降（表 5-8），身体自我感觉“极好”“非常好”“好”的被调查者

支付意愿在 10 000 元以上的比例为 38.1%，而身体自我感觉“一般”“差”的被调查者支付意愿在 10 000 以上的比例仅为 23.7%。

表 5-6 支付意愿与家庭年收入的频数交叉

类别		支付意愿		合计	愿意支付的比例 /%
		愿意	不愿意		
家庭年收入	3 万元以下	95	128	223	42.6
	3.1 万～6 万元	195	155	350	55.7
	6.1 万～10 万元	198	92	290	68.3
	10.1 万～15 万元	137	64	201	68.2
	15.1 万～30 万元	70	31	101	69.3
	30.1 万～50 万元	18	6	24	75
	50.1 万～80 万元	5	3	8	62.5
	80.1 万～100 万元	4	1	5	80
	100 万元以上	3	0	3	100
合计		725	480	1 205	60.2

表 5-7 自我感觉身体健康状况与支付意愿的卡方检验

类别	值	df	渐进 Sig.（双侧）
Pearson 卡方	17.672	4	0.001
似然比	19.361	4	0.001
线性和线性组合	12.775	1	0
有效案例中的 *N*	1 205		

表 5-8 支付意愿与自我感觉身体健康状况的频数交叉

健康状况		支付意愿		合计	愿意支付的比例 /%
		愿意	不愿意		
健康状况	极好	40	7	47	85
	非常好	153	92	245	62
	好	363	240	603	60
	一般	159	129	288	55
	差	10	12	22	45
合计		725	480	1 205	60

5.5 主要结论

（1）成渝地区大气污染的生命统计价值为 394.8 万元，四川部分地区的生命统计价值高于重庆地区，生命统计价值水平与经济发展水平相符合

根据单边界二分式调查方法，成渝地区大气污染的平均支付意愿是 1 974.2 元，生命统计价值为 394.8 万元；四川部分地区大气污染的平均支付意愿是 2 009.8 元，生命统计价值为 402 万元；重庆地区大气污染的平均支付意愿是 1 964.2 元，生命统计价值为 392.8 万元。由于本次四川调查的区域主要集中在成都、达州和乐山市，根据四川统计年鉴数据，2016 年这三市的人均 GDP 为 6.16 万元，同期重庆市人均 GDP 为 5.76 万元，四川调查区域的人均 GDP 高于重庆，不同的经济发展程度在生命统计价值上有所体现出来，四川调查区域的生命统计价值比重庆高出 7.2 万元。但实际上国家大气污染重点防控四川 15 个地市人均 GDP 仅为 4.01 万元，低于重庆市，通过四川部分地市开展的支付意愿调查，得到的四川省的生命统计价值可能会有所高估。

（2）性别、家庭年收入和自我认知的身体健康状况等指标对平均支付意愿影响较大

通过二项回归结果可知，性别、家庭收入和自我认知的身体健康状况等指标对平均支付意愿影响较大。在支付意愿调查表中，支付意愿高于 10 000 元的男性人数为 65 人，占男性总调查样本的 10.5%；女性为 51 人，占女性总调查样本的 8.7%，男性有更高的支付愿意。高收入家庭中支付意愿高于 10 000 元的人数比例远高于低收入家庭，根据调查数据，当家庭收入高于 30 万元时，有 40% 以上的人愿意支付 10 000 元用于降低因大气污染造成的死亡率。“实际是否患病”指标对支付意愿的影响不大，但自我健康认知对支付意愿的影响较大，体现出生命价值是一个与哲学、伦理、心理学有关的概念。并不是“已经生病”的人会有更高的支付意愿，反而是“自我感觉身体更健康”的人有更高的支付意愿。身体自我感觉“极好”、“非常好”和“好”的被调查者支付意愿在 10 000 元以上的比例为 38.1%，而身体自我感觉“一般”“差”的被调查者支付意愿在 10 000 元以上的比例仅为 23.7%。

（3）生命统计价值高于人力资本法的计算结果，但与发达国家相比，我国成渝地区的生命统计价值相对较低

生命价值评估方法主要有人力资本法和支付意愿法。在生命价值评估方法中，国内普遍使用人力资本法，而国外主要使用支付意愿法。根据我们长期开展的绿色 GDP 核算，2017 年四川省人力资本法计算的大气污染导致的过早死亡价值为 87.6 万元 / 人，重庆市为 96.9 万元 / 人，四川省和重庆市支付意愿法计算出来的生命统计价值分别为 402 万元和 392.8 万元，是人力资本法的 4.6 倍和 4.1 倍。受经

济发展水平和人们的支付意愿影响，我国生命统计价值远低于发达国家。根据《科学美国人》的报道，经济合作与发展组织建议成员国使用 150 万～450 万美元的生命统计价值，美国根据死因不同，生命统计价值在 20 万～1 300 万美元，美国食品药品监督管理局用于计算防治沙门氏菌疫情所愿意付出的代价是 700 万美元。[137] 2018 年美国人均 GDP 为 5.99 万美元，假如取美国生命统计价值的中间值 660 万美元，则美国平均生命统计价值是人均 GDP 的 110 倍左右。

6

成渝地区“大气十条”实施的成本效益评估

6.1 研究进展

为改善空气质量和保护公众健康，2013 年国务院印发了“大气十条”，要求到 2017 年全国地级及以上城市 PM_{10} 浓度比 2012 年下降 10% 以上。成渝地区地形复杂，高湿和高静风频率与快速经济发展等特点，导致成渝地区成为我国大气污染比较严重的重点区域之一。重庆市“大气十条”确定空气质量改善目标是 2017 年 $PM_{2.5}$ 年均浓度比 2013 年下降 15% 以上，四川省空气质量改善目标是 2017 年 $PM_{2.5}$ 年均浓度比 2013 年下降 9.8%。为实现“大气十条”目标，成渝地区从优化产业结构与布局、调整能源结构和油品升级、强化工业污染综合治理等方面采取了严格的减排措施，“大气十条”的减排目标都超额完成。

环境政策实施成本及对经济社会和生态环境产生的效益进行科学评判已经成为环境经济政策研究的主要内容之一。美国、欧盟、日本等发达国家都非常重视环境政策的费效分析。美国环保局发布的《经济分析导则》，为环境管理和政策制定的费效分析提供了基本框架，其在《清洁空气法》《有害物质控制条例》等标准政策制定时，都开展了相关的费效分析[138]。欧盟委员会也对不同环境政策开展了广泛的效益评估，英国、澳大利亚等国家也陆续制定了费用效益分析使用手册、指导原则[139]。

我国“大气十条”目标已超额完成，“大气十条”实施的环境效益也引起人们的高度关注。学者们从“大气十条”实施的管理模式[140]、“大气十条”投资产生的社会经济影响以及重点区域不同行业的影响分析[16, 141]以及“煤改气”政策对北方大气环境质量改善和成本对比分析[142]等方面进行了分析研究。特别是“大气十条”实施的健康效益成为关注的一个焦点。Huang 等对我国 74 个重点城市“大气十条”实施带来的人体健康效益进行了评估[143]。美国芝加哥大学经济学教授 Greenstone 等撰写的报告 *Is China Winning its War on Pollution*，提出“大气十条”实施促使中国人均寿命预期比 2013 年增加 2.4 年[144]。Zheng 等提出“大气十条”实施可减少大气污染导致的过早死亡人数约 12 万人[145]。

京津冀地区一直是“大气十条”实施的重点关注区。闫祯等采用多种情景，对京津冀地区居民采暖“煤改电”的大气污染物减排潜力与健康效益进行评估[146]。彭菲等利用调查数据，对“2+26”地区“散乱污”企业的社会经济效益和环境治理成本进行评估[147]。石敏俊等在环境承载力分析的基础上，通过构建的统计模型，利用京津冀地区“大气十条”实施的减排量，对“大气十条”实施的大气环境质量进行模拟[148]。王立平等采用京津冀地区 2006—2015 年雾霾污染的空间面板数据，引入大气污染物减排成本模型，比较了京津冀各地区雾霾污染治理成本，基于机会成本法，核算了京津冀地区雾霾污染生态补偿标准[149]。

成渝地区地形复杂，高湿和高静风频率与快速经济发展等特点，而且面积大、人口多，导致成渝地区成为我国大气污染严重的重点区域之一。对于这种复杂地形区域，其“大气十条”实施的成本和效益评估还较为少见。本研究利用“大气十条”实施的重庆市自查报告、四川省自查报告以及四川和重庆的投入产出表、环境统计基表数据，利用大气污染导致的疾病负担模型和投入产出模型，对成渝地区“大气十条”实施的大气污染治理成本、健康效益和社会经济影响进行全面评估，为制定下阶段大气污染防治行动计划提供决策参考。

6.2 研究方法

环境效益和经济效益核算方法见第 4 章，环境成本核算方法如下。

6.2.1 成本核算方法

成渝地区认真贯彻实施《中华人民共和国大气污染防治法》、“大气十条”，围绕环境空气质量改善目标，主要通过重点工业源污染治理、淘汰落后产能、锅炉改造、机动车污染治理、施工工地和道路扬尘污染整治、监管能力建设等措施，进行大气污染防治。本研究利用《四川省大气污染防治行动计划实施情况自查报告》《重庆市大气污染防治行动计划实施情况自查报告》以及四川和重庆市环境统计基表数据，根据数据的可得性和污染防治政策的重要性和成本的可评估性，对成渝地区重点工业行业治理、锅炉污染治理、机动车治理、落后产能淘汰等政策措施进行成本评估。

6.2.1.1 重点工业行业

重点工业行业大气污染防治成本包括运行成本和污染治理投资两部分。其中，大气污染治理运行成本主要来自重庆和四川环境统计基表，通过重庆、四川环境统计基表中除尘、脱硫、脱硝不同行业的运行成本进行统计加总。成渝地区大气污染治理重点行业主要包括电力、非金属矿制品业、金属冶炼和压延加工业、石油、炼焦业、化学产品等 25 个行业。

根据成渝地区大气污染防治实施细则，成渝地区在“大气十条”实施期间，对电力行业、钢铁行业、水泥行业、玻璃行业、有色行业五个重点行业污染治理进行重点投资。到 2014 年年底，火电燃煤机组全部安装脱硫设施，限期改造不能稳定达标的脱硫设施，所有单机容量 30 万 kW 以上的燃煤机组物理切断烟气旁路，综合脱硫效率达到 90% 以上；到 2015 年年底，新建和改造燃煤机组脱硫装机容量 1 000 万 kW 以上，新建和改造钢铁烧结机脱硫 2 260 m^2，新建燃煤电厂脱硝装机容量 966 万 kW，新建和改造脱硝水泥熟料产能 9 000 万 t，电力、水泥、钢铁等行业完成除尘升级改造；到 2017 年年底，除循环流化床锅炉以外的燃煤发电机组均应安装脱硝设施，新型干法水泥窑实施低氮燃烧技术改造并安装脱硝设施，确保达标排放，所有 20 蒸吨及以上的燃煤锅炉完成脱硫设施建设。

重点行业投资费用采用系数法进行估算，具体方法如下：

$$C_{ind}=\sum_{i=1}^{5}P_i\times V_i\times T_i\div Y_i \tag{6-1}$$

式中，C_{ind}——重点行业“大气十条”实施的治理投资费用，i 为重点行业，主要包括电力行业、钢铁行业、水泥行业、有色金属行业、平板玻璃五大行业；

P_i——五大行业的治理设施规模，具体包括电力行业新建治理设施的机组装机容量（万 kW）、钢铁行业治理设施生产线的规模（m^2 或万 t）、水泥行业新建治理设施生产线的规模（以熟料计，t/d）、有色金属行业新建除尘设施的套数（套）、平板玻璃新建治理设施生产线的产能（t/d）；

V_i——五大行业不同治理设施的单位治理投资成本；

T_i——五大行业“大气十条”实施期间不同治理设施运行年限；

Y_i——五大行业不同治理设施的折旧年限。

6.2.1.2 锅炉污染治理

淘汰燃煤小锅炉主要对象为工业、商用和居民小区 10 蒸吨以下规模锅炉，燃煤小锅炉的改造方式主要是淘汰、并网、煤改电，煤改气，清洁能源替代和热泵供暖四种方式。本书利用四川省“大气十条”实施情况自查报告和重庆市“大气十条”实施情况自查报告，统计出煤改电、煤改气、清洁能源替代和热泵供暖不同锅炉治理的蒸吨数，利用不同锅炉治理的单位蒸吨成本，进行总成本评估。电锅炉成本每蒸吨25万元、燃气锅炉成本每蒸吨35万元、清洁能源替代成本每蒸吨40万元、热泵成本每蒸吨15万元；煤改气和煤改电政府补助每蒸吨6万元、清洁能源替代和热泵补助每蒸吨3万元。

$$C_{boi}=\sum_{i=1}^{4}S_i\times P_i\times R_{boi} \tag{6-2}$$

式中，C_{boi}——锅炉污染治理成本，万元；

S_i——煤改电、煤改气、清洁能源替代、热泵供暖四种方式的改造蒸吨数，蒸吨；

P_i——这4种改造方式单位蒸吨数的改造成本，万元/蒸吨；

R_{boi}——设备折旧率，%，采暖设备折旧年限以5年进行折旧。

6.2.1.3 机动车治理

机动车治理成本主要包括黄标车、老旧车淘汰，新能源汽车推广，交通运输结构调整，机动车监管能力建设4个方面。其中，黄标车、老旧车淘汰主要有淘汰补贴、管理等措施。新能源汽车推广主要有推广补贴、管理等措施。交通运输结构调整主要有公交车、出租车、客运车辆、货运车结构调整，铁路货运、海运、空运，轨道交通建设、自行车道建设等措施。机动车监管能力建设主要有巡查检测场、查处违法检测场、检查机动车、查处违法车，省市两级监管平台，固定式遥感监测门站、配置移动式遥感监测车等措施。

黄标车、老旧车淘汰部分的淘汰补贴成本较容易量化，管理成本不容易量化。新能源汽车推广部分的推广补贴成本较容易量化，管理成本不容易量化。交通运输结构调整部分的购车成本较容易量化但与新能源汽车推广重合，改造成本不容易量化且数额很小，不进行计算；铁路运输、海运、空运成本、轨道交通成本增加主要受经济发展和居民消费影响，不进行计算。因此，机动车治理主要包括黄标车、老旧车淘汰补贴成本和新能源汽车推广补贴成本两部分。

成渝地区黄标车、老旧车淘汰以及新能源汽车推广的车辆数据主要来自生态环境部机动车排污监控中心，黄标车、老旧车淘汰补贴成本数据来自《京津冀地区黄标车淘汰政策实施的费用效益分析案例报告》，黄标车、老旧车淘汰补贴标准取值为0.75万元/辆。根据工信部公示的4批《2016年度新能源汽车推广应用补助资金清算审核车辆信息表》，得到专家组核定的推广数为228 516辆，应清算补助资金为2 883 139.42万元，其新能源汽车推广补贴标准为12.62万元/辆。新能源汽车替代黄标车和老旧车，考虑到黄标车和老旧车污染物排放量相当于国Ⅴ或国Ⅵ的

10～25 倍，将新能源汽车推广所产生的大气污染防治成本定义为新能源汽车推广补贴的 1/20。

黄标车、老旧车淘汰补贴成本

$$C_y = \sum_{t=1} P_t \times V_t \tag{6-3}$$

式中：C_y——黄标车、老旧车淘汰补贴成本，万元；

P_t——黄标车、老旧车淘汰补贴标准，万元 / 辆；

V_t——黄标车、老旧车淘汰数量，辆；

t——区域。

新能源汽车推广补贴成本

$$C_n = \sum_{t=1} B_t \times N_t \tag{6-4}$$

式中：C_n——新能源汽车推广补贴成本，万元；

B_t——新能源汽车推广补贴标准，万元 / 辆；

N_t——新能源汽车推广数量，辆；

t——区域。

6.2.1.4 淘汰落后产能

成渝地区淘汰落后产能主要包括小火电、小钢铁、水泥、平板玻璃以及焦炭等落后产能，采用淘汰产能市场价值法进行计算，并从政府补贴的角度，进行淘汰落后产能计算。

$$C_n = \sum_{t=1} N_t \times R_t \times P_t \times S_t \tag{6-5}$$

式中，C_n——淘汰落后产能；

N_t——淘汰产能量；

R_t——产能利用率，这里取 70%；

P_t——淘汰产品价格；

S_t——政府补贴系数，采用 0.2。

其中，小火电的淘汰产能单位为万 kW，小钢铁淘汰产能单位为万 t，采用市场钢铁价格进行计算；水泥淘汰产能为万 t，采用水泥价格进行计算；平板玻璃淘汰产能单位为万重量箱，焦炭淘汰产能单位为万 t，非金属矿制品砖淘汰产能单位为万匹。需要说明的是，小火电的淘汰产品价格采用上网电价——0.25 元 /（kW·h），需要把淘汰产能万千瓦换算为每天生产的电量，其他产能利用这些产品的市场价格进行计算。

6.2.2 减排量核算方法

6.2.2.1 工业源污染物减排量

根据四川和重庆环境统计基表，进行工业源污染物减排量汇总统计，主要对SO_2、NO_x、烟粉尘三种污染物的去除量进行统计。四川和重庆环境统计基表中的行业是详细的四分类行业具体企业数据，需要根据国民经济行业分类表，进行行业归总，把四分类行业归总为二分类行业，然后进行加总统计。

6.2.2.2 黄标车淘汰污染物减排量

黄标车是指污染物排放达不到国Ⅰ排放标准的汽油车和达不到国Ⅲ排放标准的柴油车，以及摩托车、三轮汽车和低速货车。根据《道路机动车大气污染物排放清单编制技术指南（试行）》[150]和《城市机动车排放空气污染测算方法》等技术性指导文件，采用排放因子法计算正常行驶的黄标车污染物排放量，编制成渝地区黄标车淘汰政策下的污染物减排量。

$$E_i = \sum_{i=1}^{i} Q_i \times \mathrm{EF}_i \times \mathrm{VKT}_i \times 10^{-6} \tag{6-6}$$

式中，E_i——京津冀地区第 i 类机动车对应的NO_x、$PM_{2.5}$和PM_{10}的年排放量，t；

EF_i——i 类型机动车行驶单位里程尾气所排放的污染物的量，即排放因子，g/km，成渝地区都按照国Ⅰ标准的柴油车排放因子进行计算；

Q——所在地区 i 类型机动车的保有量，辆，本研究收集到成渝地区“大气十条”实施黄标车淘汰总数量，研究根据2015年环境统计基表中重庆和四川地区机动车类型进行具体车型比例拆分；

VKT_i——i 类型机动车的年均行驶里程，km/辆；

i——不同污染控制水平的机动车类型。

表6-1、表6-2是《道路机动车大气污染物排放清单编制技术指南（试行）》中给出的道路机动车年均行驶里程和排放系数，本研究将参考这两个系数，进行黄标车污染物排放量计算。

表6-1 道路机动车年均行驶里程（VKT）年均行驶里程

机动车类型	年均行驶里程 /km
微型、小型载客车	18 000
出租车	120 000
中型载客车	31 300
大型载客车	58 000
公交车	60 000

续表

机动车类型	年均行驶里程 /km
微型、轻型载货车	30 000
中型载货车	35 000
重型载货车	75 000
摩托车	6 000
低速货车	30 000
三轮汽车	23 000

表 6-2　柴油车各车型综合基准排放系数　　单位：g/km

车型		污染物排放情况			车型		污染物排放情况		
		NO_x	$PM_{2.5}$	PM_{10}			NO_x	$PM_{2.5}$	PM_{10}
小型客车	国Ⅰ前	1.32	0.18	0.20	中型货车	国Ⅰ前	10.78	1.32	1.45
	国Ⅰ	0.98	0.06	0.07		国Ⅰ	7.48	0.91	1.01
	国Ⅱ	0.98	0.05	0.06		国Ⅱ	6.22	0.27	0.30
	国Ⅲ	0.84	0.03	0.04		国Ⅲ	6.22	0.17	0.19
	国Ⅳ	0.68	0.03	0.03		国Ⅳ	4.35	0.10	0.11
	国Ⅴ	0.68	0.03	0.03		国Ⅴ	3.70	0.02	0.02
中型客车	国Ⅰ前	5.47	1.60	1.78	重型货车	国Ⅰ前	13.82	1.32	1.45
	国Ⅰ	4.79	0.46	0.52		国Ⅰ	9.59	0.62	0.69
	国Ⅱ	5.69	0.16	0.17		国Ⅱ	7.93	0.50	0.56
	国Ⅲ	3.35	0.15	0.16		国Ⅲ	7.93	0.24	0.27
	国Ⅳ	2.68	0.11	0.12		国Ⅳ	5.55	0.14	0.15
	国Ⅴ	2.28	0.05	0.06		国Ⅴ	4.72	0.03	0.03
大型客车	国Ⅰ前	12.42	1.29	1.43	公交车	国Ⅰ前	12.42	1.29	1.43
	国Ⅰ	11.16	0.98	1.09		国Ⅰ	11.16	0.98	1.09
	国Ⅱ	9.89	0.88	0.98		国Ⅱ	9.89	0.88	0.98
	国Ⅲ	9.89	0.40	0.44		国Ⅲ	9.89	0.40	0.44
	国Ⅳ	9.89	0.25	0.28		国Ⅳ	9.89	0.25	0.28
	国Ⅴ	8.64	0.13	0.14		国Ⅴ	8.64	0.13	0.14
轻型货车	国Ⅰ前	6.76	0.44	0.48	三轮汽车	国Ⅰ前	1.08	0.07	0.08
	国Ⅰ	5.58	0.27	0.30		国Ⅰ	1.07	0.06	0.07
	国Ⅱ	5.58	0.26	0.29		国Ⅱ	0.87	0.05	0.05
	国Ⅲ	3.77	0.13	0.14	低速货车	国Ⅰ前	3.95	0.18	0.19
	国Ⅳ	2.64	0.06	0.06		国Ⅰ	3.88	0.16	0.17
	国Ⅴ	2.24	0.01	0.01		国Ⅱ	3.14	0.12	0.13

6.2.2.3 淘汰落后产能减排量

采用排放系数法进行落后产能污染物减排量测算（表 6-3）。限于数据可得性，本书不区分不同工艺的排放差距，选用行业平均排放系数测算大气污染减排量。

$$D_n = \sum_{t=1} \sum_{n=1} N_n \times \mathrm{RN}_{n,t} \tag{6-7}$$

式中，D_n——淘汰落后产能减排量；

t——SO_2、NO_x 和烟粉尘；

n——水泥、钢铁、炼焦、煤电、玻璃、砖等淘汰行业；

N_n——落后行业的淘汰产能；

$\mathrm{RN}_{n,t}$——不同行业不同污染物的排放系数。

表 6-3 主要淘汰落后产能行业污染排放系数

行业	单位	SO_2	NO_x	烟粉尘
水泥	kg/t 熟料	0.118	0.911	0.241
钢铁	kg/t 产能	1.583	2.167	1
炼焦	kg/t 产能	0.24	1	0.74
煤电	kg/（kW·h）	1.6	0.8	0.12
玻璃	kg/t 产品	0.431 9	0.303	0.034
砖	kg/ 万匹标砖	4.41	0.857	0.308

6.2.2.4 锅炉污染治理减排量

根据燃煤实际排放量核算方法，采用污染物排放系数法进行计算。按照燃煤小锅炉的蒸吨数，进行燃煤量的估算，再根据燃煤中的硫分等，采用污染物排放系数法进行估算。

$$D_n = \sum_{t=1} T_t \times C_t \times R_t \times S_t \tag{6-8}$$

式中，D_b——锅炉污染物减排量；

t——污染物 SO_2、烟粉尘、氮氧化物；

T_t——锅炉蒸吨数；

C_t——单位蒸吨数的煤炭燃烧量，1 蒸吨锅炉每年燃烧煤炭约 400 t；

R_t——具体污染物的排污系数，根据污染源普查产排污系数手册，工业锅炉产排污系数表，烟煤锅炉 SO_2 排污系数是 16，烟尘排污系数是 1.25，NO_x 为 2.94；

S_t——含硫系数、灰分系数，成渝地区燃煤中的硫分为 1% 左右，灰分含量约为 25%，这里 S_t 分别为 1 和 25。

6.3 成渝地区“大气十条”实施成本核算

6.3.1 重点工业行业污染治理

（1）运行成本

采用成渝地区环境统计基表数据，对成渝地区2012—2016年工业行业运行成本进行分析。2012年，成渝地区工业行业大气污染治理运行成本为49.8亿元，2013年为51.5亿元，2014年为52.8亿元，2015年为49.3亿元，2016年为81.2亿元。成渝地区工业行业运行成本共计284.6亿元，其中四川省为169.2亿元，重庆市为115.4亿元。从污染物来看，SO_2治理运行成本为121.1亿元，NO_x治理运行成本为25.9亿元，烟粉尘治理运行成本为87.3亿元（表6-4）。

表6-4 成渝地区“大气十条”实施期间工业行业污染运行费用 单位：万元

工业行业	四川			重庆			运行成本
	脱硫	脱硝	除尘	脱硫	脱硝	除尘	
农林牧渔产品和服务	—	—	—	—	—	1	1
煤炭采选产品	9	—	282	44	—	243	578
石油和天然气开采产品	6 166	—	23	1 220	—	—	7 408
金属矿采选产品	460	11	571	56	—	1 875	2 973
非金属矿采选产品	3 347	—	1 507	9 206	—	574	14 634
食品和烟草	20 194	114	25 080	20 920	—	8 202	74 511
纺织品	5 494	21	5 468	374	—	744	12 102
纺织服装鞋帽皮革羽绒	60	—	674	158	—	353	1 245
木材加工品和家具	80	—	7 240	7	14	4 706	12 048
造纸印刷和文教体育用品	8 582	439	16 542	11 938	—	4 650	42 152
石油炼焦产品加工品	277 490	—	34 241	2 974	—	22 782	337 487
化学产品	61 323	2 644	70 353	53 093	3 277	49 656	240 346
非金属矿物制品	19 808	61 864	259 613	7 369	41 432	174 506	564 592

续表

工业行业	四川			重庆			运行成本
	脱硫	脱硝	除尘	脱硫	脱硝	除尘	
金属冶炼和压延加工品	60 116	54	190 386	14 699	—	108 872	374 127
金属制品	30	—	2 552	94	—	2 335	5 010
通用设备	37	2	2 469	—	—	1 167	3 675
专用设备	287	46	3 544	—	—	158 283	162 160
交通运输设备	1 706	4	8 674	906	8	9 510	20 808
电气机械和器材	41	6	2 603	—	99	9575	12 324
通信设备计算机	1 302	3122	3 018	25	15	901	8 383
仪器仪表	14	4	29	—	—	288	334
其他制造产品	—	—	2 582	222	—	482	3 287
废品废料	27	—	1 271	87	—	173	1 558
金属制品机械修理服务	—	—	—	—	—	246	246
电力热力生产	338 104	68 474	111 586	283 223	77 843	64 835	944 065
合计	804 677	136 805	750 309	406 614	122 689	624 960	2 846 054

以成渝地区不同行业单位运行成本的平均值进行分析，成渝地区重点行业 SO_2 单位治理成本行业间和区域间的差距相对较小。四川省 SO_2 重点行业 SO_2 单位治理成本为 3 082 元 /t，重庆市 SO_2 重点行业 SO_2 单位治理成本为 2 609 元 /t（图 6-1）。烟粉尘重点行业之间单位治理成本的差距拉大，四川省烟粉尘重点行业的平均值为 589 元 /t，重庆市为 1 163 元 /t。成渝地区交通运输设备和电气机械和器材行业烟粉尘的单位治理成本相对较高，而电力热力生产的烟粉尘单位治理成本相对较低，四川为 42 元 /t，重庆为 24 元 /t（图 6-2）。成渝地区 NO_x 的行业治理投入不够，很多行业还没有 NO_x 的治理投入。成渝地区只有化学产品、非金属矿物制品、金属冶炼和压延加工品、交通运输设备、电气机械和器材、电力热力生产等行业有 NO_x 的污染治理投入，其中四川电力热力生产行业的 NO_x 单位治理成本为 3 531 元 /t，重庆市电力热力生产行业的 NO_x 单位治理成本为 5 185 元 /t（图 6-3）。

（2）重点行业投资

大气污染治理投资成本主要对成渝地区重点行业进行计算。根据 2014—2017 年成渝地区主要大气污染物总量核算表，对成渝地区电力行业、钢铁行业、水泥行业、玻璃行业、有色金属行业等重点污染治理投资进行计算。其中，电力行业测算范围界定为发电锅炉脱硫、脱硝、除尘设施；钢铁行业测算范围界定为烧结机（球团）脱硫、除尘设施；水泥行业界定为水泥熟料煅烧窑脱硝、除尘设施；有色金属冶炼行业界定为生产线除尘措施；玻璃行业界定为玻璃窑脱硫、脱硝、除尘设施。

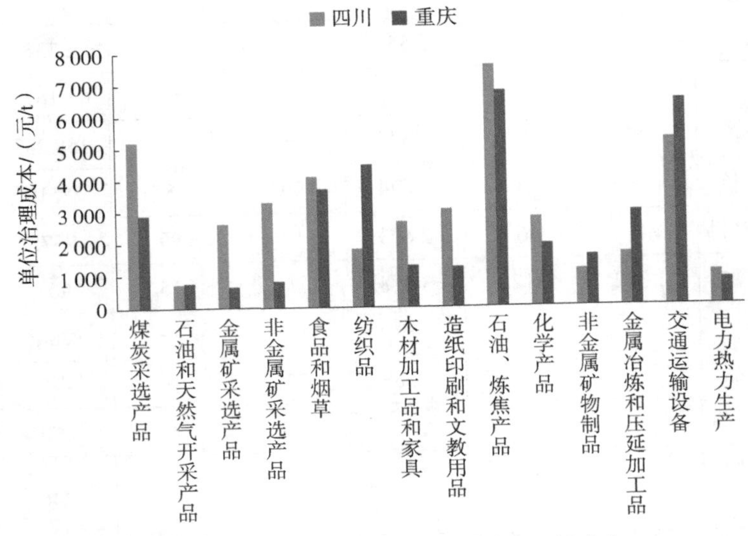

图 6-1　成渝地区 SO_2 重点行业单位运行成本

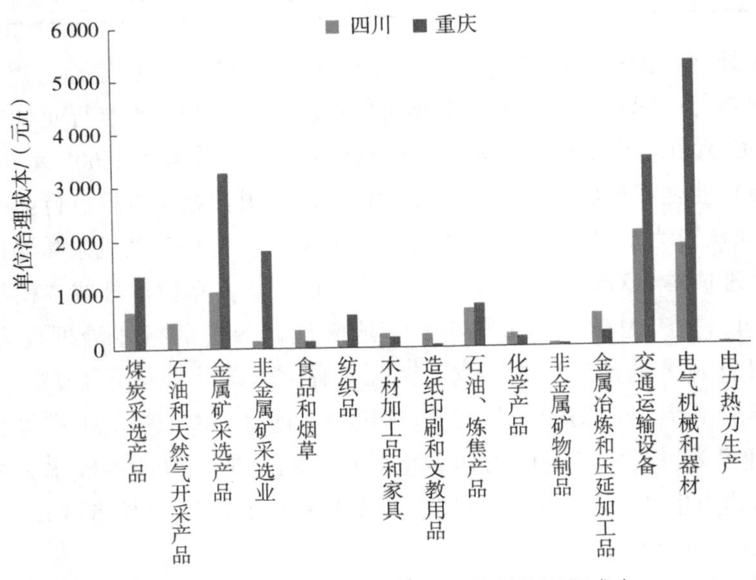

图 6-2　成渝地区烟粉尘重点行业单位运行成本

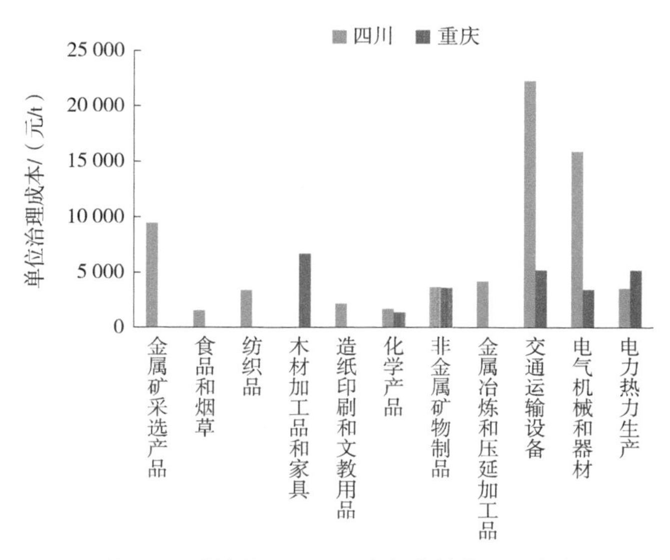

图 6-3　成渝地区 NO_x 重点行业单位运行成本

根据重点行业提供的设备治理投资成本，对成渝地区电力、钢铁、水泥、玻璃、有色等行业的治理投资进行核算。核算结果显示，四川省重点行业治理投资共 13.31 亿元，重庆市为 11.38 亿元。从不同污染物的治理投资来看，成渝地区脱硫治理投资为 5.14 亿元，脱硝为 6.27 亿元，除尘为 13.28 亿元（表 6-5）。

表 6-5　成渝地区重点行业大气污染治理投资　　单位：亿元

行业		脱硫	脱硝	除尘	超低排放
四川	电力	1.190	2.494	1.964	0.810
	钢铁	—	—	0.700	—
	水泥	—	0.565	6.127	—
	玻璃	0.060	0.195	0.017	—
	有色	—	—	0.002	—
重庆	电力	3.830	2.773	1.682	1.550
	钢铁	0.000	—	0.400	—
	水泥	—	0.190	2.351	—
	玻璃	0.057	0.058	0.039	—
	有色	—	—	0.002	—

（3）重点行业治理成本

把运行成本和重点行业投资加和，对成渝地区重点行业治理成本进行计算。结果显示，“大气十条”实施期间，四川省 SO_2 污染治理成本为 81.72 亿元，NO_x 污染治理成本为 16.93 亿元，烟粉尘污染治理成本为 83.84 亿元（表 6-6）。成渝地区“大气十条”实施期间，大气污染治理的运行成本为284.61亿元，治理成本为24.69亿元。

表6-6　成渝地区大气污染物治理成本　　单位：亿元

	四川			重庆		
	脱硫	脱硝	除尘	脱硫	脱硝	除尘
运行成本	80.47	13.68	75.03	40.66	12.27	62.50
投资成本	1.25	3.25	8.81	3.89	3.02	4.47
治理成本	81.72	16.93	83.84	44.55	15.29	66.97

6.3.2　锅炉污染治理

为落实“大气十条”，加大热电联产，淘汰分散燃煤小锅炉。到2017年，除必要保留的以外，地级及以上城市建成区基本淘汰10蒸吨及以下的燃煤锅炉，禁止新建20蒸吨以下的燃煤锅炉，其他地区原则上不再新建10蒸吨以下的燃煤锅炉。新建工业园区要以热电联产企业为供热热源，优先发展天然气热电联产，不具备条件的，须根据园区规划面积配备完善的集中供热系统，现有各类工业园区与工业集中区应实施热电联产或集中供热改造，将工业企业纳入集中供热范围。逐步淘汰分散燃煤锅炉，投资主管部门核准审批新建热电联产项目要求关停的燃煤锅炉必须按期淘汰。

成渝地区自查报告显示，2013—2017年，重庆市共淘汰燃煤锅炉5 500台，四川省共淘汰燃煤锅炉4 225台，基本淘汰地级及以上城市建成区燃煤小锅炉。成渝地区锅炉污染治理成本按照燃煤锅炉改电、改气、清洁生产三种成本进行计算。重庆市燃煤锅炉改电企业共2个，锅炉规模合计2.12蒸吨；燃煤锅炉改气共29家，锅炉规模合计109.34蒸吨；锅炉清洁生产共276家，锅炉规模合计559.43蒸吨。四川省燃煤锅炉改电共61家，锅炉规模合计118.23蒸吨；燃煤锅炉改气共475家，锅炉规模1 267.5蒸吨；锅炉清洁生产共67家，锅炉规模合计389.99蒸吨。根据成渝地区燃煤锅炉改造成本，计算得出重庆市燃煤锅炉改造成本为1.58亿元，四川省燃煤锅炉改造成本为3.78亿元，共计约5.4亿元（表6-7）。

表6-7　锅炉污染治理成本汇总

省市	锅炉规模 /（蒸吨）				设备成本统计 / 亿元				
	改电	改气	清洁	热泵	改电	改气	清洁	热泵	总成本
重 庆	2.12	109.34	559.43	—	0.00	0.23	1.35	0.00	1.58
四 川	118.23	1 267.50	389.99	—	0.18	2.66	0.94	0.00	3.78

6.3.3 机动车治理

随着机动车保有量的逐步增加，机动车排放尾气已成为我国空气污染的重要来源，是造成灰霾、光化学烟雾污染的重要原因。成渝地区“大气十条”实施加大了机动车治理力度，提出全面提升燃油品质，加速黄标车淘汰。提出到2015年年底，各市（州）基本淘汰2005年年底前注册营运的黄标车。到2016年年底，国控重点控制区成都市“黄标车”全部淘汰。2013年年底前，国控重点控制区成都主城区实行黄标车禁行；2015年年底前，其他地级及以上城市主城区实行黄标车禁行；相关部门对黄标车不予办理营运证、通行证，并增加每年排放检测次数；对违反禁行规定的黄标车，予以罚款并计分。限制黄标车转移登记，严格执行机动车强制报废有关规定，加快淘汰老旧车辆。加大大型载客汽车、重型载货汽车的淘汰力度，鼓励车辆报废解体和柴油车提前淘汰。到2017年年底，基本淘汰全省范围内的黄标车。

根据机动车中心提供的数据，成渝地区2013—2017年，共淘汰105.5万辆黄标车，其中重庆市淘汰25.3万辆，四川省淘汰80.2万辆（图6-4）。按照《重庆市主城区鼓励黄标车提前淘汰市级财政奖励补贴实施细则》，报废重型载货车，每辆补贴人民币3 600元；报废中型载货车，每辆补贴人民币2 600元；报废轻型载货车，每辆补贴人民币1 800元；报废微型载货车，每辆补贴人民币1 200元；报废大型载客车，每辆补贴人民币3 600元；报废中型载客车，每辆补贴人民币2 200元，对成渝地区“大气十条”实施的黄标车淘汰费用进行计算。2013—2017年，成渝地区淘汰黄标车补贴费用共计14.7亿元，其中重庆市为3.5亿元，四川省为11.2亿元。

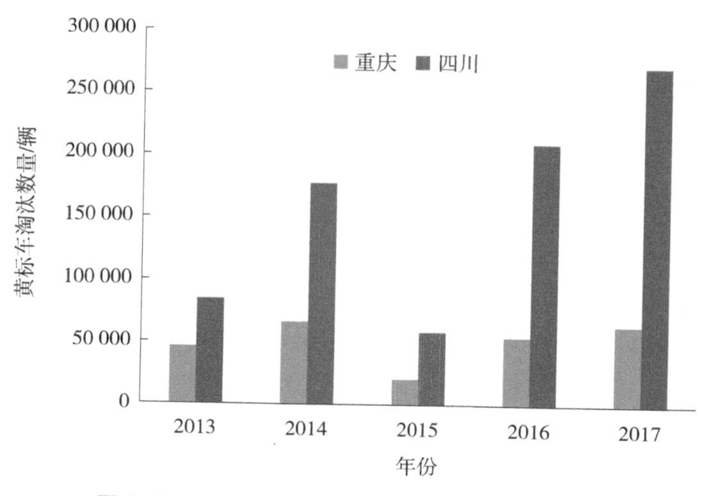

图6-4　2013—2017年成渝地区黄标车淘汰数量

同时，成渝地区提出推广新能源汽车，并且在公交、环卫、出租、物流等行业和政府机关率先推广使用 CNG、LNG 等新能源汽车。到 2013 年年底，国控重点控制区成都市累计投运新能源公交车、出租车、公务车、电动车、专用车 1 000 辆以上。成都、南充、自贡等国控区域城市每年新增公交车中新能源和清洁燃料车的比例达到 60% 以上。通过采取直接上牌、财政补贴等综合措施，鼓励单位和个人购买并使用新能源汽车；在郊区、城乡接合部地区积极推广电动低速汽车；增加电动汽车充电站等配套设施建设。加快天然气加气站建设，完善全省天然气加气站网络体系。大力发展清洁汽车装备制造，推进技术进步和自主创新。根据机动车中心提供的数据，“大气十条”实施期间，成渝地区共推出新能源汽车 12.6 万辆，其中重庆市为 5.3 万辆，四川省为 7.3 万辆。按照 2016 年度新能源汽车推广应用补助资金清算审核车辆信息表，新能源汽车替代黄标车和老旧车，考虑到黄标车和老旧车污染物排放量相当于国Ⅴ或国Ⅵ的 10～25 倍，将新能源汽车推广所产生的大气污染防治成本定义为新能源汽车推广补贴的 1/20。计算结果显示，“大气十条”实施期间，新能源汽车推广补贴费用为 8 亿元。

6.3.4 淘汰落后产能

成渝地区落后产能淘汰主要包括小火电、小钢铁、小水泥、平板玻璃、焦炭、砖等产能。“大气十条”实施期间，成渝地区共计在电力、钢铁、水泥、平板玻璃、焦炭等行业共淘汰及压减产能 66.48 万 kW、1 088.4 万 t、2 405.8 万 t、2 237 万重量、327.5 万 t 和 107.3 亿匹。利用淘汰产能、产能利用率和政府补贴率进行淘汰落后产能成本计算。计算结果显示，成渝地区淘汰小火电补助成本为 0.2 亿元，小钢铁补助成本为 4.0 亿元，小水泥补助成本为 1.1 亿元，平板玻璃补助成本为 3.5 亿元，焦炭补助成本为 0.9 亿元，非金属矿制品砖块补助成本为 1.8 亿元，共计 11.5 亿元（表 6-8）。

表 6-8　2013—2017 年成渝地区产业淘汰和压减产能的补助成本　　单位：亿元

省份	电力	钢铁	水泥	平板玻璃	焦炭	砖	合计
重庆	0.1	1.5	0.4	0.4	0.2	0.2	2.8
四川	0.1	2.5	0.7	3.1	0.7	1.6	8.7
成渝地区	0.2	4.0	1.1	3.5	0.9	1.8	11.5

6.3.5 总成本分析

成渝地区“大气十条”实施的总成本为 348.9 亿元，首先是重点工业行业污染治理成本最高，为 309.3 亿元，占比为 88.7%。其次是机动车治理成本，为 22.7 亿元。最后是落后产能淘汰 11.5 亿元，锅炉污染治理成本为 5.4 亿元（图 6-5）。成渝地区“大气十条”实施期间，大气污染治理的重点仍是重点工业行业。

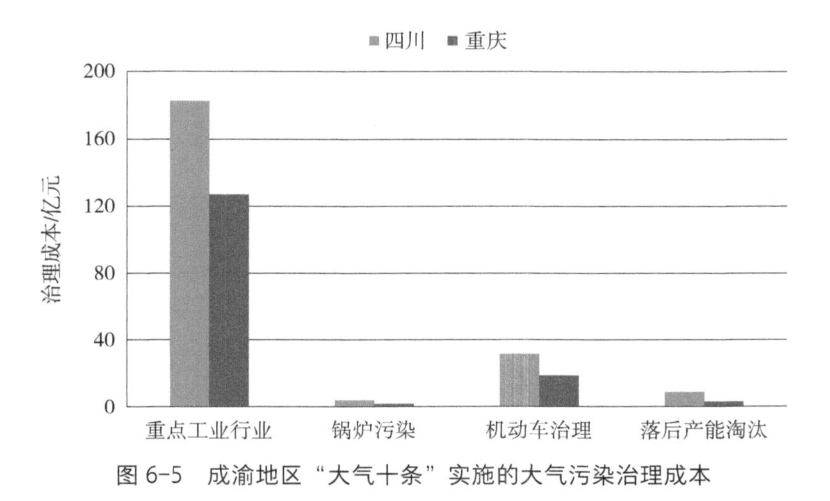

图 6-5 成渝地区“大气十条”实施的大气污染治理成本

6.4 成渝地区“大气十条”实施效果分析

6.4.1 减排量核算

（1）工业源减排量

“大气十条”实施期间，成渝地区工业源 SO_2 共减排 827.8 万 t，去除量占产生量的 67%。其中，2012 年为 167.7 万 t，2013 年为 189.6 万 t，2014 年为 186.1 万 t，2015 年为 146.6 万 t，2016 年为 137.7 万 t。成渝地区 NO_x 共减排 91 万 t，去除量占产生量的 27.9%，其中 2012 年为 2.6 万 t，2013 年为 10.7 万 t，2014 年为 16.1 万 t，2015 年为 20.2 万 t，2016 年为 41.4 万 t。成渝地区烟粉尘共减排 17 545 万 t，去除量占产生量的 99%，其中 2012 年为 3 939.9 万 t，2013 年为 4 020.3 万 t，2014 年为 3 420.9 万 t，2015 年为 2 868.8 万 t，2016 年为 3 295.2 万 t（图 6-6）。

（2）机动车治理减排量

“大气十条”实施以来，成渝地区采取了严格的黄标车淘汰限制和补贴政策，共淘汰黄标车 105 万辆。黄标车淘汰带来的 NO_x 减排量为 18.7 万 t，颗粒物 3.1 万 t。从具体车型来看，四川重型货车、大型客车、中型货车 NO_x 排放量占比为 75%，重庆重型货车、中型货车、大型客车 NO_x 排放量占比为 81%（图 6-7）。

（3）锅炉治理减排量

根据集中供热、清洁能源替代，成渝地区进行了 10 蒸吨及以下燃煤锅炉淘汰。锅炉治理带来的 SO_2 减排量为 1.5 万 t，其中重庆为 0.4 万 t，四川为 1.1 万 t；NO_x 为 0.28 万 t，其中重庆为 0.08 万 t，四川为 0.2 万 t；烟粉尘为 9.4 万 t，重庆为 2.6 万 t，四川为 6.8 万 t（图 6-8）。

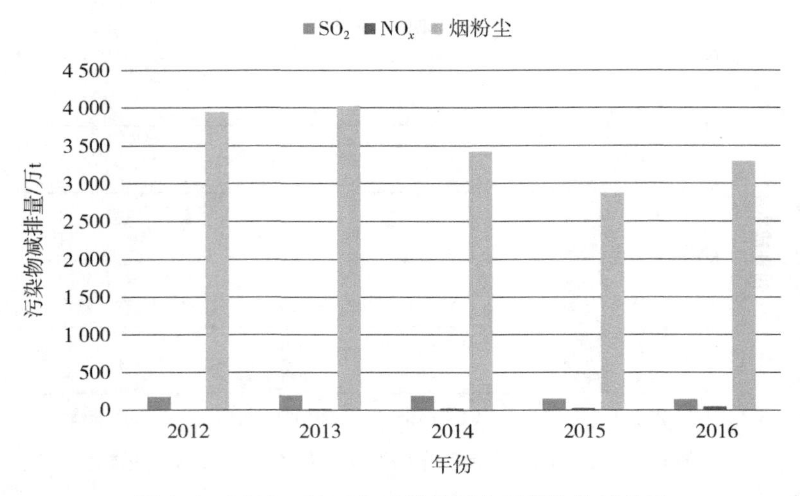

图 6-6　2012—2016 年成渝地区主要污染物减排量

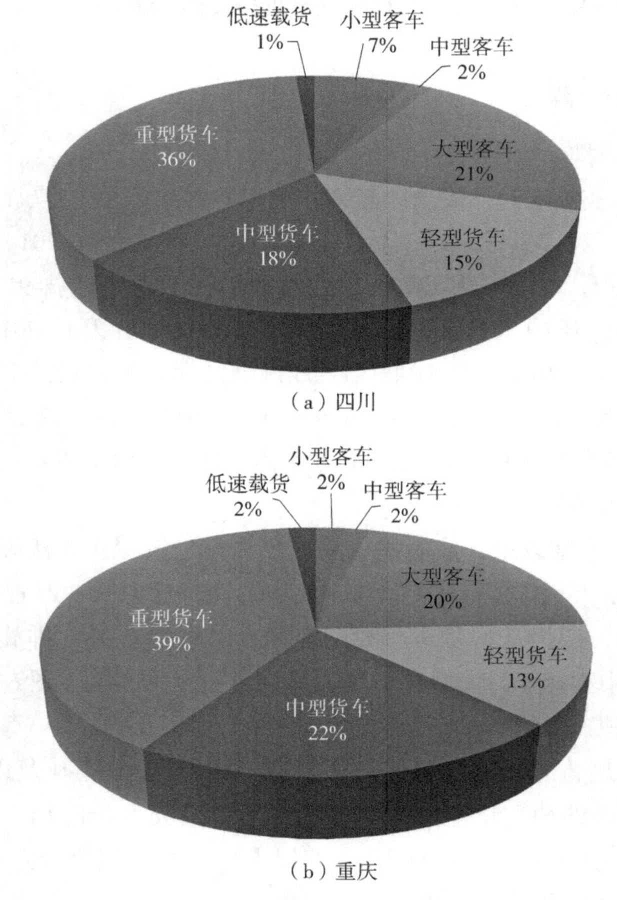

图 6-7　四川和重庆不同车型黄标车 NO_x 排放量占比

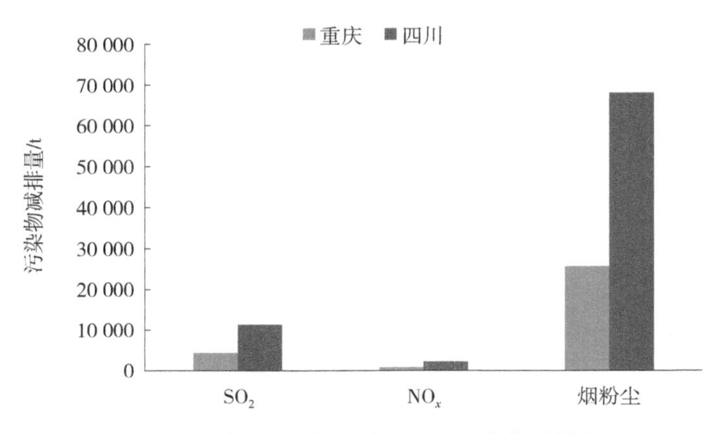

图 6-8 成渝地区锅炉治理不同污染物减排量

（4）落后产能淘汰减排量

成渝地区落后产能淘汰带来的 SO_2 减排量为 3.65 万 t，其中重庆为 0.95 万 t，四川为 2.7 万 t；NO_x 为 5.7 万 t，其中重庆为 1.9 万 t，四川为 3.8 万 t；烟粉尘为 9.3 万 t，其中重庆为 2.8 万 t，四川为 6.5 万 t。从淘汰落后产能具体行业来看，重庆市钢铁和水泥行业大气污染物减排量相对较大，其中钢铁行业 NO_x 减排量为 0.89 万 t，占重庆市落后产能淘汰比重的 47.3%；水泥行业 NO_x 减排量为 0.8 万 t，占比为 42.7%（图 6-9）。四川省钢铁、水泥、玻璃行业淘汰落后产能产生的大气污染物减排量大，其中钢铁行业 SO_2 减排量为 1.08 万 t，NO_x 减排量为 1.47 万 t，占比分别为 40.2% 和 38.6%（图 6-10）。

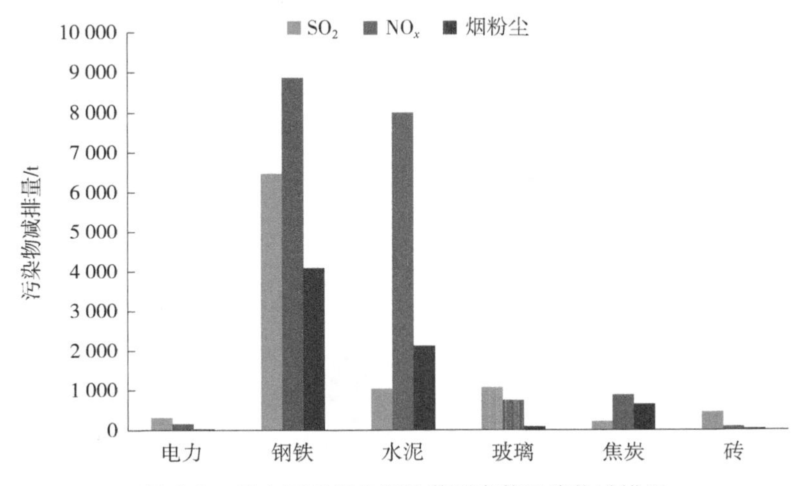

图 6-9 重庆不同行业淘汰落后产能污染物减排量

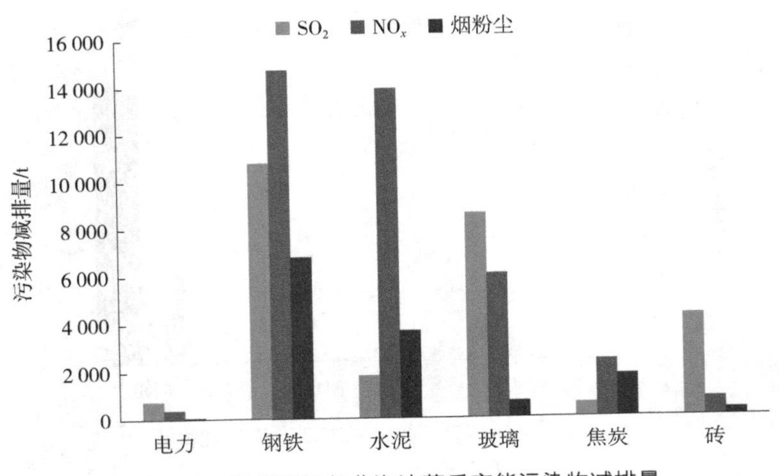

图 6-10　四川不同行业淘汰落后产能污染物减排量

（5）减排效果分析

从不同措施的单位大气污染物减排成本来看，重点工业行业单位大气污染物减排成本最低。具体看不同污染物的单位治理成本，SO_2 不同减排措施的单位治理成本中，淘汰落后产能的单位治理成本相对最高，重庆是 9 204 元 /t，四川是 10 865 元 /t。重点工业行业污染治理成本相对最低，重庆是 1 115 元 /t，四川是 1 908 元 /t（图 6-11）。NO_x 不同减排措施的单位治理成本中，黄标车淘汰的 NO_x 单位治理成本最高，在 23 000 元 /t 左右。重点工业行业单位减排成本相对较低，重庆为 3 946 元 /t，四川为 3 238 元 /t（图 6-12）。烟粉尘不同措施单位治理成本差距较大。重点工业行业烟粉尘治理力度大，单位治理成本小（图 6-13）。重庆市烟粉尘工业单位治理成本平均为 75 元 /t，四川为 98 元 /t（图 6-14）。

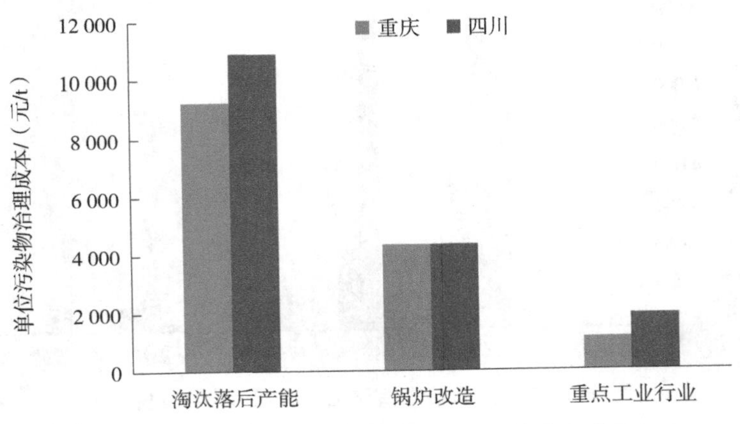

图 6-11　成渝地区不同减排措施下 SO_2 单位治理成本

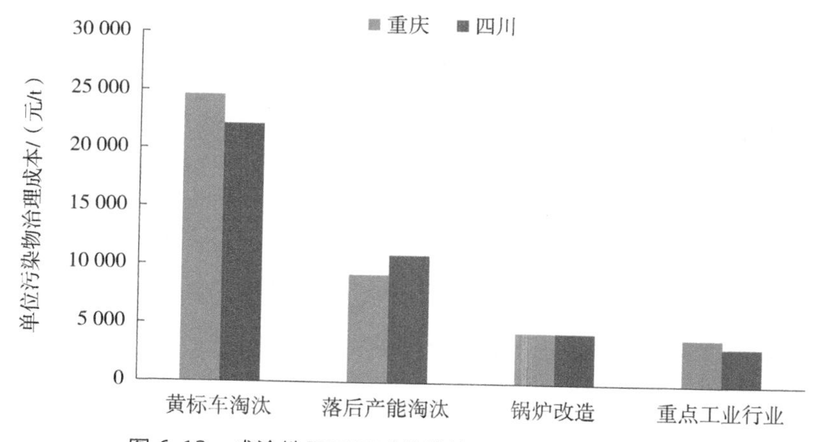

图 6-12　成渝地区不同减排措施下 NO_x 单位治理成本

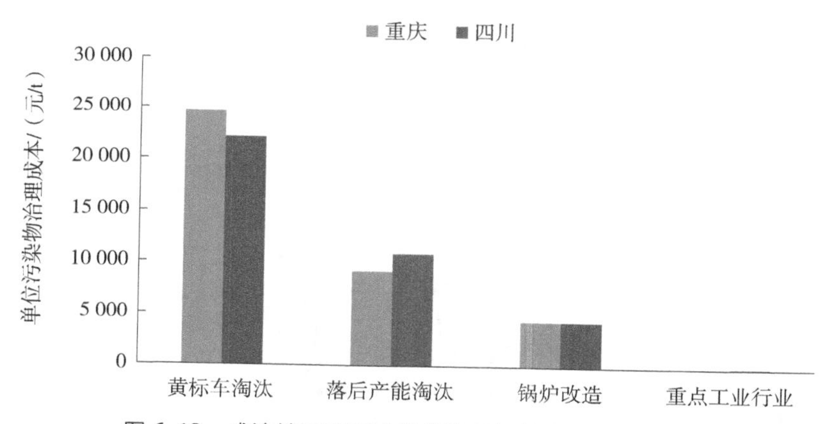

图 6-13　成渝地区不同减排措施下烟粉尘单位治理成本

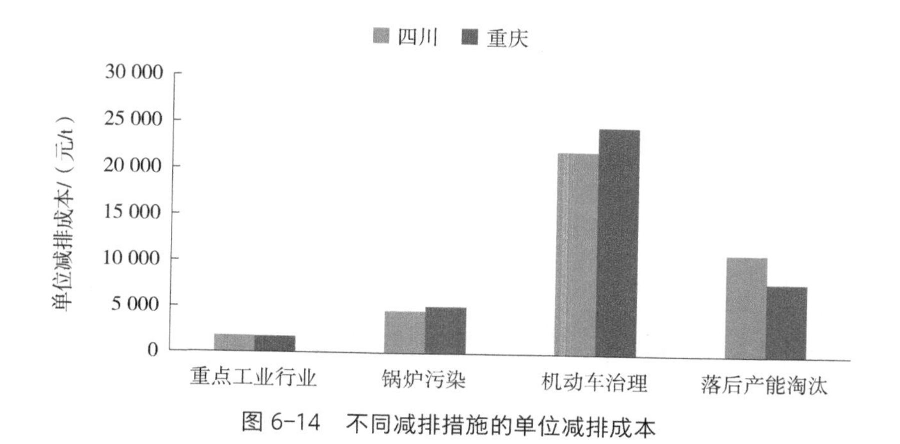

图 6-14　不同减排措施的单位减排成本

6.4.2 大气环境质量改善效果分析

“大气十条”提出的成渝地区减排目标是，到2017年四川PM_{10}年均浓度比2012年下降10%以上，优良天数逐年提高。具体来看，成都PM_{10}下降25%以上、$PM_{2.5}$下降20%以上，攀枝花、泸州、遂宁PM_{10}下降20%以上，绵阳、乐山、宜宾PM_{10}下降15%以上，眉山、资阳PM_{10}下降10%以上，德阳、自贡、南充、广安、内江、达州、巴中PM_{10}下降5%以上，广元、雅安、凉山州州府西昌PM_{10}下降3%以上，甘孜、阿坝政府所在地康定、马尔康保持稳定。

成渝地区“大气十条”实施期间，大气环境质量改善效果明显。成渝地区PM_{10}从2013年的86 μg/m^{3}下降到2017年的69 μg/m^3，降低了19.8%。其中，重庆从2013年的106 μg/m^{3}下降到2017年的72 μg/m^3，降低了32%；成都从2013年的150 μg/m^{3}下降到2017年的90 μg/m^3，下降了40%（图6-15）。成渝地区SO_2从2013年的34 μg/m^{3}下降到2017年的14 μg/m^3，下降了58.8%（图6-16）。成渝地区NO_2降幅较少，从2013年的36 μg/m^{3}下降到2017年32 μg/m^3，下降了11.1%（图6-17）。其中，重庆NO_2从2013年的38 μg/m^{3}上升到2017年的46 μg/m^3，成都从63 μg/m^{3}降低到2017年的53 μg/m^3。

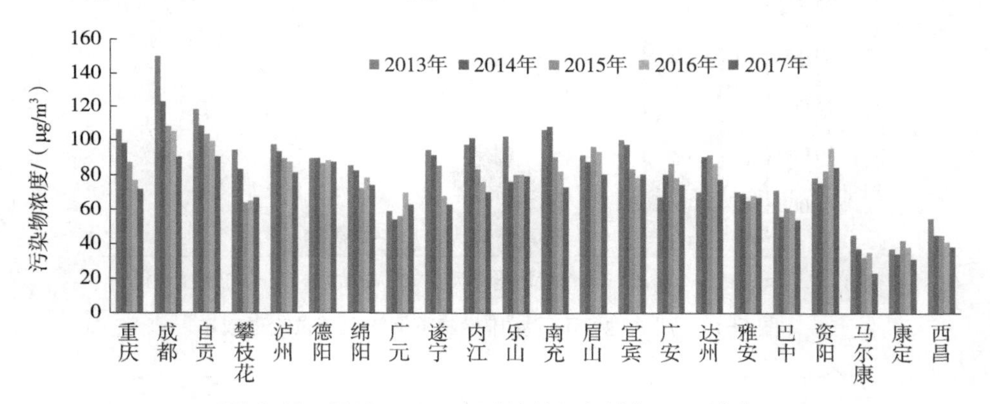

图6-15 2013—2017年成渝地区各城市PM_{10}浓度

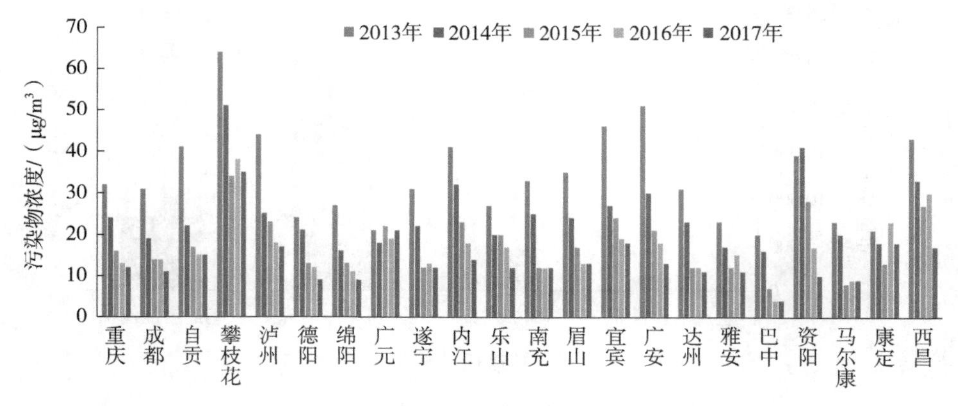

图6-16 2013—2017年成渝地区各城市SO_2监测浓度

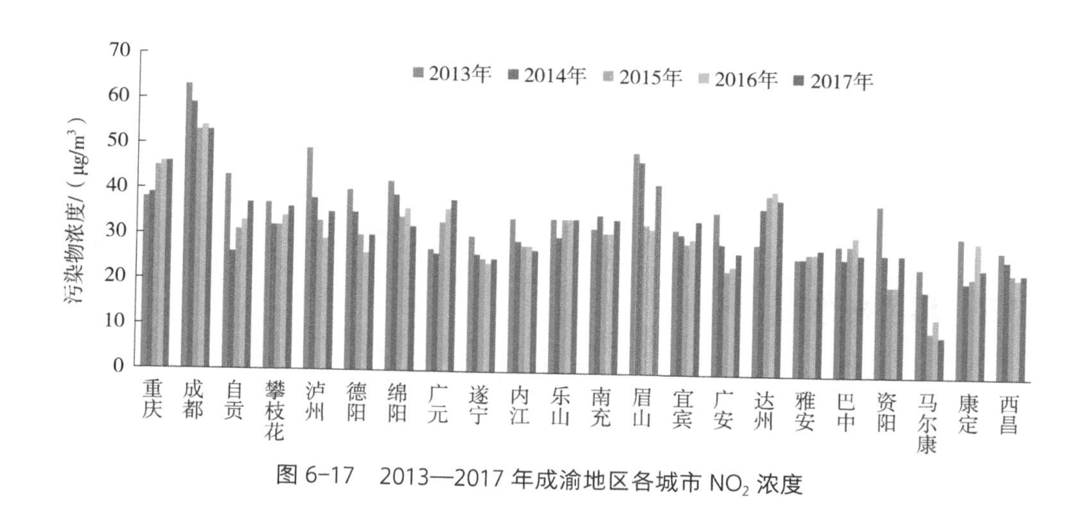

图 6-17　2013—2017 年成渝地区各城市 NO_2 浓度

6.5 成渝地区“大气十条”实施效益评估

“大气十条”实施导致的环境效益主要包括人体健康效益、农业损失减少效益、室外建筑材料减少损失、清洁费用减少损失四个方面。其中，人体健康效益采用人力资本法和支付意愿法两种价值化方法进行核算。

6.5.1 人体健康效益

本书采用人力资本法和支付意愿法对成渝地区“大气十条”的环境健康效益进行核算。人力资本法指用人均 GDP 作为统计生命年对 GDP 贡献的价值，进行大气污染导致过早死亡人数价值的核算方法。支付意愿法是指通过支付意愿调查，统计出为降低大气污染导致的过早死亡风险而愿意支付的费用。

因经济发展水平不同，基于支付意愿调查的统计生命价值差异较大。法国和意大利等发达国家的统计生命价值分别为 125 万美元和 87 万美元[151]，2012 年 OECD 进行降低大气污染导致的过早死亡风险的调查，调查的生命价值是 300 万美元[152]。Hammitt 等运用条件价值法在北京和安庆进行支付意愿调查，通过提升空气质量挽救一个人的生命价值为 0.4 万～1.7 万美元[116]。曾贤刚等得出 2008 年我国为降低大气污染导致的过早死亡风险而愿意支付的统计生命价值为 100 万元[153]。我们在成渝地区开展了大气污染防治的支付意愿调查，利用调查结果，进行统计生命价值评估，得出成渝地区降低大气污染过早死亡风险，愿意支付的费用为 394 万元。本研究采用成渝地区调查的支付意愿费用，进行了大气污染导致的过早死亡风险损失核算。

核算结果显示，成渝地区大气污染导致的过早死亡人数2014年为39 291人，比2013年少1 127人；2015年为35 777人，比2014年少4 843人；2016年为36 460人，比2015年少3 861人；2017年为37 963人，比2016年少3 148人。成渝地区“大气十条”实施，大气污染导致的过早死亡人数减少12 978人。采用人力资本法进行损失核算，成渝地区大气污染导致的环境健康效益为256.7亿元。采用支付意愿法进行损失核算，成渝地区大气污染导致的环境健康效益为579.4亿元。

6.5.2 环境总效益

大气环境质量改善除给人体健康带来效益外，对农作物、建筑材料、清洁费用方面也将带来好处。“大气十条”实施后，由于大气环境质量改善带来的其他效益为90.6亿元，其中农业减少的损失、建筑物减少的损失和清洁减少的损失分别为35.1亿元、20.3亿元和35.2亿元。

成渝地区“大气十条”实施以来，按照人力资本法计算，总的环境效益为347.5亿元，其中重庆162.3亿元，四川185.1亿元（图6-18）。按照支付意愿法计算，总的环境效益为670亿元，其中重庆为304.3亿元，四川为365.7亿元（图6-19）。

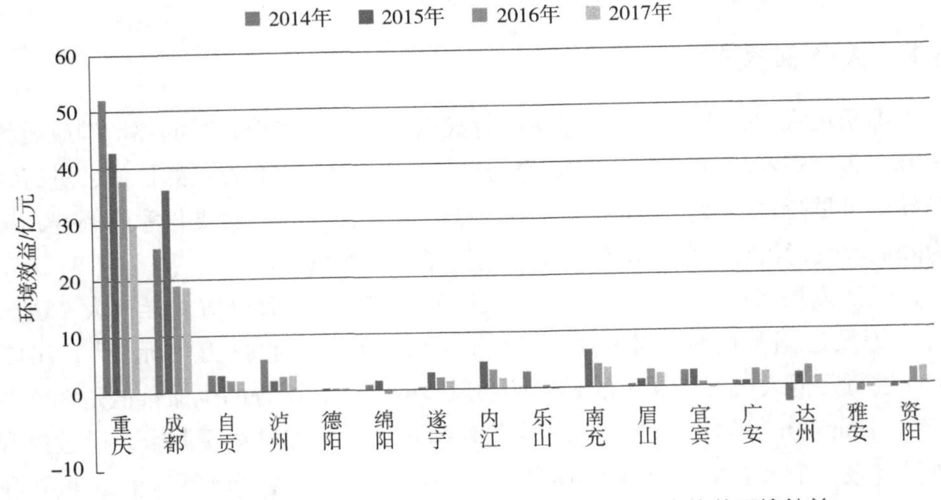

图6-18 人力资本法计算的成渝地区“大气十条”实施的环境效益

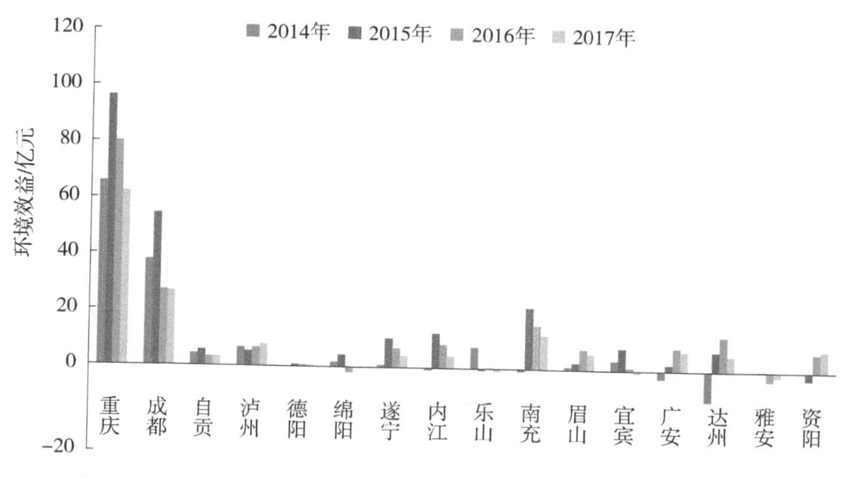

图 6-19　支付意愿法计算的成渝地区“大气十条”实施的环境效益

6.6　成渝地区“大气十条”实施的社会经济影响分析

根据四川和重庆“大气十条”实施自查报告，四川“大气十条”实施大气污染防治投资为 442 亿元，重庆市大气污染防治投资 350.1 亿元（表 6-9）。利用编制的投入产出模型，四川省大气污染防治投资拉动 GDP 560 亿元，新增非农就业为 3.0 万人。重庆市大气污染防治投资拉动 GDP 为 445.8 亿元，新增非农就业为 2.23 万人。

表 6-9　成渝地区“大气十条”实施投资　　单位：亿元

主要措施	所属行业	四川投资	重庆投资
重点工业行业清洁生产技术改造	专用设备制造	22.1	4.6
散乱污升级改造	专用设备制造	44.2	35.0
燃煤锅炉清洁改造	通用设备制造、仪器仪表	38.5	34.0
工业治理改造升级	专用设备制造、仪器仪表	194.5	168.0
煤场建设及洗煤	煤炭洗选加工业	17.7	14.0
油品升级及配套改造	通用设备制造、仪器仪表	26.5	21.0
建筑节能	建筑业	17.7	14.0
淘汰黄标车及新能源车推广	汽车制造业	53.0	52.5
面源扬尘治理	电子设备、仪器仪表	27.8	7.0

从各项措施来看，四川和重庆市“大气十条”实施措施中，工业治理升级改造的社会经济影响最大，其次是淘汰黄标车及新能源推广。四川省工业治理升级改造拉动 GDP 为 245.1 亿元，占其 GDP 拉动比重的 44%；重庆市工业治理升级改造

拉动 GDP 为 214.1 亿元，占其 GDP 拉动比重的 48%。四川淘汰黄标车及新能源推广拉动 GDP 为 66.2 亿元，重庆为 66.1 亿元。对 GDP 拉动的第三大措施四川是散乱污升级改造，重庆为挥发性有机物治理（图 6-20 和图 6-21）。表 6-10 和表 6-11 为四川和重庆“大气十条”实施对宏观经济 5 年累计的贡献作用。

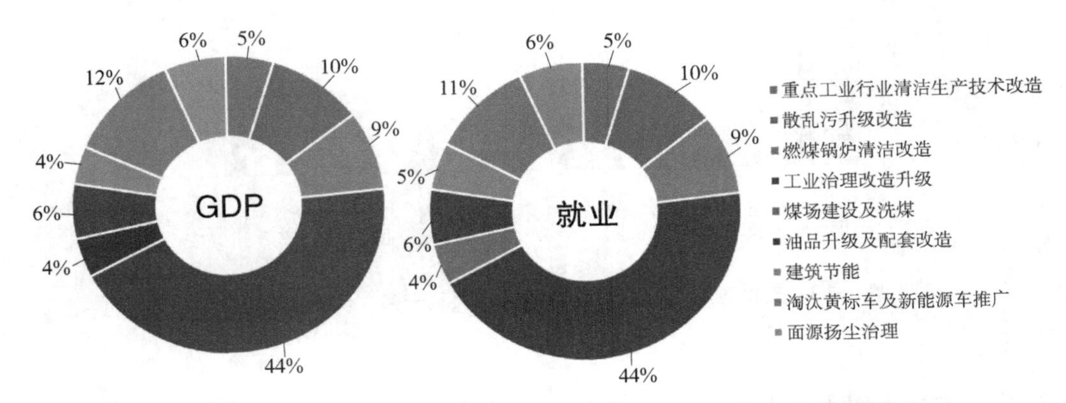

图 6-20 四川“大气十条”实施不同措施对 GDP 和就业的贡献占比

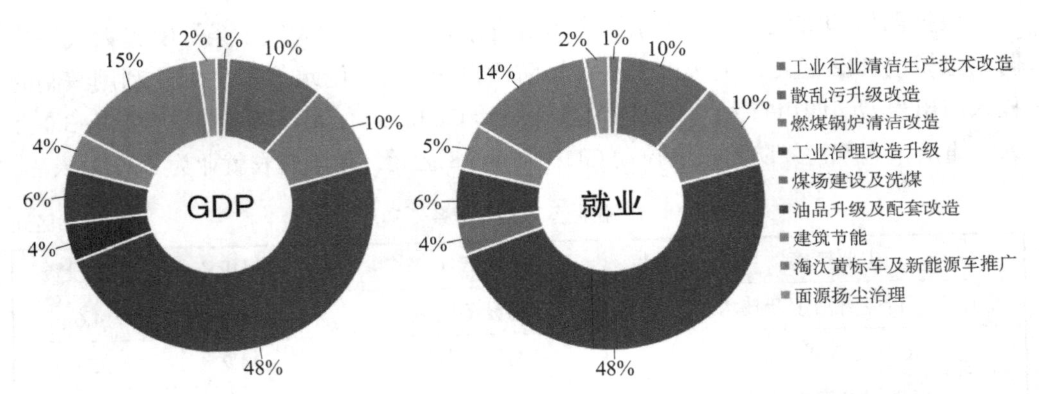

图 6-21 重庆“大气十条”实施不同措施对 GDP 和就业的贡献占比

表 6-10 四川“大气十条”实施对宏观经济的贡献作用（5 年累计）

治理措施	新增投资 / 万元	GDP/ 万元	税收 / 万元	居民收入 / 万元	就业 / 万人
重点工业行业清洁生产技术改造	221 025	277 998	10 090	42 771	0.15
散乱污升级改造	442 050	555 995	20 180	85 543	0.29
燃煤锅炉清洁改造	384 584	484 669	17 284	75 192	0.26
工业治理改造升级	1 945 020	2 451 199	87 411	380 283	1.32
煤场建设及洗煤	176 820	239 490	8 630	51 252	0.13

续表

治理措施	新增投资 / 万元	GDP/ 万元	税收 / 万元	居民收入 / 万元	就业 / 万人
油品升级及配套改造	265 230	333 466	12 212	51 617	0.18
建筑节能	176 820	231 007	10 022	41 400	0.15
淘汰黄标车及新能源推广	530 460	661 547	30 753	98 745	0.32
面源扬尘治理	278 492	353 805	11 576	55 246	0.20
合计	4 420 500	5 589 175	208 158	8820 50	3.00

表 6-11　重庆“大气十条”实施对宏观经济的贡献作用（5 年累计）

治理措施	新增投资 / 万元	GDP/ 万元	税收 / 万元	居民收入 / 万元	就业 / 万人
重点工业行业清洁生产技术改造	45 500	57 967	3 496	10 638	0.03
散乱污升级改造	350 000	445 896	26 893	81 833	0.22
燃煤锅炉清洁改造	271 600	432 571	26 025	80 122	0.22
工业治理改造升级	1 344 000	2140 558	128 784	396 481	1.08
煤场建设及洗煤	140 000	190 169	15 681	55 327	0.08
油品升级及配套改造	168 000	265 297	16 523	48 300	0.13
建筑节能	140 000	178 694	9 942	32 305	0.11
淘汰黄标车及新能源推广	525 000	660 969	44 541	115 401	0.30
面源扬尘治理	56 000	85 994	4 996	13 216	0.06
合计	3 040 100	4 458 115	276 882	833 625	2.23

6.7　主要结论

成渝地区“大气十条”实施的环境效益高于其成本。成渝地区“大气十条”实施的成本为 348.9 亿元，环境健康效益为 670 亿元，环境效益比成本高 92%。其中，重庆市“大气十条”治理成本为 147 亿元，环境健康效益为 304.3 亿元；四川省治理成本为 226.4 亿元，环境健康效益为 365.7 亿元（图 6-22）。从具体的治理措施来看，重点工业行业污染治理成本最高，为 309.3 亿元，占比为 88.7%。其次是机动车治理成本，为 22.7 亿元，第三为落后产能淘汰 11.5 亿元，锅炉污染治理成本为 5.4 亿元。

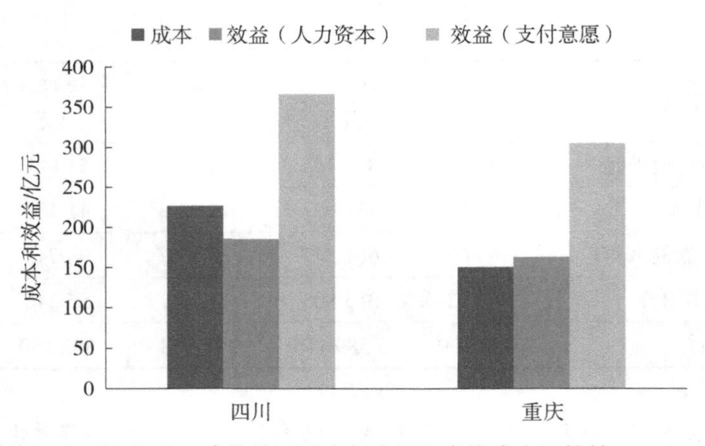

图 6-22　成渝地区“大气十条”实施成本和效益

从不同措施的单位大气污染物减排成本来看，重点工业行业单位大气污染物减排成本最低，其次是锅炉改造，黄标车淘汰位居第三，单位大气污染减排成本最高的是淘汰落后产能。具体看不同污染物的单位治理成本，SO_2 不同减排措施的单位治理成本中，淘汰落后产能的单位治理成本相对最高，重庆是 9 204 元 /t，四川是 10 865 元 /t。重点工业行业污染治理成本相对最低，重庆是 1 115 元 /t，四川是 1 908 元 /t。NO_x 不同减排措施的单位治理成本中，黄标车淘汰的治理成本最高，在 23 000 元 /t 左右。重点工业行业单位减排成本相对较低，重庆为 3 946 元 /t，四川为 3 238 元 /t。烟粉尘不同措施单位治理成本差距较大。重点工业行业烟粉尘治理力度大，单位治理成本小。重庆市烟粉尘工业单位治理成本平均为 75 元 /t，四川为 98 元 /t。

成渝地区“大气十条”实施会产生一定社会经济拉动效益。成渝地区“大气十条”实施环保投资共计 746 亿元，对 GDP 的拉动效应为 1 005.7 亿元，税收贡献为 48.5 亿元，居民收入为 171.7 亿元，增加就业人数为 5.24 万人。成渝地区“大气十条”实施 PM_{10} 每降低 1 μg/m^3 需要花费 8.6 亿元，其中四川 PM_{10} 每降低 1 μg/m^3 需要花费 12.8 亿元，重庆市 PM_{10} 每降低 1 μg/m^3 需要花费 4.3 亿元。

7 成渝地区多情景大气污染防治成本效益模拟

7.1 研究进展

成渝城市群是我国内陆城市群的典范和内陆经济崛起的排头兵，是西南乃至整个中西部地区腹地面积最广、经济实力最强、发展条件最优的区域[154]。成渝城市群自然禀赋优良，具有良好的区位优势和产业工业基础，通过城市群高密度的聚集和高强度的相互作用，在促进经济高速增长的同时，也造成了高风险的生态环境威胁。截至2018年，尽管四川和重庆的空气质量明显得到改善，但成渝部分地区 $PM_{2.5}$ 和 O_3 的浓度仍超标。2019年，四川省生态环境厅发布的《2018年四川省生态环境状况公报》指出：四川省生态环境整体形势向好，空气质量状况总体良好。全省城市环境空气质量优良天数比例为84.8%，同比上升2.6个百分比，PM_{10}、$PM_{2.5}$ 年均浓度持续双下降，成都地区空气质量优良天数增加16 d。除了阿坝、甘孜、广元、巴中4个城市 $PM_{2.5}$ 达标外，其余16个城市仍然超标，超标倍数为0.03～0.54倍。对于 O_3，成都、自贡、眉山 O_3 日最大8小时第90分位浓度均超标。重庆市生态环境局发布的《2018年重庆市生态环境状况公报》表明，重庆市 $PM_{2.5}$ 年均浓度为40 μg/m³，超标0.14倍，O_3 日最大8小时第90分位浓度为166 μg/m³，超标0.04倍。除黔江区、开州区、梁平区、武隆区、城口县、云阳县、奉节县、巫山县、石柱土家族自治县、酉阳土家族自治县和彭水县11个区（县）的 $PM_{2.5}$ 和 O_3 浓度达标外，其他区（县）的 $PM_{2.5}$ 和 O_3 浓度均超标。

事实上，成渝地区因受复杂大地形和独特盆地气象条件的影响，一直是我国雾霾频发地区之一，也是“三区十群”中仅次于京津冀的大气污染严重区域，在冬季曾多次出现持续时间超过 10 d 的高浓度 $PM_{2.5}$ 重污染过程，在夏季则发生 O_3 重污染过程。因此，为打赢蓝天保卫战，进一步改善成渝地区的空气质量，到 2020 年，基本建成经济充满活力、生活品质优良、生态环境优美的国家级城市群，有针对性地对成渝地区制定合理的治理措施成为必不可少的手段。

本书构建政策－费用－排放－质量－效益综合评价模型，基于“蓝天保卫战”目标，根据 2016 年成渝地区大气污染排放清单，设计四种减排控制情景，分析成渝地区的减排潜力并以实际控制情况设置成渝地区的未来控制方案，基于 WRF-CMAQ 空气质量模型，进行不同减排情景下的空气质量模拟，综合评估成渝地区四种减排情景下的污染控制成本，空气污染物浓度的改善效果以及给成渝地区人民群众带来的健康效益等影响，为成渝地区政府部门综合评估多种大气污染控制策略，筛选得出成本最优、效益最高的大气污染控制实施策略提供科学决策依据。总体技术路线如图 7-1 所示。

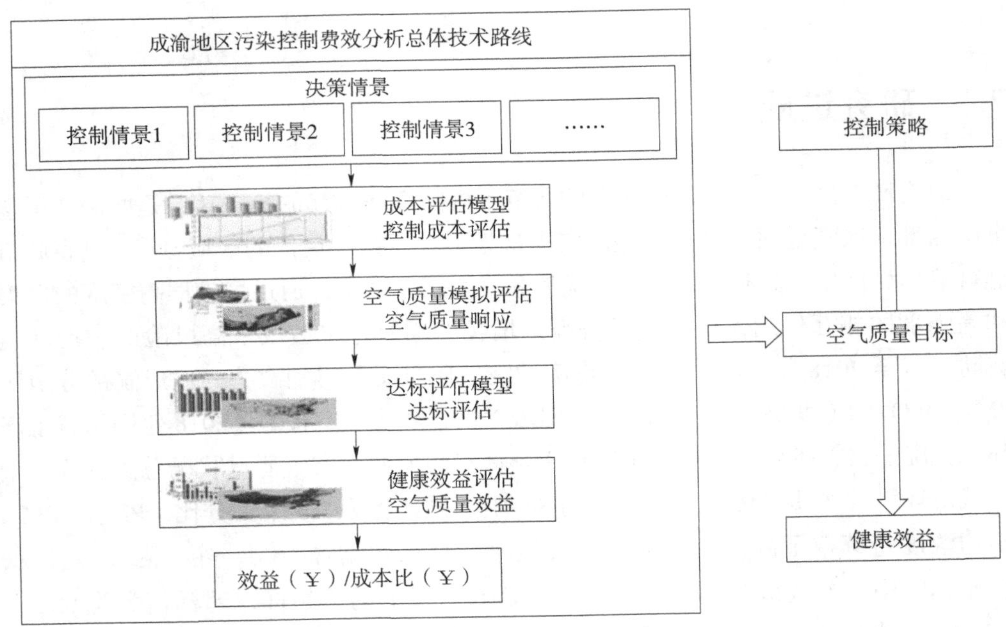

图 7-1　多情景模拟的成本效益评估技术路线

7.2　研究方法

7.2.1　情景设计

根据《重庆市蓝天行动暨贯彻打赢蓝天保卫战三年行动计划实施方案》和《四

川省蓝天保卫行动方案（2017—2020）》，到2020年，重庆市$PM_{2.5}$年平均浓度达到40 μg/m^{3}以下，重庆市二氧化硫（SO_2）、氮氧化物（NO_x）、挥发性有机物（VOCs）排放总量比2015年分别下降18%、18%、10%；四川省$PM_{2.5}$年均浓度比2015年下降16%以上，二氧化硫（SO_2）、氮氧化物（NO_x）、挥发性有机物（VOCs）排放总量分别比2015年削减16%、16%、5%，其中重点工程减排量分别不少于11.2万t、3.7万t、5.6万t。

以2016年为基准年，根据成渝地区蓝天保卫战提出的主要污染物减排目标，以及社会经济、能源使用和产业结构的发展趋势，并结合成渝地区及其周边城市已有的相关环境保护和污染治理规划中所要求的污染控制措施、潜在的可以应用的污染控制措施以及区域重点控制污染源，预测2020年成渝地区及其周边城市主要大气排放源的污染物排放情况。围绕成渝地区蓝天保卫战提出的减排目标，设计成渝地区四种减排目标，通过空气质量模型模拟，分析在各控制情景下，成渝地区各主要大气污染物的浓度是否能够达到设定的2020年控制目标。各控制情景各污染物的具体削减比率如表7-1所示。

7.2.2 WRF-CMAQ空气质量模型

Weather Research and Forecast（WRF）是目前最先进的中尺度天气研究与预报系统。在20世纪末，美国国家大气研究中心（NCAR）和国家环境预测中心（NCEP）等联合众多科研机构与高等院校开始进行WRF模型的研究。WRF模型采用了全新的程序设计理念，在LINUX系统上运行，具有较强的可移植性。该模型开放源代码，为天气预报、区域气象模拟、理想气象研究等提供了一个共同的模式框架。WRF模型主要由前处理、主模式和后处理三部分组成。其中，前处理主要为主模式提供初始与边界条件，主模式主要是对大气控制方程进行运算处理，后处理主要是对模拟结果进行图形或文本处理。WRF模型的前处理系统即WPS部分，主要用于实时数值模拟。包括：①定义模拟区域；②插值地形数据（如地势、土地类型以及土壤类型）到模拟区域；③从其他模型结果中细致网格以及插值气象数据到该模拟区域。模型的主体部分是模型系统的关键，它由几个理想化、实时同化以及数值积分的初始化程序组成，主要工作为根据不同的物理过程选择适当的方案进行预报或模拟。后处理部分包括RIP4、NCL以及为使用其他作图软件包（如GrADS和Vis5D）的转换程序，用以将模型系统结果进行处理、诊断并显示出来。WRF模型气象场模拟过程如图7-2所示。

表 7-1　各控制情景削减比率

单位：%

情景 区域	控制情景 1					控制情景 2					控制情景 3					控制情景 4				
	NO_x	SO_2	NH_3	VOCs	$PM_{2.5}$	NO_x	SO_2	NH_3	VOCs	$PM_{2.5}$	NO_x	SO_2	NH_3	VOCs	$PM_{2.5}$	NO_x	SO_2	NH_3	VOCs	$PM_{2.5}$
重庆市	10.2	10.7	2.5	0.0	5.0	13.9	14.6	3.5	0.0	6.6	15.8	17.5	4.0	0.0	8.2	17.6	19.5	5.0	0.0	12.1
成都市	10.4	9.4	3.2	3.2	4.8	13.6	12.9	4.4	4.1	6.5	16.2	14.6	5.1	5.1	8.2	19.4	17.4	9.5	7.3	14.2
自贡市	10.2	10.1	3.1	3.2	5.6	13.6	13.9	4.3	4.2	7.6	16.1	15.8	5.0	5.1	9.5	19.1	19.0	9.3	7.4	16.0
泸州市	10.3	10.7	3.1	3.3	5.5	14.1	14.6	4.3	4.1	7.5	16.6	16.6	4.9	5.1	9.3	19.4	19.3	9.1	7.3	14.9
德阳市	10.4	10.7	3.1	3.3	5.6	13.9	14.6	4.4	4.2	7.6	16.5	16.6	5.0	5.1	9.5	19.5	18.9	9.4	7.3	15.2
绵阳市	10.3	10.5	3.0	3.2	5.5	13.9	14.3	4.2	4.1	7.5	16.3	16.3	4.8	5.0	9.3	19.7	19.2	9.0	7.2	15.2
遂宁市	10.2	9.9	3.4	3.2	5.9	13.9	13.6	4.7	4.2	8.0	16.4	15.5	5.4	5.1	10.0	19.0	19.2	10.0	7.3	15.4
内江市	9.6	10.5	3.1	3.1	3.9	13.3	14.4	4.3	3.9	5.3	15.7	16.4	4.9	4.8	6.6	17.9	18.7	9.1	6.9	10.3
乐山市	10.1	10.4	3.2	3.0	4.5	13.6	14.4	4.5	3.8	6.0	15.9	16.4	5.2	4.6	7.5	19.3	19.2	9.7	6.7	12.5
南充市	10.0	10.0	3.2	3.2	5.9	13.5	13.7	4.5	4.1	8.0	16.0	15.6	5.1	5.1	10.0	18.8	19.1	9.6	7.3	15.5
眉山市	10.1	10.6	3.1	3.3	5.5	13.8	14.5	4.3	4.1	7.5	16.2	16.4	5.0	5.1	9.4	18.9	18.9	9.3	7.3	14.7
宜宾市	10.2	10.8	3.1	3.2	5.5	14.2	14.7	4.3	4.1	7.5	16.5	16.7	4.9	5.0	9.3	19.8	19.5	9.2	7.3	15.0
广安市	10.7	10.3	3.2	3.0	5.7	14.2	14.2	4.5	3.9	7.8	16.4	16.1	5.1	4.8	9.7	20.9	20.5	9.6	6.9	15.6
达州市	9.1	10.1	3.1	3.0	4.3	12.4	13.8	4.3	3.9	5.8	14.4	15.7	5.0	4.8	7.3	17.5	18.9	9.3	6.9	11.9
雅安市	10.7	10.2	3.4	3.2	5.7	14.0	14.0	4.8	4.0	7.8	16.4	15.9	5.5	5.0	9.7	20.4	19.3	10.2	7.2	16.2
资阳市	10.1	10.0	3.2	3.3	5.9	13.8	13.8	4.4	4.2	8.0	16.3	15.7	5.0	5.1	10.0	18.9	19.3	9.4	7.4	15.3

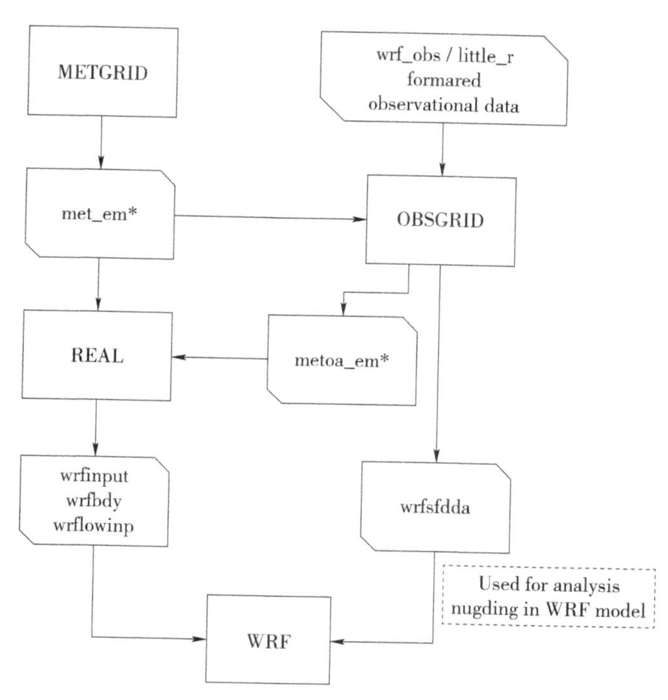

图 7-2 WRF 模型气象场模拟过程

空气质量模型 CMAQ 是美国环保局开发的第 3 代空气质量模型系统，与其他空气质量模型相比，其最大的特点是遵循“一个大气”的概念，即将整个大气环境作为一个整体研究对象，统筹考虑多种污染问题，在各个空间尺度上模拟大气物理、化学的过程。研究范围从城市尺度到区域尺度，模式完全实现模块化，建有标准的输入、输出数据接口，方便并行计算，具有很强的通用性。按照功能介绍，CMAQ 模型可以划分成 5 大功能模块（图 7-3）。其中，MCIP 模块是气象数据接口模块，即将 WRF 的模拟结果转化成 CMAQ 模型能够识别的数据，并能从中获取网格信息；JPROC 模块用作计算光化学反应分解率，其计算的输入数据既可以是模型自带的背景数据，也可以使用根据气象状况实时改变的在线（inline）计算功能；ICON 模块是初始条件计算模块，即获取模拟时段初始时刻的大气污染物浓度状态；BCON 模块则负责提供模型域的边界条件计算结果，即模拟域的最外围的大气污染物状态；而 CCTM 模块作为模型主要的模块则负责计算大气污染物的物理传输、化学反应过程，其计算结果可以反映模拟区域对应时段的污染物浓度分布情况。

7.2.2.1 WRF 模型参数设置

本研究 WRF 模拟区域采用三层嵌套并采取 Lambert 投影，其中心经纬度为 105.5°E、30°N，两条真纬线分别为 25°N 和 40°N；网格水平分辨率分别为 36km、

12km、4km，网格数分别为 100 × 100、172 × 166、163 × 187；模拟层顶为 100 mb，垂直方向分为 35 层：1.000、0.995、0.990、0.985、0.980、0.970、0.960、0.950、0.940、0.930、0.920、0.910、0.900、0.880、0.860、0.840、0.820、0.800、0.770、0.740、0.700、0.650、0.600、0.550、0.500、0.450、0.400、0.350、0.300、0.250、0.200、0.150、0.100、0.050 和 0.000。气象数据来自美国国家环境预报中心（NCEP）的气象再分析资料（FNL），其分辨率为 1° × 1°，时间间隔为 6 h，包含地面气压、位势高度、海平面气压、海面温度、温度、相对湿度、土壤值、冰层覆盖、垂直运动和涡度等气象参数。此外，本研究还使用 NCEP ADP（Automated Data Processing）全球地表观测数据和探空观测数据进行网格四维数据同化。WRF 模型的主要物理过程参数选取如表 7-2 所示。

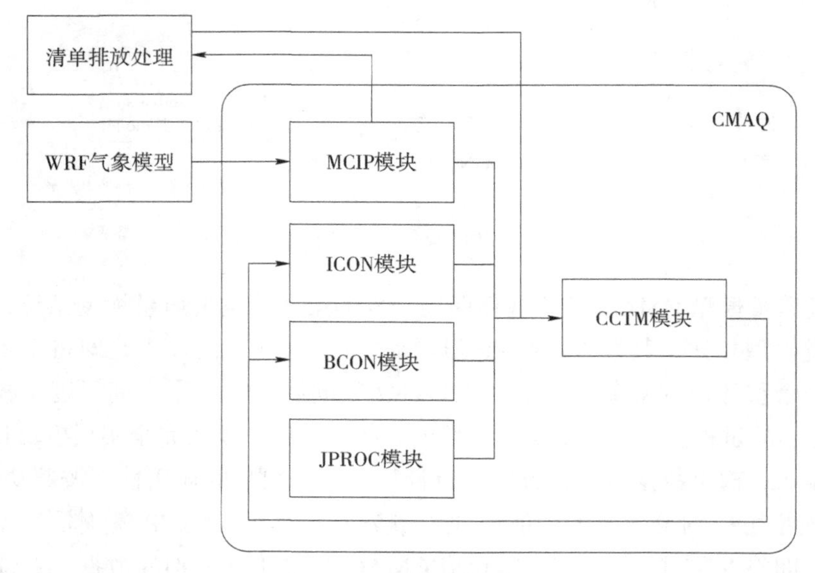

图 7-3　CMAQ 模型结构

表 7-2　WRF 模型主要物理过程参数

物理过程	参数化方案
地表方案	Pleim-Xiu 方案
边界层方案	ACM2 PBL 方案
积云方案	Kain-Fritsch 方案
长波辐射	rrtmg 方案
短波辐射	rrtmg 方案
微物理过程	Morrison double-moment 方案

7.2.2.2　CMAQ 模型参数设置

本研究利用 CMAQv5.2 对成渝及其周边区域空气质量状况进行模拟。模拟采用 3 层单向网格嵌套，最外层网格（d01）分辨率为 36 km，网格数为 100 × 100，范围覆盖了整个中国地区；第二层网格（d02）分辨率为 12 km，网格数为 172 × 166，范围包括了中国中东部地区；第三层网格（d03）分辨率为 4 km，网格数为 163 × 187，包含了整个成渝地区。模拟域垂直方向将地表至对流层顶划分为 14 层，模拟气相化学反应机理与气溶胶反应机理分别选取 CB6 和 AERO6 机理，最外层初始、边界输入来源于 CMAQ 的默认配置文件，第二、三层初始、边界输入分别来源于上层网格的结果文件。选取 2016 年 1 月、4 月、7 月、10 月作为各污染物的研究时段。为减小初始条件对模拟结果的影响，每月均提前 7 d 进行空气质量模拟。

7.2.2.3　大气污染物排放清单

（1）人为大气污染源排放量

本研究人为源大气污染排放清单采用的是清华大学提供的 2016 年 MEIC 清单，其污染物有 CO、NO_x、SO_2、NH_3、OC、$PM_{2.5}$、PM_{10} 和 VOCs，其中第一、二层的分辨率为 0.25° × 0.25°，第三层的分辨率为 0.016 7° × 0.016 7°。

成渝地区人为大气污染源排放清单（MEIC）包括农业源、工业源、火电、民用源、交通源五大部门，污染物包括黑炭（BC）、一氧化碳（CO）、氨（NH_3）、氮氧化物（NO_x）、有机碳（OC）、可吸入颗粒物（PM_{10}）、细颗粒物（$PM_{2.5}$）、二氧化硫（SO_2）、挥发性有机物（VOCs）共九种污染物，成渝地区 2016 年 1 月、4 月、7 月和 10 月人为源 BC、CO、NH_3、NO_x、OC、PM_{10}、$PM_{2.5}$、SO_2、VOCs 总排放量分别为 26 443.8 t、2 951 681.9 t、268 416.0 t、326 204.5 t、70 213.1 t、228 052.6 t、184 708.6 t、369 974.7 t、594 808.8 t，详见表 7-3。

成渝地区 2016 年 1 月、4 月、7 月和 10 月人为源 BC、CO、NH_3、NO_x、$PM_{2.5}$、PM_{10}、VOCs、SO_2、OC 的排放空间分布如图 7-4 所示。由图可知，人为源 VOCs 排放高值区主要集中于成渝地区西北部的成都市区、东南部的重庆市区以及工业企业所在的网格，低值区主要集中于成渝地区外围的区（县）。

表 7-3 成渝地区 2016 年人为源大气污染物排放量

单位：t

		BC	CO	NH_3	NO_x	OC	PM_{10}	$PM_{2.5}$	SO_2	VOCs
2016 年 1 月	农业源	0.0	0.0	46 939.9	0.0	0.0	0.0	0.0	0.0	0.0
	工业源	1 498.3	200 616.9	2 080.6	34 887.0	1 474.0	25 377.0	16 894.8	74 221.0	85 331.3
	火电	5.0	10 685.4	0.0	9 847.0	0.0	3 179.7	2 230.2	9 459.1	94.0
	民用源	9 511.3	908 730.9	6 583.2	13 518.6	36 022.8	61 932.4	58 635.5	14 801.7	78 993.4
	交通源	916.6	127 503.1	196.2	32 551.3	341.0	1 684.2	1 651.3	1 387.5	22 451.4
2016 年 4 月	农业源	0.0	0.0	64 108.2	0.0	0.0	0.0	0.0	0.0	0.0
	工业源	1 472.2	211 391.4	1 996.4	35 482.6	1 490.6	26 098.0	17 374.3	75 048.4	83 047.7
	火电	3.9	8 160.5	0.0	7 515.7	0.0	2 433.7	1 705.2	7 140.8	70.0
	民用源	2 300.8	219 813.3	1 890.8	3 269.9	8 713.5	14 980.8	14 183.2	3 581.0	21 758.0
	交通源	916.4	123 598.3	196.2	32 531.5	340.8	1 683.5	1 650.7	1 386.6	23 447.4
2016 年 7 月	农业源	0.0	0.0	81 026.4	0.0	0.0	0.0	0.0	0.0	0.0
	工业源	1 657.4	222 859.6	2 353.1	37 991.6	1 625.3	26 910.8	18 049.3	80 497.6	96 969.3
	火电	2.9	6396.7	0.0	5 913.7	0.0	1 881.3	1 327.1	6 013.0	63.9
	民用源	2380.1	227 393.0	1 942.5	3 382.7	9 013.9	15 497.4	14 672.3	3 704.5	22 387.6
	交通源	916.3	121 279.3	196.2	32 520.2	340.7	1 683.2	1 650.3	1 386.1	24 022.9
2016 年 10 月	农业源	0.0	0.0	54 577.1	0.0	0.0	0.0	0.0	0.0	0.0
	工业源	1 564.0	207 015.0	2 190.6	36 025.2	1 495.7	25 990.1	17 274.1	81 271.7	90 283.2
	火电	2.3	5246.9	0.0	4 853.5	0.0	1 539.8	1 087.3	4 984.7	53.6
	民用源	2380.1	227 393.0	1 942.5	3 382.7	9 013.9	15 497.4	14 672.3	3 704.5	22 387.6
	交通源	916.4	123 598.3	196.2	32 531.5	340.8	1 683.5	1 650.7	1 386.6	23 447.4
合计		26 443.8	2 951 681.9	268 416.0	326 204.5	70 213.1	228 052.6	184 708.6	369 974.7	594 808.8

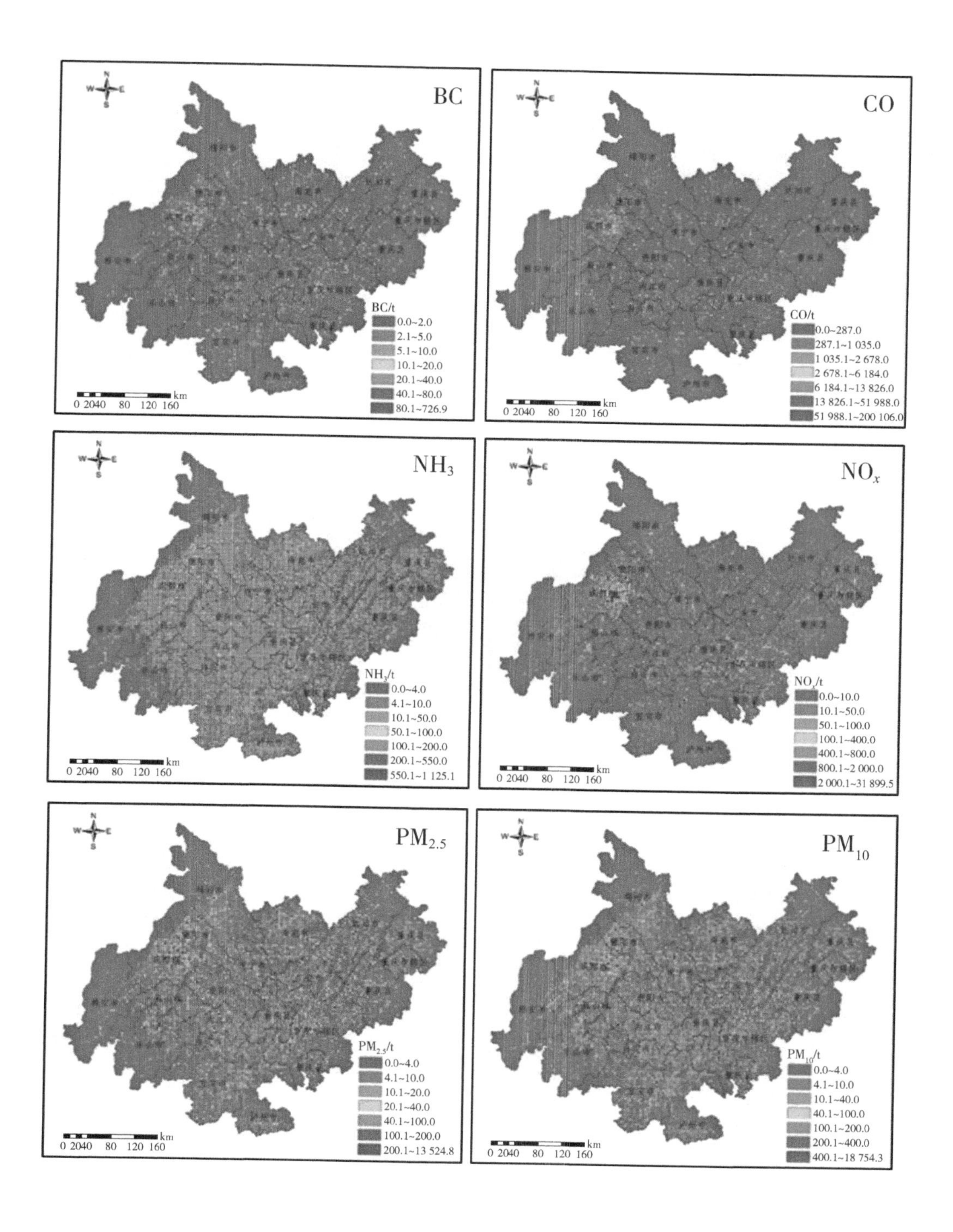
BC
BC/t
0.0~2.0
2.1~5.0
5.1~10.0
10.1~20.0
20.1~40.0
40.1~80.0
80.1~726.9
0 20 40 80 120 160 km
CO
CO/t
0.0~287.0
287.1~1 035.0
1 035.1~2 678.0
2 678.1~6 184.0
6 184.1~13 826.0
13 826.1~51 988.0
51 988.1~200 106.0
NH3
NH3/t
0.0~4.0
4.1~10.0
10.1~50.0
50.1~100.0
100.1~200.0
200.1~550.0
550.1~1 125.1
NOx
NOx/t
0.0~10.0
10.1~50.0
50.1~100.0
100.1~400.0
400.1~800.0
800.1~2 000.0
2 000.1~31 899.5
PM2.5
PM2.5/t
0.0~4.0
4.1~10.0
10.1~20.0
20.1~40.0
40.1~100.0
100.1~200.0
200.1~13 524.8
PM10
PM10/t
0.0~4.0
4.1~10.0
10.1~40.0
40.1~100.0
100.1~200.0
200.1~400.0
400.1~18 754.3

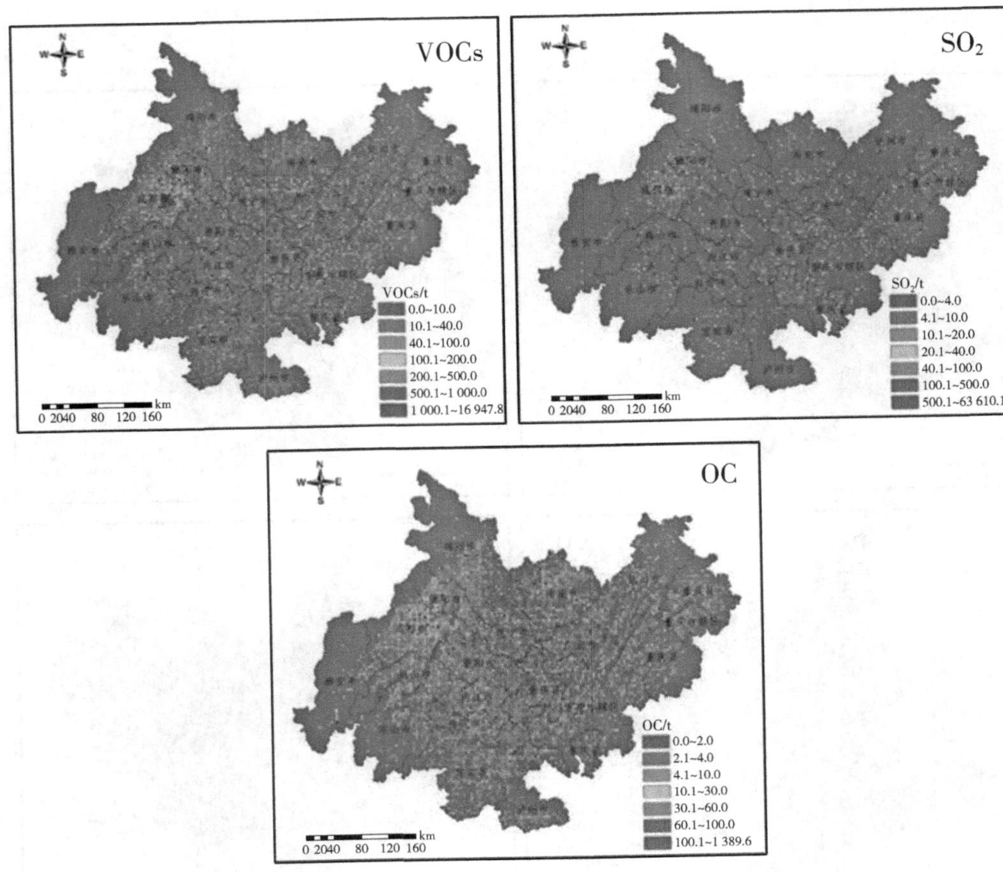

图 7-4 2016 年成渝地区人为源大气污染物排放空间分布

（2）自然源 VOCs 排放量

1）自然源 VOCs 排放量估算。目前，国际上研究自然源挥发性有机物（BVOCs）的代表性模型有 BEIS、G95、BEIS2、GloBEIS、MEGAN 等。本研究利用国际上广泛应用的 MEGANv2.1 进行模拟研究，该模型是在大量实验资料及 G95 算法的基础上，通过进一步完善机理和地表数据而提出的关于气态污染物、气溶胶自然源排放模型。MEGAN 模型不仅能很好地取代之前的模型，而且具有更高的分辨率，能同时满足区域和全球尺度模拟的要求，在国内外 BVOCs 排放研究中得到了普遍的应用。MEGANv2.1 中估计某种化合物 i 的排放量 F_i 时的计算公式为

$$F_i = \gamma_i \times \sum\left(\varepsilon_{i,j} \times \chi_j \times \rho\right) \tag{7-1}$$

式中，$\varepsilon_{i,j}$——植被类型 j 标准条件［叶面积指数 LAI=5，太阳高度角为 60°，大气层光量子通量透射率为 0.6，空气温度为 303 K，空气湿度为 14 g/kg，风速 3 m/s，土壤湿度 0.3 m^3/m^3，过去 24～240 h 的朝阳树叶的叶均温为 297K，平均光合光子通量为 200 μmol/（$m^2 \cdot s$），阴面树叶平局

光合光子通量为 50 μmol/（$m^2 \cdot s$）] 下的排放因子；

χ_j——相应格网中这种植被类型所占的比例；

ρ——逸散系数，通常取常数 1；

γ_i——排放活性因子，用于根据周围气象条件变化（温度、光照、湿度等）来矫正植被的排放量，具体算法见下式：

$$\gamma_i=C_{CE}\times \mathrm{LAI}\times \gamma_{P,i}\times \gamma_{T,i}\times \gamma_{A,i}\times \gamma_{SM,i}\times \gamma_{C,i} \tag{7-2}$$

式中，C_{CE}——冠层环境系数，在 MEGAN 中取 0.57；

LAI——叶面积指数；

$\gamma_{P,i}$——与光照辐射有关的环境调节参数；

$\gamma_{T,i}$——与温度有关的调节参数；

$\gamma_{A,i}$——与叶龄有关的调节参数；

$\gamma_{SM,i}$——与土壤湿度有关的调节参数，该参数只用于估算异戊二烯，其他排放类别此参数默认为 1；

$\gamma_{C,i}$——与二氧化碳有关排放参数。

①LAI 资料。本研究使用的是 2016 年 MODIS 叶面积指数标准产品 MOD15A2H，空间分辨率为 500 m，时间分辨率为 8 d，利用 NCL 编写脚本进行图像处理，最终得到研究区域内 LAI 数据文件。

②植被功能类型 PFT 资料。本研究的植被功能类型利用 MODIS 土地利用标准产品 MCD12Q1 分类，空间分辨率为 500 m。利用 NCL 编写脚本进行图像处理，最终形成 3 km 分辨率的格网，每个格网内分别计算出每种植被类型所占的比例。

③排放因子资料。本研究使用的排放因子数据来自 MEGAN 网站上公布的全球排放因子文件，单位为 μg/（$m^2 \cdot h$）。

④气象驱动数据。本研究利用 WRFv3.9.1 模型数据作为气象驱动数据，并利用 MCIP 将 WRF 数据转换为 MEGANv2.1 的标准输入数据，这里 MEGANv2.1 模型的投影方式默认与气象数据相同，为 Lambert 等角投影。其中的变量主要包括：温度数据（距地面 2 m 的冠层温度和用于差值土壤温度的地表温度）、空气湿度数据（距地面 2 m 的空气湿度数据）、风速数据（冠层风速）、土壤数据（土壤湿度、土壤温度）、太阳辐射（向下短波辐射）等。

2）自然源 VOCs 排放量估算结果。本研究使用 MEGANv2.10（Model of Emissions of Gases and Aerosols from Nature version 2.10）模型估算成渝地区 2016 年 1 月、4 月、7 月、10 月自然源 VOCs 排放量，最终获得成渝地区 2016 年 1 月、4 月、7 月、10 月自然源 VOCs 排放分别为 7 375.6 t、63 735.4 t、372 957.9 t 和 57 664.6 t，空间分布情况如图 7-5 所示。1 月区域西部雅安市、西南部乐山市、宜宾市排放水平最高；4 月东北部达州市、重庆市以及南部宜宾市排放量最大；7 月排放量高值区集中在东北部达州市、重庆市东北部、东南部以及南部宜宾市等区域；10 月排放量高值区集中分布在西部雅安市、乐山市以及南部宜宾市、重庆市等区域。

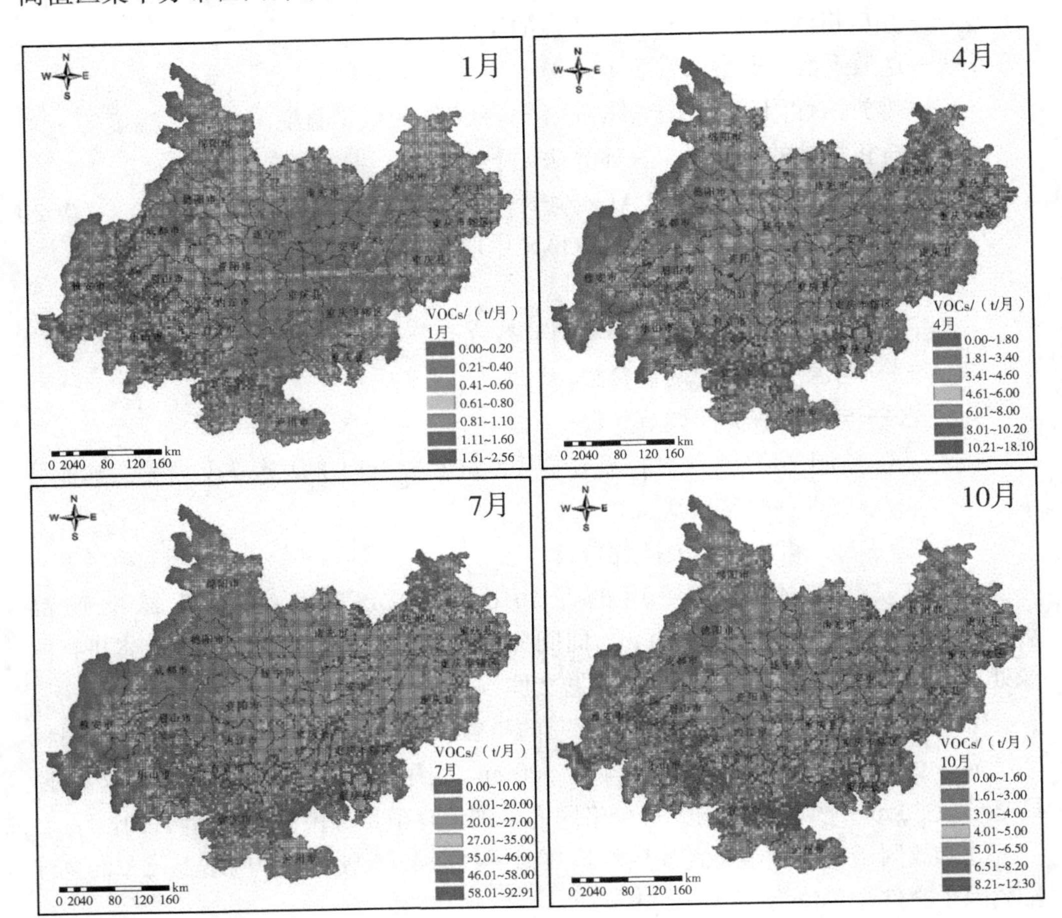

图 7-5　2016 年成渝区域自然源 VOCs 排放空间分布

7.2.2.4　CMAQ 基准情景模拟结果校验

针对 CMAQ 基准情景模拟结果的校验，本研究采用 Metstat 推荐的统计分析方法对模拟结果进行校验，其评价指标包括平均偏差（Bias）、标准平均误差（NME）、归一化平均偏差（NMB）、相关系数（R）和一致性指数（IOA）。观测数据与模型数据分别为 CMAQ 模拟域中各观测站点 $PM_{2.5}$ 逐小时浓度值及各观测站点所在网格对应时间的 $PM_{2.5}$ 的逐小时模拟浓度。站点名称与空间分布情况分别如表 7-4、图 7-6 所示。

评价指标相关计算公式如下：

$$\text{Bias}=\frac{1}{n}\sum_{i=1}^{n}\left(M_i-O_i\right) \qquad (7\text{-}3)$$

$$\mathrm{MME}=\frac{\sum_{i=1}^{n}\left|M_i-O_i\right|}{\sum_{i=1}^{n}O_i} \tag{7-4}$$

$$\mathrm{MMB}=\frac{\sum_{i=1}^{n}\left(M_i-O_i\right)}{\sum_{i=1}^{n}O_i} \tag{7-5}$$

$$R=\frac{\sum_{i=1}^{n}\left(M_i-\overline{M}\right)\left(O_i-\overline{O}\right)}{\sqrt{\sum_{i=1}^{n}\left(M_i-\overline{M}\right)^2\left(O_i-\overline{O}\right)^2}} \tag{7-6}$$

$$\mathrm{IOA}=1-\frac{\sum_{i=1}^{n}\left(M_i-O_i\right)^2}{\sum_{i=1}^{n}\left(\left|M_i-\overline{O}\right|+\left|O_i-\overline{O}\right|\right)^2} \tag{7-7}$$

式中，M_i——模拟数据；

Q_i——观测数据；

n——样本总数；

$\overline{M}$——模拟数据的平均值；

$\overline{O}$——观测数据的平均值；

R=1——模拟结果与观测结果的变化趋势一致；

IOA=1——模拟结果与观测结果最为吻合。

表7-5为成渝地区2016年各月所有空气质量监测站点$PM_{2.5}$逐小时观测值与模拟值对比统计结果。1月相关性最高，为0.58，4月、10月次之（4月0.55，10月0.44），7月相关性最低，为0.39；4个月份模拟值均比观测值偏高，1月偏高程度最大（13.07%），7月偏高程度最小（3.31%），说明$PM_{2.5}$模拟值存在一定的高估现象。本书在成渝地区16个城市各选取1个站点为代表（成都—三瓦窑、达州—市环境监测站、德阳—耐火材料厂、广安—广电花园、乐山—牛耳桥、泸州—市环监站、眉山—蟆颐观、绵阳—三水厂、南充—市环境监测站、内江—市环监站、遂宁—市监测站、雅安—川农大、宜宾—沙坪中学、重庆—南坪、资阳—师范校、自贡—檀木林街）分析。由图7-7可知，4个月份各城市站点均呈现相似的变化趋势，模拟值峰值与观测值峰值时间基本相似，1月、7月、10月模拟值峰值高于观测值峰值，其中除达州—市环境监测站外，其余站点10月峰值差异最大，4月模拟值峰值普遍低于观测值峰值。总体来讲，$PM_{2.5}$模拟值存在一定高估现象，这可

能与排放清单的不确定性及其空间分配有关，且尽管 $PM_{2.5}$ 的模拟值较观测值有一定偏差，但其与观测值的相关系数仍较高，表明模拟结果与观测结果的变化趋势基本一致。

表 7-4　成渝地区空气质量监测站点

序号	地区	城市	站点	序号	地区	城市	站点
1	重庆	重庆	白市驿	30	四川	泸州	兰田宪桥
2	重庆	重庆	蔡家	31	四川	乐山	乐山大佛景区
3	四川	成都	草堂寺	32	重庆	重庆	礼嘉
4	重庆	重庆	茶园	33	四川	资阳	莲花山
5	四川	雅安	川农大	34	四川	成都	梁家巷
6	四川	自贡	春华路	35	重庆	重庆	两路
7	四川	达州	达县机关宾馆	36	四川	成都	灵岩寺
8	四川	达州	达州职业技术学院	37	四川	眉山	蟆颐观
9	四川	自贡	大塘山	38	四川	遂宁	美宁食品公司
10	四川	雅安	大兴 526 台	39	四川	德阳	耐火材料厂
11	四川	德阳	东山公园	40	四川	南充	南充炼油厂
12	四川	内江	东兴区政府	41	四川	南充	南充市委
13	四川	达州	凤凰小区	42	重庆	重庆	南坪
14	四川	绵阳	富乐山	43	重庆	重庆	南泉
15	重庆	重庆	高家花园	44	四川	内江	内江二中
16	四川	南充	高坪区监测站	45	四川	内江	内江日报社
17	四川	绵阳	高新区自来水公司	46	四川	乐山	牛耳桥
18	四川	广安	广电花园	47	四川	眉山	气象局
19	四川	遂宁	行政中心	48	四川	资阳	区法院
20	重庆	重庆	虎溪	49	四川	广安	人工湖
21	四川	宜宾	黄金嘴	50	四川	绵阳	三水厂
22	四川	南充	嘉陵区环保局	51	四川	成都	三瓦窑
23	四川	雅安	建安厂	52	四川	成都	沙河铺
24	重庆	重庆	解放碑	53	四川	宜宾	沙坪中学
25	四川	成都	金泉两河	54	四川	资阳	师范校
26	重庆	重庆	缙云山	55	四川	成都	十里店
27	四川	泸州	九狮山	56	四川	宜宾	石马中学
28	四川	成都	君平街	57	四川	遂宁	石溪浩
29	重庆	重庆	空港	58	四川	乐山	市第三水厂

续表

序号	地区	城市	站点	序号	地区	城市	站点
59	四川	泸州	市环监站	74	四川	自贡	檀木林街
60	四川	达州	市环境监测站	75	重庆	重庆	唐家沱
61	四川	南充	市环境监测站	76	重庆	重庆	天生
62	四川	乐山	市监测站	77	四川	南充	西山风景区
63	四川	眉山	市监测站	78	四川	德阳	西小区
64	四川	内江	市监测站	79	四川	广安	小平旧居
65	四川	遂宁	市监测站	80	四川	泸州	小市上码头
66	四川	德阳	市检察院	81	重庆	重庆	新山村
67	四川	绵阳	市人大	82	四川	眉山	旭光小区
68	四川	广安	市委	83	四川	自贡	盐马路
69	四川	宜宾	市委	84	重庆	重庆	杨家坪
70	四川	雅安	市政府	85	四川	宜宾	宜宾四中
71	四川	宜宾	市政府	86	四川	广安	友谊中学
72	四川	达州	市政中心	87	重庆	重庆	鱼新街
73	四川	资阳	四三一厂	88	四川	资阳	资阳中学

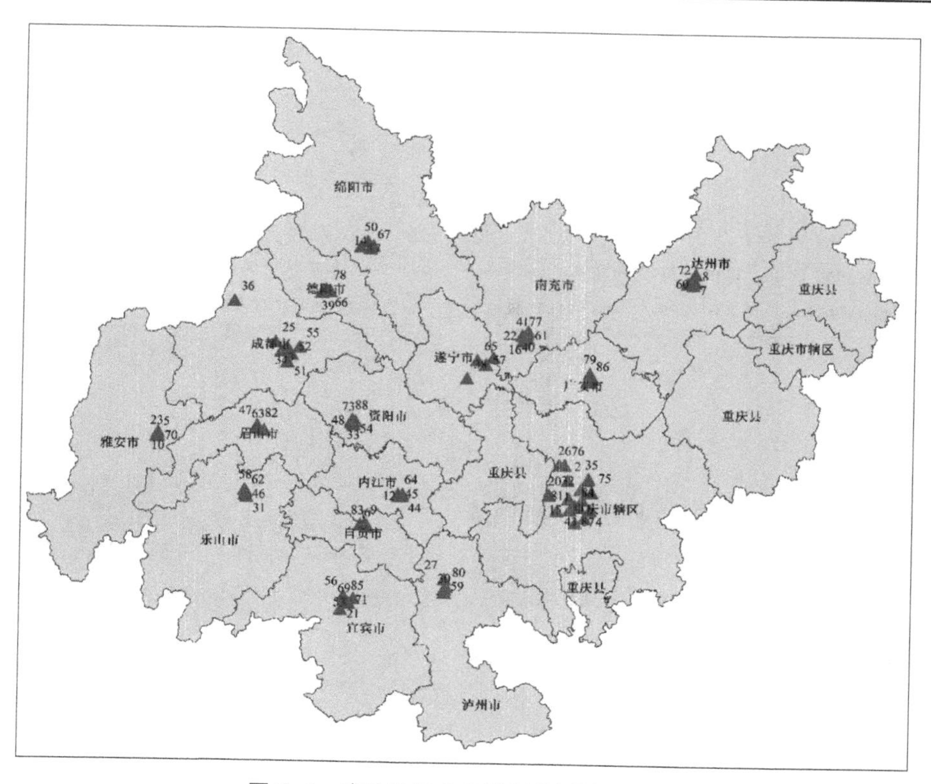

图 7-6　成渝地区空气质量监测站点分布

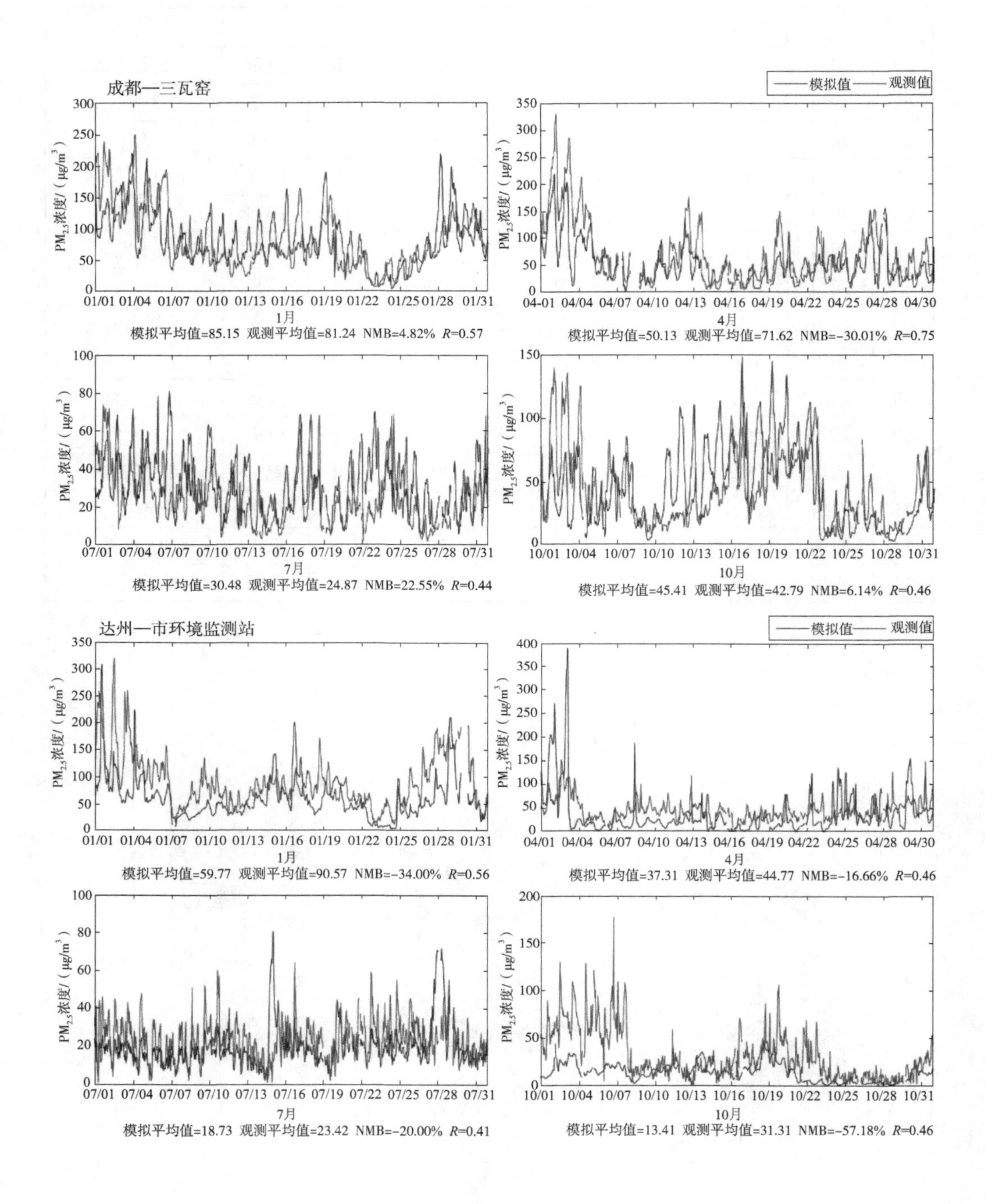
成都—三瓦窑
模拟值 观测值
PM2.5浓度/（μg/m³）
1月
模拟平均值=85.15 观测平均值=81.24 NMB=4.82% R=0.57
4月
模拟平均值=50.13 观测平均值=71.62 NMB=-30.01% R=0.75
7月
模拟平均值=30.48 观测平均值=24.87 NMB=22.55% R=0.44
10月
模拟平均值=45.41 观测平均值=42.79 NMB=6.14% R=0.46
达州—市环境监测站
1月
模拟平均值=59.77 观测平均值=90.57 NMB=-34.00% R=0.56
4月
模拟平均值=37.31 观测平均值=44.77 NMB=-16.66% R=0.46
7月
模拟平均值=18.73 观测平均值=23.42 NMB=-20.00% R=0.41
10月
模拟平均值=13.41 观测平均值=31.31 NMB=-57.18% R=0.46

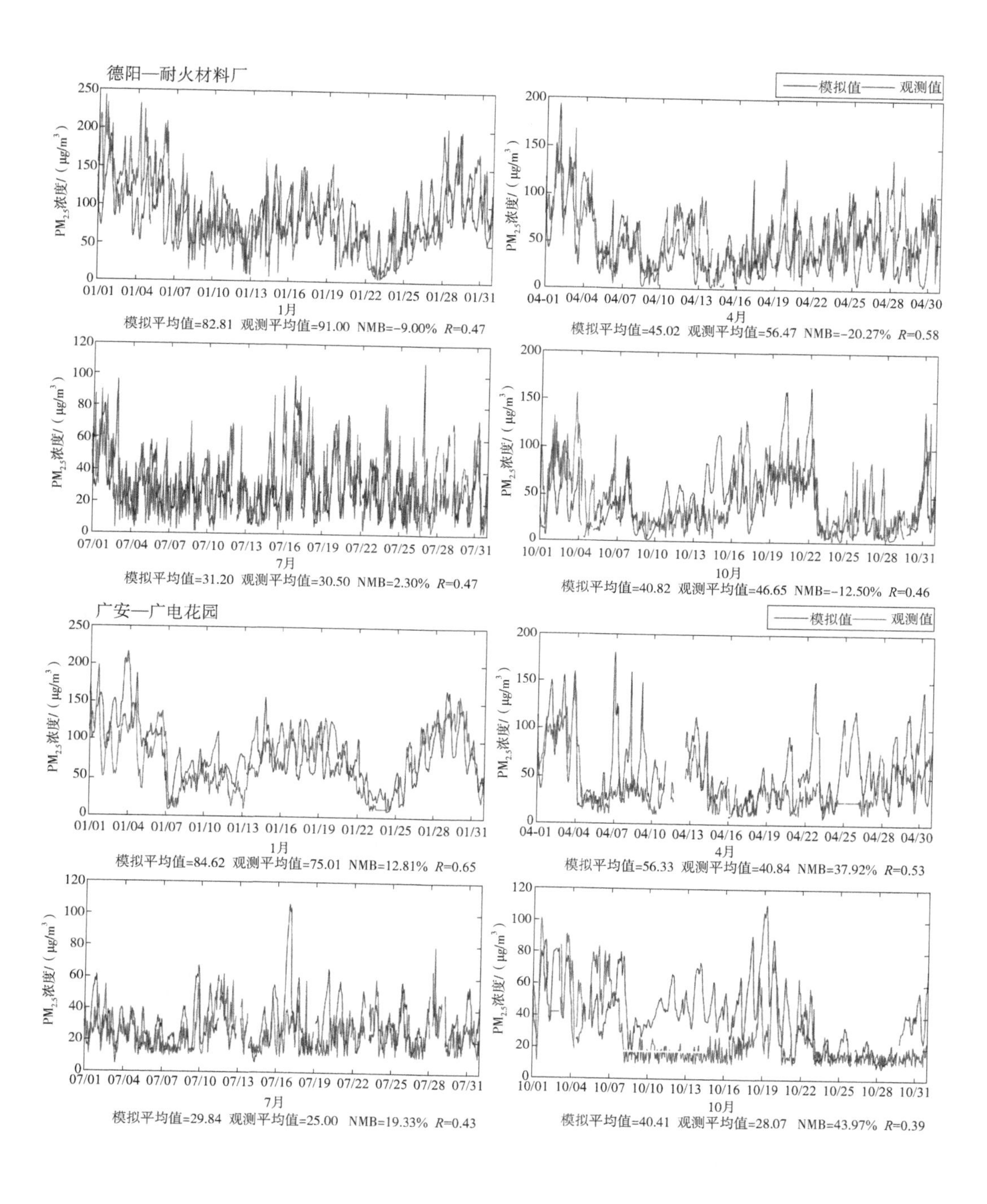

德阳—耐火材料厂
模拟值 观测值
PM2.5浓度/（μg/m³）
1月
模拟平均值=82.81 观测平均值=91.00 NMB=-9.00% R=0.47
4月
模拟平均值=45.02 观测平均值=56.47 NMB=-20.27% R=0.58
7月
模拟平均值=31.20 观测平均值=30.50 NMB=2.30% R=0.47
10月
模拟平均值=40.82 观测平均值=46.65 NMB=-12.50% R=0.46
广安—广电花园
模拟值 观测值
1月
模拟平均值=84.62 观测平均值=75.01 NMB=12.81% R=0.65
4月
模拟平均值=56.33 观测平均值=40.84 NMB=37.92% R=0.53
7月
模拟平均值=29.84 观测平均值=25.00 NMB=19.33% R=0.43
10月
模拟平均值=40.41 观测平均值=28.07 NMB=43.97% R=0.39

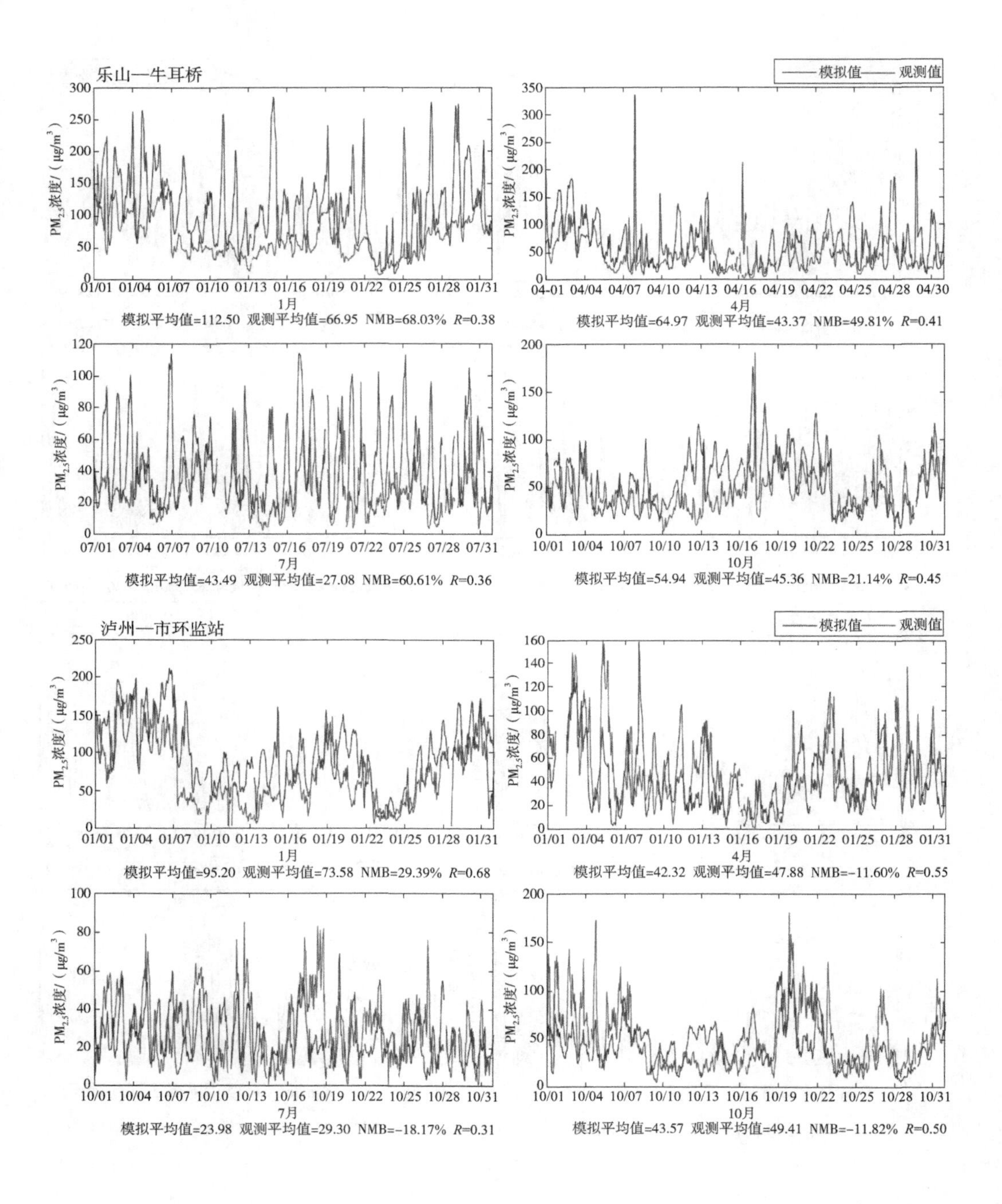

乐山—牛耳桥
模拟值
观测值
PM2.5浓度/（μg/m3）
1月
模拟平均值=112.50 观测平均值=66.95 NMB=68.03% R=0.38
4月
模拟平均值=64.97 观测平均值=43.37 NMB=49.81% R=0.41
7月
模拟平均值=43.49 观测平均值=27.08 NMB=60.61% R=0.36
10月
模拟平均值=54.94 观测平均值=45.36 NMB=21.14% R=0.45
泸州—市环监站
模拟值
观测值
1月
模拟平均值=95.20 观测平均值=73.58 NMB=29.39% R=0.68
4月
模拟平均值=42.32 观测平均值=47.88 NMB=-11.60% R=0.55
7月
模拟平均值=23.98 观测平均值=29.30 NMB=-18.17% R=0.31
10月
模拟平均值=43.57 观测平均值=49.41 NMB=-11.82% R=0.50

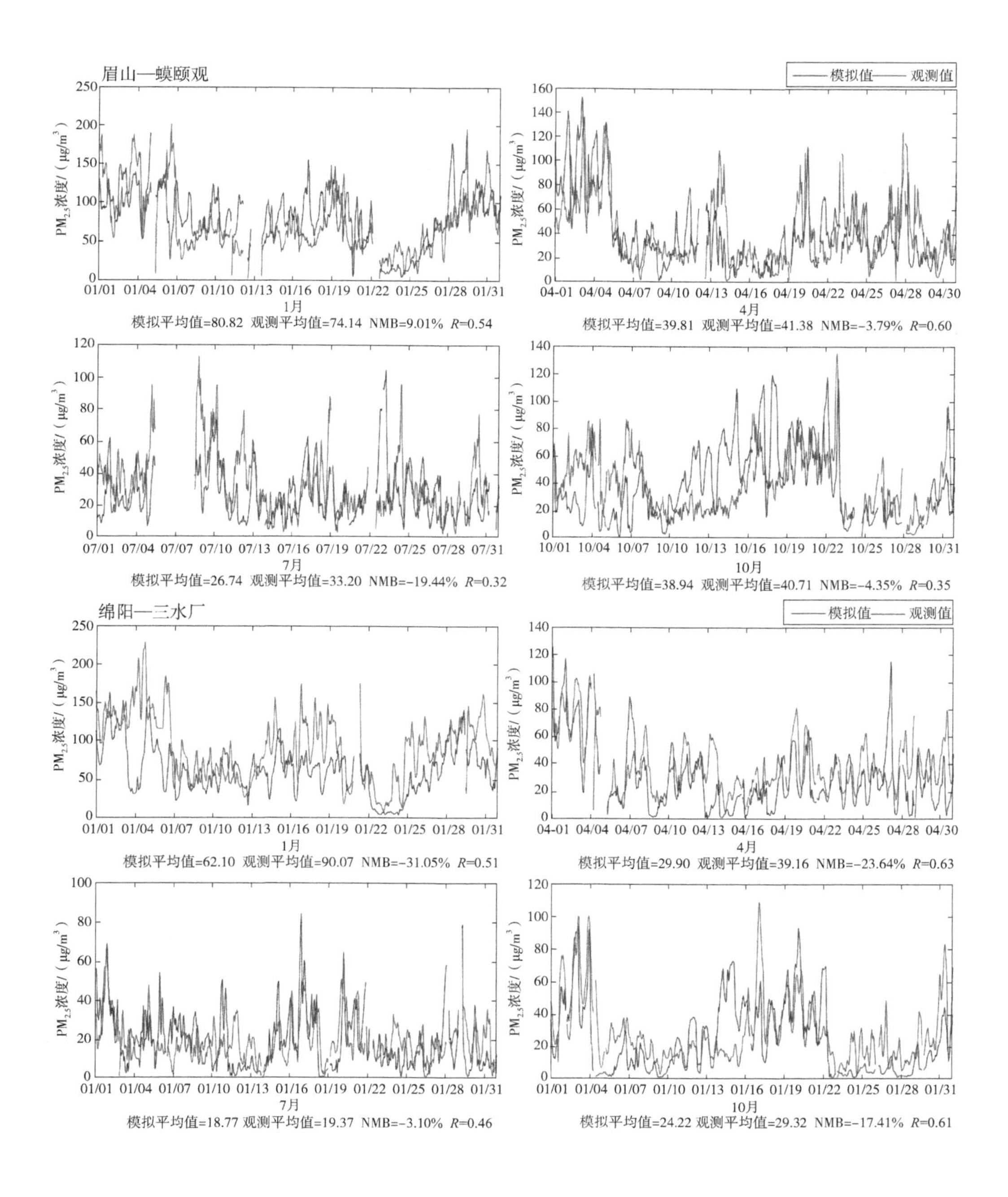
眉山—蟆颐观
——模拟值—— 观测值
$PM_{2.5}$浓度/（μg/m³）
1月
模拟平均值=80.82 观测平均值=74.14 NMB=9.01% R=0.54
4月
模拟平均值=39.81 观测平均值=41.38 NMB=-3.79% R=0.60
7月
模拟平均值=26.74 观测平均值=33.20 NMB=-19.44% R=0.32
10月
模拟平均值=38.94 观测平均值=40.71 NMB=-4.35% R=0.35
绵阳—三水厂
——模拟值—— 观测值
1月
模拟平均值=62.10 观测平均值=90.07 NMB=-31.05% R=0.51
4月
模拟平均值=29.90 观测平均值=39.16 NMB=-23.64% R=0.63
7月
模拟平均值=18.77 观测平均值=19.37 NMB=-3.10% R=0.46
10月
模拟平均值=24.22 观测平均值=29.32 NMB=-17.41% R=0.61

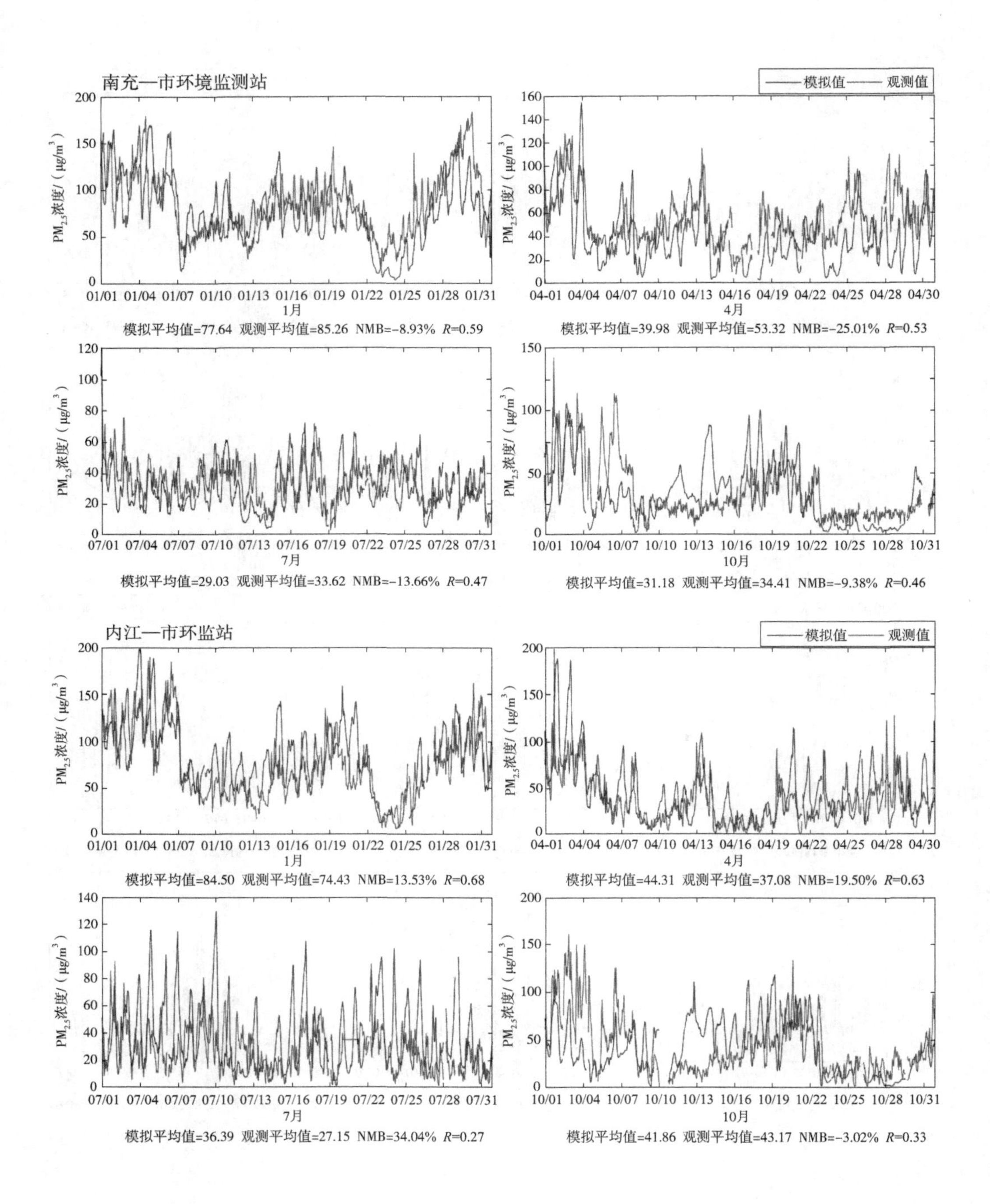
南充—市环境监测站
模拟值 观测值
模拟平均值=77.64 观测平均值=85.26 NMB=-8.93% R=0.59
模拟平均值=39.98 观测平均值=53.32 NMB=-25.01% R=0.53
模拟平均值=29.03 观测平均值=33.62 NMB=-13.66% R=0.47
模拟平均值=31.18 观测平均值=34.41 NMB=-9.38% R=0.46
内江—市环监站
模拟值 观测值
模拟平均值=84.50 观测平均值=74.43 NMB=13.53% R=0.68
模拟平均值=44.31 观测平均值=37.08 NMB=19.50% R=0.63
模拟平均值=36.39 观测平均值=27.15 NMB=34.04% R=0.27
模拟平均值=41.86 观测平均值=43.17 NMB=-3.02% R=0.33

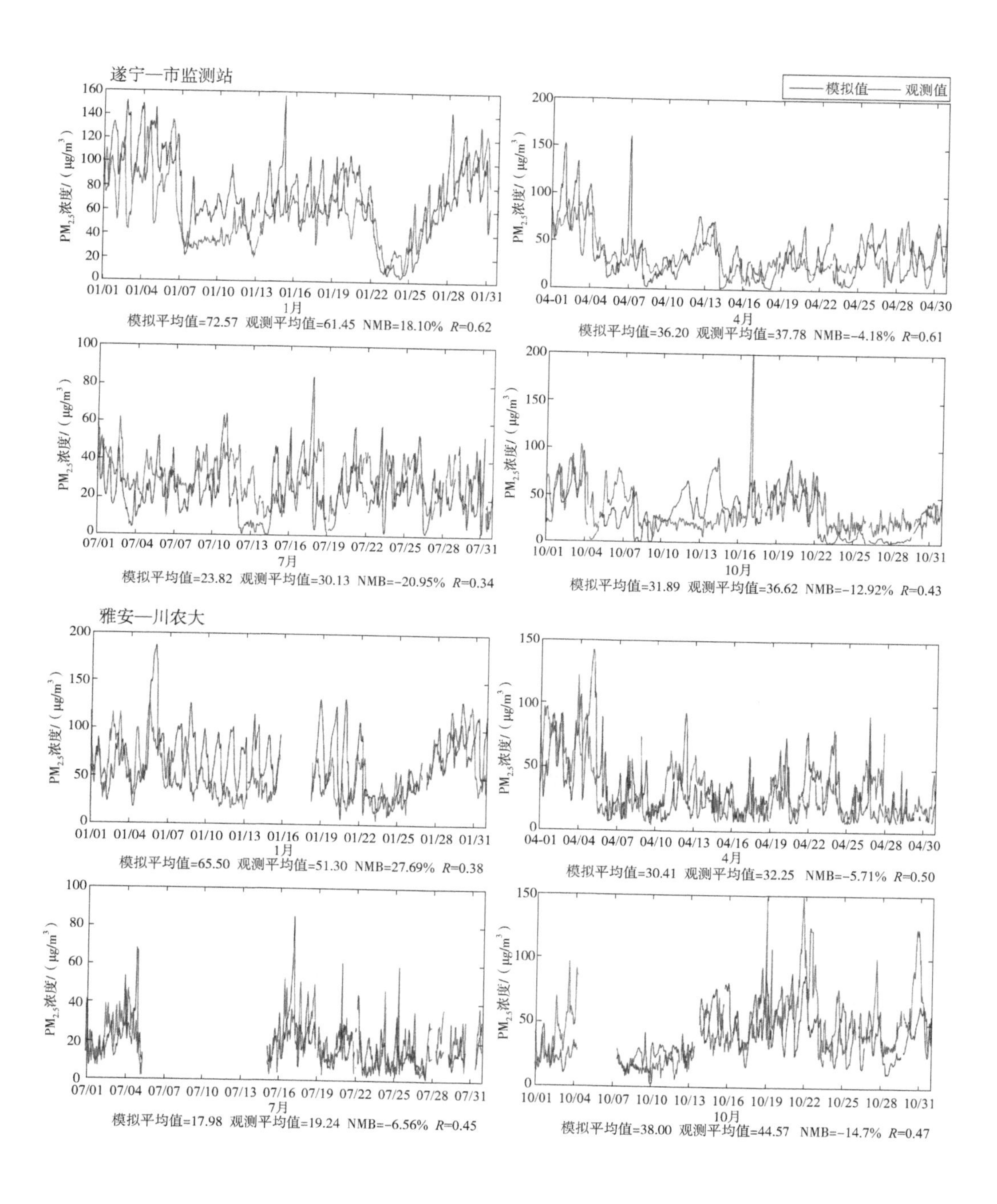
遂宁—市监测站
——模拟值—— 观测值
PM2.5浓度/（μg/m3）
1月
模拟平均值=72.57 观测平均值=61.45 NMB=18.10% R=0.62
4月
模拟平均值=36.20 观测平均值=37.78 NMB=-4.18% R=0.61
7月
模拟平均值=23.82 观测平均值=30.13 NMB=-20.95% R=0.34
10月
模拟平均值=31.89 观测平均值=36.62 NMB=-12.92% R=0.43
雅安—川农大
1月
模拟平均值=65.50 观测平均值=51.30 NMB=27.69% R=0.38
4月
模拟平均值=30.41 观测平均值=32.25 NMB=-5.71% R=0.50
7月
模拟平均值=17.98 观测平均值=19.24 NMB=-6.56% R=0.45
10月
模拟平均值=38.00 观测平均值=44.57 NMB=-14.7% R=0.47

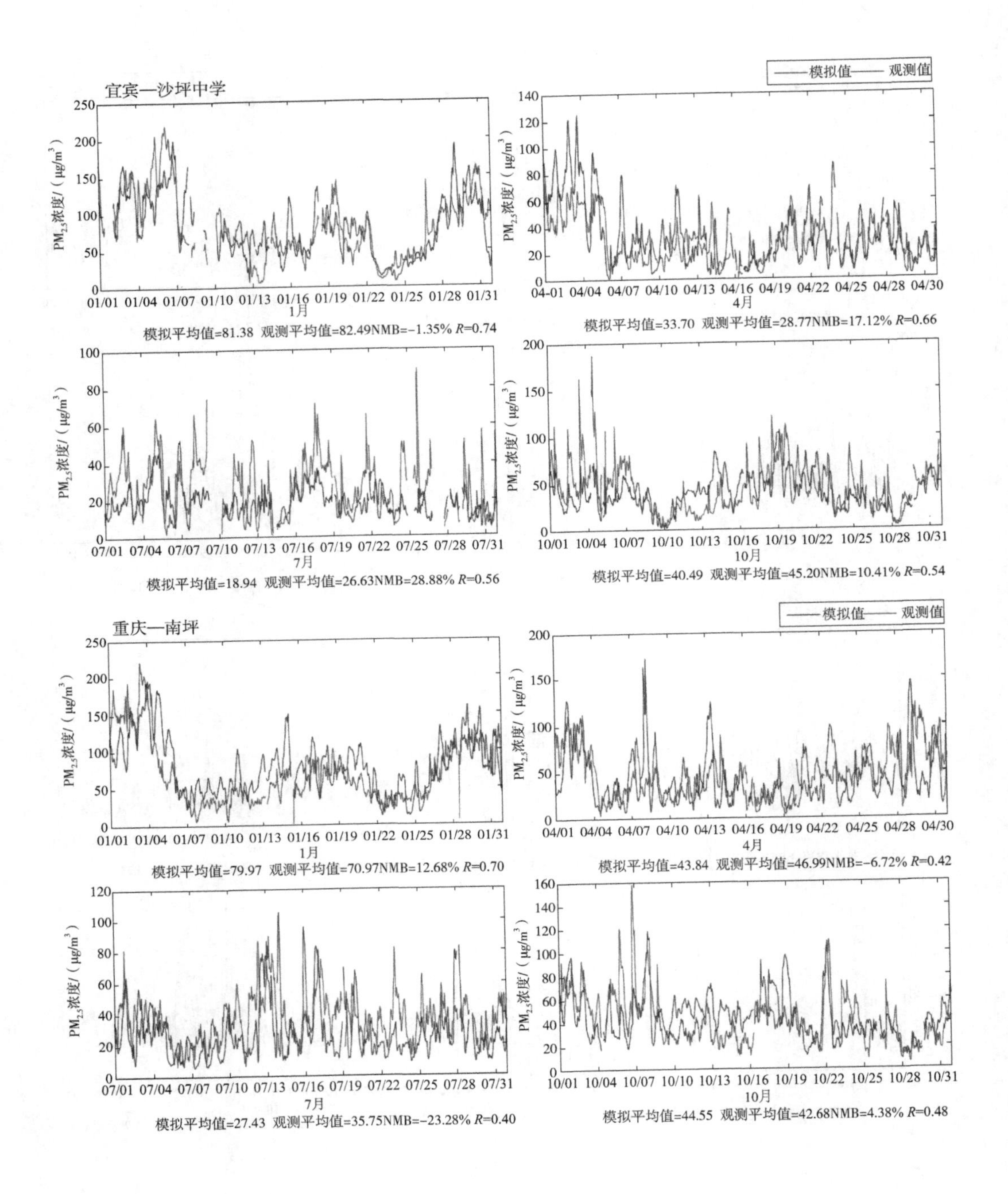
宜宾—沙坪中学
模拟值 观测值
1月
模拟平均值=81.38 观测平均值=82.49NMB=-1.35% R=0.74
4月
模拟平均值=33.70 观测平均值=28.77NMB=17.12% R=0.66
7月
模拟平均值=18.94 观测平均值=26.63NMB=28.88% R=0.56
10月
模拟平均值=40.49 观测平均值=45.20NMB=10.41% R=0.54
重庆—南坪
模拟值 观测值
1月
模拟平均值=79.97 观测平均值=70.97NMB=12.68% R=0.70
4月
模拟平均值=43.84 观测平均值=46.99NMB=-6.72% R=0.42
7月
模拟平均值=27.43 观测平均值=35.75NMB=-23.28% R=0.40
10月
模拟平均值=44.55 观测平均值=42.68NMB=4.38% R=0.48

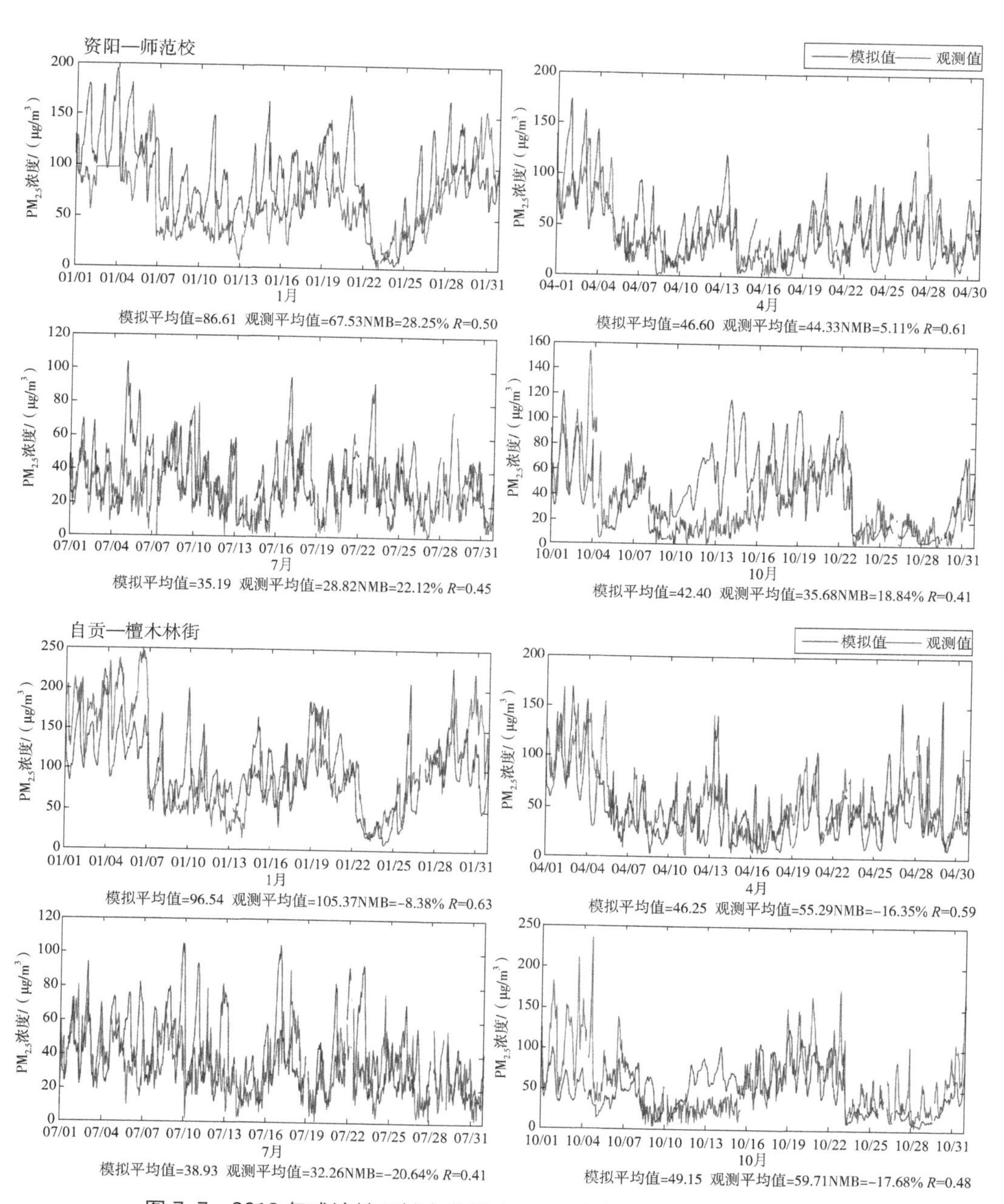

图 7-7 2018 年成渝地区城市监测点 $PM_{2.5}$ 浓度模拟值与观测值对比

表 7-5　2016 年成渝地区各站点 $PM_{2.5}$ 逐小时观测值与模拟值统计情况

月份	站点	观测均值	模拟均值	平均偏差 /%	标准平均偏差 /%	归一化平均偏差 /%	相关系数	一致性指数
1月	成渝地区所有站点	76.08	83.96	7.59	42.97	13.07	0.58	0.72
	成都所有站点	77.83	84.19	5.56	38.46	8.47	0.58	0.75
	成都—草堂寺	—	—	—	—	—	—	—
	成都—金泉两河	91.66	88.05	-3.61	32.76	-3.94	0.59	0.76
	成都—君平街	77.26	96.64	19.36	45.35	25.09	0.56	0.70
	成都—梁家巷	77.65	94.97	17.30	42.75	22.31	0.60	0.73
	成都—灵岩寺	54.85	56.65	1.80	33.43	3.29	0.65	0.81
	成都—三瓦窑	81.24	85.15	3.91	39.32	4.82	0.57	0.75
	成都—沙河铺	77.31	86.01	8.69	39.69	11.25	0.54	0.72
	成都—十里店	84.82	81.85	-2.95	35.91	-3.49	0.58	0.76
	达州所有站点	96.34	83.35	-12.74	45.64	-13.71	0.55	0.66
	达州—达县机关宾馆	95.61	84.71	-10.89	40.10	-11.41	0.56	0.73
	达州—达州职业技术学院	96.32	51.99	-43.49	48.02	-46.02	0.65	0.60
	达州—凤凰小区	94.67	122.13	27.20	50.03	29.01	0.59	0.72
	达州—市环境监测站	90.57	59.77	-30.21	43.48	-34.00	0.56	0.67
	达州—市政中心	104.55	98.16	-6.32	46.57	-6.11	0.37	0.60
	德阳所有站点	84.48	70.72	-13.74	36.76	-14.51	0.54	0.70
	德阳—东山公园	62.21	65.38	3.09	34.82	5.09	0.61	0.77
	德阳—耐火材料厂	91.00	82.81	-8.17	37.25	-9.00	0.47	0.68
	德阳—市检察院	90.62	67.28	-23.31	35.40	-25.76	0.59	0.69
	德阳—西小区	94.10	67.40	-26.55	39.58	-28.37	0.51	0.63

续表

月份	站点	观测均值	模拟均值	平均偏差 /%	标准平均偏差 /%	归一化平均偏差 /%	相关系数	一致性指数
1月	广安所有站点	66.90	81.06	11.15	41.86	22.82	0.62	0.75
	广安—广电花园	75.01	84.62	9.59	35.45	12.81	0.65	0.79
	广安—人工湖	—	—	—	—	—	—	—
	广安—市委	76.16	84.62	8.45	34.26	11.10	0.66	0.80
	广安—小平旧居	51.73	71.61	19.71	52.99	38.42	0.56	0.67
	广安—友谊中学	64.67	83.39	18.01	44.73	28.95	0.61	0.72
	乐山所有站点	69.47	136.94	67.26	108.92	98.03	0.33	0.40
	乐山—乐山大佛景区	67.57	161.59	93.63	146.78	139.13	0.32	0.31
	乐山—牛耳桥	66.95	112.50	45.48	78.68	68.03	0.38	0.48
	乐山—市第三水厂	74.40	112.35	37.69	65.59	51.01	0.40	0.53
	乐山—市监测站	68.96	161.34	92.25	144.63	133.97	0.22	0.30
	泸州所有站点	71.98	91.28	19.19	46.27	27.62	0.64	0.76
	泸州—九狮山	72.50	85.39	12.88	42.98	17.79	0.57	0.74
	泸州—兰田宪桥	64.10	94.84	30.70	58.81	47.96	0.64	0.70
	泸州—市环监站	73.58	95.20	21.27	45.77	29.39	0.68	0.78
	泸州—小市上码头	77.74	89.68	11.92	37.53	15.36	0.68	0.81
	眉山所有站点	78.76	81.83	2.95	38.75	4.06	0.53	0.72
	眉山—蟆颐观	74.14	80.82	6.26	38.11	9.01	0.54	0.73
	眉山—气象局	82.04	81.26	−0.78	36.75	−0.95	0.53	0.72
	眉山—市监测站	78.33	85.46	7.08	42.15	9.10	0.53	0.71
	眉山—旭光小区	80.51	79.76	−0.75	37.98	−0.94	0.53	0.72

续表

月份	站点	观测均值	模拟均值	平均偏差 /%	标准平均偏差 /%	归一化平均偏差 /%	相关系数	一致性指数
1月	绵阳所有站点	81.45	70.73	−10.52	37.87	−12.83	0.50	0.69
	绵阳—富乐山	76.68	62.11	−14.22	37.83	−19.00	0.56	0.71
	绵阳—高新区自来水公司	73.17	69.06	−4.04	37.21	−5.61	0.42	0.67
	绵阳—三水厂	90.07	62.10	−27.55	38.46	−31.05	0.51	0.65
	绵阳—市人大	85.89	89.63	3.72	37.99	4.35	0.52	0.73
	南充所有站点	84.19	82.32	−1.88	32.92	−1.42	0.55	0.72
	南充—高坪区监测站	85.95	90.32	4.36	34.50	5.08	0.50	0.70
	南充—嘉陵区环保局	89.00	80.38	−8.61	32.00	−9.68	0.56	0.74
	南充—南充炼油厂	91.55	77.33	−14.10	28.28	−15.53	0.65	0.76
	南充—南充市委	85.65	90.39	4.73	34.43	5.54	0.51	0.70
	南充—市环境监测站	85.26	77.64	−7.60	30.95	−8.93	0.59	0.75
	南充—西山风景区	67.71	77.89	9.97	37.37	15.03	0.48	0.69
	内江所有站点	71.08	83.79	12.50	34.29	18.04	0.69	0.80
	内江—东兴区政府	72.00	83.12	10.98	33.14	15.44	0.70	0.81
	内江—内江二中	70.55	83.16	12.34	32.99	17.88	0.72	0.82
	内江—内江日报社	67.33	84.37	16.81	38.97	25.30	0.67	0.77
	内江—市环监站	74.43	84.50	9.85	32.04	13.53	0.68	0.81
	遂宁所有站点	63.05	76.26	12.91	41.37	21.47	0.57	0.70
	遂宁—行政中心	57.00	72.37	15.26	41.33	26.96	0.60	0.71
	遂宁—美宁食品公司	64.05	88.00	23.07	50.46	37.39	0.52	0.62
	遂宁—石溪浩	69.68	72.09	2.37	36.87	3.45	0.51	0.71
	遂宁—市监测站	61.45	72.57	10.93	36.83	18.10	0.62	0.75

续表

月份	站点	观测均值	模拟均值	平均偏差 /%	标准平均偏差 /%	归一化平均偏差 /%	相关系数	一致性指数
1月	雅安所有站点	58.45	65.56	6.75	46.63	13.28	0.36	0.61
	雅安—川农大	51.30	65.50	12.91	50.58	27.69	0.38	0.60
	雅安—大兴 526 台	68.75	67.50	-1.11	46.56	-1.83	0.26	0.55
	雅安—建安厂	56.53	64.34	7.58	46.10	13.82	0.32	0.58
	雅安—市政府	57.22	64.92	7.61	43.30	13.46	0.49	0.70
	宜宾所有站点	90.71	82.22	-8.44	30.80	-9.01	0.69	0.81
	宜宾—黄金嘴	81.20	77.28	-3.91	32.47	-4.83	0.67	0.81
	宜宾—沙坪中学	82.49	81.38	-1.02	28.94	-1.35	0.74	0.85
	宜宾—石马中学	94.15	80.38	-13.62	31.13	-14.63	0.71	0.81
	宜宾—市委	89.90	82.33	-7.57	30.77	-8.43	0.66	0.80
	宜宾—市政府	92.32	82.33	-9.98	29.74	-10.83	0.71	0.82
	宜宾—宜宾四中	104.19	89.62	-14.56	31.73	-13.99	0.68	0.79
	重庆所有站点	69.11	80.51	11.08	38.30	16.88	0.67	0.79
	重庆—白市驿	68.18	79.99	11.63	37.72	17.32	0.69	0.80
	重庆—蔡家	64.79	78.60	13.76	40.97	21.33	0.65	0.78
	重庆—茶园	64.52	76.70	11.25	39.40	18.88	0.67	0.78
	重庆—高家花园	74.69	90.08	15.11	37.15	20.60	0.68	0.79
	重庆—虎溪	72.03	82.83	10.79	34.41	15.00	0.71	0.82
	重庆—解放碑	74.64	78.20	3.51	30.50	4.77	0.74	0.85
	重庆—缙云山	53.89	76.48	20.90	58.54	41.91	0.48	0.63
	重庆—空港	68.62	79.57	10.35	34.18	15.96	0.71	0.82

续表

月份	站点	观测均值	模拟均值	平均偏差 /%	标准平均偏差 /%	归一化平均偏差 /%	相关系数	一致性指数
1月	重庆—礼嘉	70.11	73.77	3.65	31.99	5.22	0.73	0.84
	重庆—两路	68.68	70.78	2.00	32.68	3.05	0.66	0.80
	重庆—南坪	70.97	79.97	8.93	36.19	12.68	0.70	0.82
	重庆—南泉	70.06	81.57	11.33	40.15	16.44	0.60	0.76
	重庆—唐家沱	66.94	72.35	5.03	34.58	8.09	0.71	0.83
	重庆—天生	68.57	90.32	21.72	46.64	31.72	0.56	0.68
	重庆—新山村	74.05	89.58	15.51	40.58	20.98	0.66	0.78
	重庆—杨家坪	74.41	87.23	12.43	37.25	17.22	0.68	0.80
	重庆—鱼新街	69.66	80.72	10.41	38.20	15.88	0.69	0.82
	资阳所有站点	62.20	83.27	20.91	58.07	36.84	0.47	0.62
	资阳—莲花山	45.89	81.12	34.75	85.54	76.77	0.50	0.55
	资阳—区法院	71.51	82.92	11.36	47.13	15.96	0.46	0.65
	资阳—师范校	67.53	86.61	19.00	48.61	28.25	0.50	0.66
	资阳—四三一厂	65.31	82.91	17.48	51.85	26.95	0.46	0.64
	资阳—资阳中学	60.76	82.80	21.95	57.20	36.27	0.46	0.62
	自贡所有站点	99.59	102.44	2.78	35.83	3.16	0.59	0.74
	自贡—春华路	96.21	118.29	21.63	45.18	22.95	0.51	0.67
	自贡—大塘山	97.91	92.23	−5.60	31.75	−5.81	0.63	0.78
	自贡—檀木林街	105.37	96.54	−8.72	33.16	−8.38	0.63	0.77
	自贡—盐马路	98.87	102.72	3.80	33.24	3.89	0.57	0.75

续表

月份	站点	观测均值	模拟均值	平均偏差 /%	标准平均偏差 /%	归一化平均偏差 /%	相关系数	一致性指数
4月	成渝地区所有站点	45.08	45.59	0.50	53.26	4.17	0.55	0.69
	成都所有站点	61.64	49.62	−10.23	43.34	−19.16	0.68	0.79
	成都—草堂寺							
	成都—金泉两河	75.31	52.61	−21.91	40.28	−30.15	0.70	0.78
	成都—君平街	54.79	60.39	5.53	47.34	10.23	0.64	0.77
	成都—梁家巷	67.16	60.12	−6.94	39.47	−10.48	0.65	0.80
	成都—灵岩寺	39.40	27.24	−11.99	58.64	−30.86	0.56	0.72
	成都—三瓦窑	71.62	50.13	−20.56	41.10	−30.01	0.75	0.80
	成都—沙河铺	62.24	51.92	−10.20	36.34	−16.59	0.75	0.85
	成都—十里店	60.93	44.92	−15.81	40.18	−26.28	0.70	0.80
	达州所有站点	42.60	61.07	18.06	93.49	40.09	0.36	0.43
	达州—达县机关宾馆	51.52	70.59	18.24	87.67	37.01	0.38	0.41
	达州—达州职业技术学院	29.96	25.81	−4.08	66.88	−13.84	0.33	0.56
	达州—凤凰小区	46.24	97.33	50.37	127.96	110.48	0.34	0.30
	达州—市环境监测站	44.77	37.31	−7.32	66.60	−16.66	0.46	0.55
	达州—市政中心	40.50	74.29	33.08	118.35	83.45	0.28	0.33
	德阳	44.84	37.13	−7.57	48.04	−15.48	0.56	0.73
	德阳—东山公园	32.58	33.24	0.62	51.61	2.02	0.60	0.76
	德阳—耐火材料厂	56.47	45.02	−11.19	42.05	−20.27	0.58	0.74
	德阳—市检察院	42.15	35.19	−6.84	47.75	−16.50	0.53	0.72
	德阳—西小区	48.16	35.06	−12.87	50.74	−27.19	0.51	0.69

续表

月份	站点	观测均值	模拟均值	平均偏差 /%	标准平均偏差 /%	归一化平均偏差 /%	相关系数	一致性指数
4月	广安所有站点	37.40	53.00	12.11	62.93	41.64	0.55	0.67
	广安—广电花园	40.84	56.33	14.57	60.79	37.92	0.53	0.67
	广安—人工湖	—	—	—	—	—	—	—
	广安—市委	38.06	56.34	18.06	66.11	48.05	0.54	0.66
	广安—小平旧居	30.79	42.73	11.62	62.25	38.79	0.60	0.70
	广安—友谊中学	39.91	56.59	16.28	62.58	41.79	0.53	0.63
	乐山所有站点	45.30	76.47	30.68	93.34	69.32	0.40	0.50
	乐山—乐山大佛景区	48.90	87.80	38.40	98.35	79.53	0.48	0.53
	乐山—牛耳桥	43.37	64.97	21.33	76.37	49.81	0.41	0.54
	乐山—市第三水厂	46.71	64.97	18.04	71.83	39.11	0.34	0.53
	乐山—市监测站	42.20	88.13	44.96	126.81	108.82	0.36	0.40
	泸州所有站点	50.29	41.34	-8.71	42.22	-17.14	0.57	0.73
	泸州—九狮山	48.77	37.57	-11.03	44.09	-22.97	0.56	0.72
	泸州—兰田宪桥	46.59	43.92	-2.60	41.43	-5.72	0.57	0.75
	泸州—市环监站	47.88	42.32	-5.34	42.42	-11.60	0.55	0.74
	泸州—小市上码头	57.92	41.55	-15.89	40.95	-28.27	0.62	0.73
	眉山所有站点	48.34	40.77	-7.42	41.36	-14.77	0.66	0.79
	眉山—蟆颐观	41.38	39.81	-1.52	46.85	-3.79	0.60	0.77
	眉山—气象局	54.03	40.29	-13.46	40.51	-25.44	0.66	0.78
	眉山—市监测站	53.44	43.34	-9.90	37.30	-18.90	0.68	0.80
	眉山—旭光小区	44.50	39.62	-4.82	40.79	-10.97	0.68	0.82

续表

月份	站点	观测均值	模拟均值	平均偏差 /%	标准平均偏差 /%	归一化平均偏差 /%	相关系数	一致性指数
4月	绵阳所有站点	36.84	36.28	-0.47	47.29	-1.41	0.64	0.74
	绵阳—富乐山	32.17	29.78	-2.36	44.33	-7.44	0.66	0.77
	绵阳—高新区自来水公司	38.47	33.62	-4.51	45.44	-12.60	0.63	0.75
	绵阳—三水厂	39.16	29.90	-8.93	41.34	-23.64	0.63	0.76
	绵阳—市人大	37.55	51.83	13.92	58.05	38.03	0.64	0.66
	南充所有站点	48.25	43.78	-4.39	45.19	-6.73	0.53	0.68
	南充—高坪区监测站	58.03	50.33	-7.60	41.93	-13.27	0.44	0.63
	南充—嘉陵区环保局	56.53	42.77	-13.59	43.66	-24.35	0.55	0.70
	南充—南充炼油厂	37.73	39.58	1.82	45.51	4.90	0.61	0.74
	南充—南充市委	49.73	50.34	0.61	44.46	1.24	0.50	0.67
	南充—市环境监测站	53.32	39.98	-13.00	42.17	-25.01	0.53	0.68
	南充—西山风景区	34.16	39.67	5.41	53.43	16.12	0.55	0.68
	内江所有站点	38.39	44.12	5.68	47.41	15.66	0.67	0.78
	内江—东兴区政府	35.66	43.88	8.17	51.34	23.07	0.67	0.77
	内江—内江二中	43.74	43.94	0.19	38.68	0.45	0.71	0.82
	内江—内江日报社	37.08	44.36	7.21	49.02	19.63	0.66	0.77
	内江—市环监站	37.08	44.31	7.17	50.62	19.50	0.63	0.76
	遂宁所有站点	37.01	39.32	2.30	48.12	8.00	0.62	0.73
	遂宁—行政中心	29.91	35.88	5.87	56.12	19.97	0.55	0.70
	遂宁—美宁食品公司	37.03	49.86	12.64	56.03	34.66	0.65	0.69
	遂宁—石溪浩	43.35	35.36	-7.76	38.39	-18.43	0.66	0.79
	遂宁—市监测站	37.78	36.20	-1.56	41.95	-4.18	0.61	0.75

续表

月份	站点	观测均值	模拟均值	平均偏差 /%	标准平均偏差 /%	归一化平均偏差 /%	相关系数	一致性指数
4月	雅安所有站点	33.24	29.35	−3.55	54.40	−9.18	0.51	0.69
	雅安—川农大	32.25	30.41	−1.82	52.82	−5.71	0.50	0.70
	雅安—大兴 526 台	41.62	25.97	−14.28	54.27	−37.60	0.52	0.66
	雅安—建安厂	30.24	30.49	0.24	52.23	0.81	0.52	0.68
	雅安—市政府	28.86	30.52	1.65	58.29	5.77	0.50	0.70
	宜宾所有站点	45.43	36.75	−8.56	40.72	−15.86	0.65	0.77
	宜宾—黄金嘴	42.33	35.05	−7.19	34.62	−17.20	0.70	0.81
	宜宾—沙坪中学	28.77	33.70	4.85	48.64	17.12	0.66	0.76
	宜宾—石马中学	58.75	33.13	−25.30	48.59	−43.62	0.62	0.68
	宜宾—市委	45.68	36.51	−9.05	35.78	−20.07	0.69	0.81
	宜宾—市政府	45.29	36.11	−8.98	38.71	−20.27	0.62	0.77
	宜宾—宜宾四中	51.76	46.00	−5.68	38.00	−11.14	0.61	0.78
	重庆所有站点	43.59	45.64	2.00	54.31	7.76	0.44	0.63
	重庆—白市驿	44.55	44.99	0.43	43.14	0.99	0.57	0.73
	重庆—蔡家	37.91	45.92	7.33	62.14	21.14	0.43	0.63
	重庆—茶园	41.00	39.24	−1.73	48.80	−4.31	0.43	0.64
	重庆—高家花园	51.60	50.12	−1.45	46.62	−2.86	0.45	0.67
	重庆—虎溪	38.71	50.48	11.60	62.41	30.40	0.41	0.54
	重庆—解放碑	47.12	41.79	−5.25	45.39	−11.33	0.51	0.71
	重庆—缙云山	26.59	48.64	21.74	97.12	82.92	0.48	0.52
	重庆—空港	42.95	46.07	3.05	56.22	7.27	0.39	0.62

续表

月份	站点	观测均值	模拟均值	平均偏差 /%	标准平均偏差 /%	归一化平均偏差 /%	相关系数	一致性指数
4月	重庆—礼嘉	48.14	39.80	−8.16	48.17	−17.31	0.45	0.67
	重庆—两路	45.71	42.20	−3.45	50.53	−7.67	0.41	0.64
	重庆—南坪	46.99	43.84	−3.10	46.87	−6.72	0.42	0.65
	重庆—南泉	45.61	44.12	−1.34	46.31	−3.27	0.35	0.59
	重庆—唐家沱	38.88	40.36	1.45	57.09	3.80	0.35	0.59
	重庆—天生	37.90	58.10	19.74	76.79	53.29	0.46	0.57
	重庆—新山村	47.55	50.23	2.63	45.40	5.64	0.51	0.69
	重庆—杨家坪	53.48	49.54	−3.85	44.59	−7.37	0.48	0.68
	重庆—鱼新街	46.39	40.52	−5.68	45.74	−12.65	0.40	0.64
	资阳所有站点	41.74	43.20	1.42	50.31	7.28	0.57	0.72
	资阳—莲花山	27.93	41.85	13.66	71.19	49.83	0.64	0.67
	资阳—区法院	41.82	42.49	0.67	44.12	1.61	0.65	0.80
	资阳—师范校	44.33	46.60	2.24	44.25	5.11	0.61	0.77
	资阳—四三一厂	46.57	42.53	−3.99	45.15	−8.68	0.50	0.70
	资阳—资阳中学	48.05	42.53	−5.45	46.83	−11.49	0.45	0.67
	自贡所有站点	58.40	50.42	−7.91	44.57	−11.67	0.57	0.71
	自贡—春华路	49.76	61.06	11.22	51.88	22.71	0.55	0.68
	自贡—大塘山	65.08	43.16	−21.70	43.58	−33.68	0.58	0.68
	自贡—檀木林街	55.29	46.25	−8.98	40.97	−16.35	0.59	0.75
	自贡—盐马路	63.48	51.18	−12.21	41.87	−19.37	0.58	0.73

续表

月份	站点	观测均值	模拟均值	平均偏差 /%	标准平均偏差 /%	归一化平均偏差 /%	相关系数	一致性指数
7月	成渝地区所有站点	29.21	28.98	−0.12	53.83	3.31	0.39	0.57
	成都所有站点	31.17	31.77	1.08	47.69	4.31	0.45	0.64
	成都—草堂寺	—	—	—	—	—	—	—
	成都—金泉两河	40.26	33.86	−6.24	52.83	−15.90	0.30	0.59
	成都—君平街	30.70	38.90	8.05	50.01	26.73	0.41	0.61
	成都—梁家巷	27.59	35.55	7.82	53.64	28.88	0.45	0.63
	成都—灵岩寺	33.64	19.87	−9.04	46.48	−40.94	0.61	0.62
	成都—三瓦窑	24.87	30.48	5.50	51.97	22.55	0.44	0.65
	成都—沙河铺	29.77	33.24	3.40	42.76	11.65	0.44	0.66
	成都—十里店	31.37	30.49	−0.86	36.14	−2.80	0.50	0.71
	达州所有站点	26.95	28.91	1.83	54.65	7.97	0.33	0.50
	达州—达县机关宾馆	29.73	27.39	−2.29	38.97	−7.86	0.28	0.53
	达州—达州职业技术学院	27.49	13.98	−13.14	53.69	−49.15	0.42	0.52
	达州—凤凰小区	22.73	39.37	15.99	76.31	73.22	0.28	0.40
	达州—市环境监测站	23.42	18.73	−4.57	39.39	−20.00	0.41	0.62
	达州—市政中心	31.38	45.07	13.18	64.87	43.61	0.28	0.41
	德阳所有站点	22.36	24.08	1.64	54.33	9.09	0.41	0.64
	德阳—东山公园	17.91	20.74	2.63	56.77	15.83	0.43	0.65
	德阳—耐火材料厂	30.50	31.20	0.68	46.70	2.30	0.47	0.68
	德阳—市检察院	22.69	22.71	0.02	51.85	0.09	0.38	0.62
	德阳—西小区	18.34	21.67	3.24	61.99	18.14	0.39	0.62

续表

月份	站点	观测均值	模拟均值	平均偏差 /%	标准平均偏差 /%	归一化平均偏差 /%	相关系数	一致性指数
7月	广安所有站点	24.49	28.12	2.78	41.18	15.60	0.40	0.59
	广安—广电花园	25.00	29.84	4.65	41.79	19.33	0.43	0.61
	广安—人工湖	—	—	—	—	—	—	—
	广安—市委	22.48	29.23	6.52	46.75	30.03	0.45	0.60
	广安—小平旧居	19.81	21.81	1.86	44.02	10.09	0.34	0.58
	广安—友谊中学	30.68	31.58	0.89	32.16	2.97	0.39	0.58
	乐山所有站点	25.91	52.37	25.62	117.48	103.90	0.33	0.37
	乐山—乐山大佛景区	24.44	55.48	30.15	134.04	126.97	0.43	0.35
	乐山—牛耳桥	27.08	43.49	15.74	74.89	60.61	0.36	0.48
	乐山—市第三水厂	28.56	55.30	26.20	117.88	93.64	0.22	0.35
	乐山—市监测站	23.56	55.22	30.37	143.10	134.39	0.30	0.30
	泸州所有站点	40.55	23.69	-16.30	50.97	-39.59	0.37	0.54
	泸州—九狮山	44.57	21.80	-21.56	54.18	-51.09	0.34	0.49
	泸州—兰田宪桥	43.81	23.86	-19.47	51.89	-45.55	0.41	0.54
	泸州—市环监站	29.30	23.98	-5.16	48.55	-18.17	0.31	0.58
	泸州—小市上码头	44.52	25.14	-18.99	49.26	-43.54	0.42	0.55
	眉山所有站点	37.31	29.32	-7.53	45.09	-21.28	0.33	0.58
	眉山—蟆颐观	33.20	26.74	-5.47	47.06	-19.44	0.32	0.58
	眉山—气象局	40.58	29.38	-10.97	43.46	-27.60	0.37	0.59
	眉山—市监测站	39.98	32.85	-6.90	42.33	-17.83	0.33	0.60
	眉山—旭光小区	35.48	28.29	-6.78	47.53	-20.26	0.27	0.55

续表

月份	站点	观测均值	模拟均值	平均偏差 /%	标准平均偏差 /%	归一化平均偏差 /%	相关系数	一致性指数
7月	绵阳所有站点	20.07	26.31	5.99	72.74	29.88	0.38	0.56
	绵阳—富乐山	19.38	20.51	1.10	54.65	5.85	0.48	0.66
	绵阳—高新区自来水公司	20.58	21.27	0.64	59.49	3.36	0.31	0.56
	绵阳—三水厂	19.37	18.77	-0.58	54.07	-3.10	0.46	0.67
	绵阳—市人大	20.93	44.66	22.80	122.76	113.41	0.26	0.35
	南充所有站点	30.23	30.34	0.06	39.44	2.01	0.41	0.61
	南充—高坪区监测站	37.73	35.60	-2.08	33.58	-5.65	0.40	0.61
	南充—嘉陵区环保局	32.41	29.13	-3.22	36.11	-10.12	0.37	0.61
	南充—南充炼油厂	26.88	27.74	0.84	39.43	3.22	0.44	0.64
	南充—南充市委	28.08	33.68	5.49	44.79	19.95	0.36	0.55
	南充—市环境监测站	33.62	29.03	-4.50	36.20	-13.66	0.47	0.67
	南充—西山风景区	22.68	26.84	3.80	46.55	18.33	0.40	0.59
	内江所有站点	27.94	35.24	7.13	70.02	26.34	0.24	0.48
	内江—东兴区政府	26.83	34.06	7.06	67.25	26.95	0.26	0.48
	内江—内江二中	29.60	34.13	4.39	65.11	15.31	0.27	0.53
	内江—内江日报社	28.18	36.37	8.03	75.31	29.04	0.19	0.45
	内江—市环监站	27.15	36.39	9.04	72.41	34.04	0.27	0.48
	遂宁所有站点	25.39	27.01	1.59	53.56	8.33	0.34	0.54
	遂宁—行政中心	19.14	22.76	3.36	56.20	18.93	0.28	0.51
	遂宁—美宁食品公司	25.97	38.29	12.08	67.53	47.42	0.47	0.52
	遂宁—石溪浩	26.34	23.15	-2.90	48.27	-12.08	0.25	0.55
	遂宁—市监测站	30.13	23.82	-6.16	42.25	-20.95	0.34	0.57

续表

月份	站点	观测均值	模拟均值	平均偏差 /%	标准平均偏差 /%	归一化平均偏差 /%	相关系数	一致性指数
7月	雅安所有站点	20.10	17.03	-2.00	47.85	-11.71	0.40	0.60
	雅安—川农大	19.24	17.98	-0.80	44.37	-6.56	0.45	0.66
	雅安—大兴 526 台	26.06	16.01	-6.37	44.12	-38.58	0.56	0.62
	雅安—建安厂	20.21	17.50	-2.54	45.73	-13.41	0.31	0.57
	雅安—市政府	14.89	16.64	1.70	57.17	11.70	0.28	0.55
	宜宾所有站点	28.21	19.93	-7.96	46.00	-29.61	0.52	0.60
	宜宾—黄金嘴	26.76	15.81	-10.75	50.51	-40.93	0.54	0.58
	宜宾—沙坪中学	26.63	18.94	-6.90	41.36	-28.88	0.56	0.64
	宜宾—石马中学	29.99	22.07	-7.63	48.65	-26.41	0.44	0.58
	宜宾—市委	28.34	18.15	-10.00	45.73	-35.96	0.56	0.61
	宜宾—市政府	28.11	18.14	-9.59	45.74	-35.46	0.61	0.61
	宜宾—宜宾四中	29.40	26.45	-2.89	43.98	-10.03	0.39	0.60
	重庆所有站点	33.44	26.76	-6.52	47.66	-18.76	0.39	0.60
	重庆—白市驿	35.70	29.00	-6.53	44.47	-18.78	0.48	0.67
	重庆—蔡家	30.42	24.75	-5.52	49.06	-18.65	0.33	0.58
	重庆—茶园	29.25	19.68	-9.38	51.42	-32.73	0.45	0.64
	重庆—高家花园	38.47	32.16	-6.15	43.11	-16.40	0.39	0.63
	重庆—虎溪	32.16	31.37	-0.77	50.92	-2.46	0.35	0.59
	重庆—解放碑	38.08	24.48	-13.31	50.96	-35.73	0.30	0.55
	重庆—缙云山	22.81	27.77	4.71	49.23	21.78	0.27	0.49
	重庆—空港	31.03	25.30	-5.55	46.11	-18.48	0.37	0.60

续表

月份	站点	观测均值	模拟均值	平均偏差 /%	标准平均偏差 /%	归一化平均偏差 /%	相关系数	一致性指数
7月	重庆—礼嘉	35.11	23.26	−11.51	47.56	−33.76	0.40	0.60
	重庆—两路	36.09	24.16	−11.70	46.11	−33.06	0.38	0.56
	重庆—南坪	35.75	27.43	−8.16	42.39	−23.28	0.40	0.61
	重庆—南泉	36.37	22.43	−13.68	48.47	−38.34	0.45	0.61
	重庆—唐家沱	27.69	22.09	−5.47	49.74	−20.23	0.39	0.63
	重庆—天生	31.30	37.04	5.63	54.43	18.32	0.33	0.53
	重庆—新山村	36.79	30.37	−6.26	41.90	−17.46	0.46	0.67
	重庆—杨家坪	35.48	31.69	−3.71	42.97	−10.67	0.41	0.65
	重庆—鱼新街	35.97	21.92	−13.38	51.28	−39.06	0.37	0.58
	资阳所有站点	24.32	30.57	6.08	57.60	29.69	0.37	0.56
	资阳—莲花山	17.27	27.28	9.67	79.43	57.98	0.34	0.48
	资阳—区法院	19.16	28.31	8.98	68.57	47.77	0.28	0.44
	资阳—师范校	28.82	35.19	6.17	48.29	22.12	0.45	0.64
	资阳—四三一厂	26.93	30.66	3.65	47.79	13.84	0.36	0.58
	资阳—资阳中学	29.42	31.39	1.93	43.92	6.72	0.44	0.65
	自贡所有站点	35.56	40.89	5.33	49.59	17.05	0.43	0.63
	自贡—春华路	32.50	47.23	14.45	64.64	45.31	0.36	0.52
	自贡—大塘山	43.37	39.50	−3.36	37.61	−8.93	0.55	0.73
	自贡—檀木林街	32.26	38.93	6.50	48.54	20.64	0.41	0.61
	自贡—盐马路	34.11	37.92	3.74	47.57	11.16	0.40	0.64

续表

月份	站点	观测均值	模拟均值	平均偏差 /%	标准平均偏差 /%	归一化平均偏差 /%	相关系数	一致性指数
10月	成渝地区所有站点	40.82	41.32	0.34	54.85	4.55	0.44	0.64
	成都所有站点	43.95	47.16	2.62	54.31	10.25	0.50	0.68
	成都—草堂寺	—	—	—	—	—	—	—
	成都—金泉两河	57.11	49.42	-7.50	41.13	-13.48	0.64	0.79
	成都—君平街	44.75	57.90	12.93	59.73	29.38	0.49	0.66
	成都—梁家巷	50.32	55.47	5.06	49.52	10.22	0.53	0.71
	成都—灵岩寺	25.88	35.09	7.82	76.27	35.56	0.30	0.51
	成都—三瓦窑	42.79	45.41	2.58	52.83	6.14	0.46	0.67
	成都—沙河铺	38.61	45.97	7.24	56.55	19.08	0.51	0.67
	成都—十里店	48.18	40.88	-7.18	44.11	-15.15	0.59	0.75
	达州所有站点	33.53	30.65	-2.80	70.25	-7.83	0.37	0.52
	达州—达县机关宾馆	36.41	35.01	-1.25	56.44	-3.84	0.27	0.48
	达州—达州职业技术学院	32.42	12.81	-19.21	65.10	-60.48	0.44	0.50
	达州—凤凰小区	30.08	55.93	25.29	107.66	85.93	0.30	0.50
	达州—市环境监测站	31.31	13.41	-17.51	63.70	-57.18	0.46	0.52
	达州—市政中心	37.40	36.07	-1.30	58.33	-3.56	0.36	0.59
	德阳所有站点	37.71	32.38	-5.17	58.92	-10.70	0.44	0.65
	德阳—东山公园	25.27	28.62	3.25	66.94	13.28	0.41	0.62
	德阳—耐火材料厂	46.65	40.82	-5.71	53.27	-12.50	0.46	0.68
	德阳—市检察院	46.04	30.19	-15.29	55.66	-34.43	0.44	0.64
	德阳—西小区	32.88	29.87	-2.93	59.82	-9.17	0.44	0.67

续表

月份	站点	观测均值	模拟均值	平均偏差 /%	标准平均偏差 /%	归一化平均偏差 /%	相关系数	一致性指数
10月	广安所有站点	28.75	38.38	7.46	67.32	33.65	0.43	0.63
	广安—广电花园	28.07	40.41	12.02	71.37	43.97	0.39	0.60
	广安—人工湖	—	—	—	—	—	—	—
	广安—市委	28.49	40.58	11.60	71.43	42.45	0.44	0.64
	广安—小平旧居	24.84	30.80	5.72	72.47	23.99	0.45	0.65
	广安—友谊中学	33.61	41.74	7.96	54.03	24.18	0.43	0.64
	乐山所有站点	46.29	64.76	17.69	59.58	40.57	0.38	0.56
	乐山—乐山大佛景区	42.15	73.21	29.63	82.72	73.71	0.32	0.47
	乐山—牛耳桥	45.36	54.94	9.42	45.71	21.14	0.45	0.64
	乐山—市第三水厂	47.88	55.71	7.70	45.88	16.36	0.41	0.63
	乐山—市监测站	49.76	75.17	23.99	64.01	51.06	0.35	0.50
	泸州所有站点	51.06	42.61	-8.26	44.48	-16.16	0.50	0.65
	泸州—九狮山	45.78	39.36	-6.25	44.54	-14.01	0.48	0.65
	泸州—兰田宪桥	50.96	43.86	-6.91	42.66	-13.94	0.48	0.64
	泸州—市环监站	49.41	43.57	-5.74	45.88	-11.82	0.50	0.66
	泸州—小市上码头	58.11	43.66	-14.16	44.82	-24.87	0.55	0.64
	眉山所有站点	47.74	39.46	-8.07	50.60	-16.45	0.36	0.60
	眉山—蟆颐观	40.71	38.94	-1.69	53.04	-4.35	0.35	0.61
	眉山—气象局	48.72	38.98	-9.37	47.82	-19.99	0.37	0.59
	眉山—市监测站	56.24	41.73	-14.25	48.07	-25.79	0.39	0.61
	眉山—旭光小区	45.29	38.20	-6.98	53.49	-15.66	0.34	0.60

续表

月份	站点	观测均值	模拟均值	平均偏差 /%	标准平均偏差 /%	归一化平均偏差 /%	相关系数	一致性指数
10月	绵阳所有站点	29.88	32.18	2.30	60.69	7.78	0.56	0.70
	绵阳—富乐山	27.49	24.08	-3.15	52.98	-12.41	0.56	0.73
	绵阳—高新区自来水公司	33.15	30.24	-2.81	50.69	-8.79	0.53	0.72
	绵阳—三水厂	29.32	24.22	-5.00	50.19	-17.41	0.61	0.77
	绵阳—市人大	29.56	50.17	20.16	88.91	69.73	0.55	0.58
	南充所有站点	38.84	35.35	-3.47	52.48	-6.43	0.44	0.65
	南充—高坪区监测站	44.73	41.36	-3.30	48.44	-7.52	0.42	0.65
	南充—嘉陵区环保局	37.78	35.04	-2.68	48.09	-7.23	0.44	0.67
	南充—南充炼油厂	51.05	31.13	-19.59	48.26	-39.02	0.50	0.63
	南充—南充市委	34.83	41.38	6.18	58.89	18.81	0.42	0.61
	南充—市环境监测站	34.41	31.18	-3.13	53.44	-9.38	0.46	0.68
	南充—西山风景区	30.24	31.99	1.71	57.75	5.78	0.42	0.65
	内江所有站点	44.06	41.13	-2.87	56.98	-6.63	0.36	0.62
	内江—东兴区政府	44.69	40.65	-3.97	55.45	-9.04	0.38	0.63
	内江—内江二中	43.24	40.58	-2.59	56.55	-6.16	0.36	0.62
	内江—内江日报社	45.17	41.43	-3.68	57.03	-8.28	0.37	0.62
	内江—市环监站	43.17	41.86	-1.25	58.89	-3.02	0.33	0.60
	遂宁所有站点	35.03	35.38	0.45	60.42	1.29	0.41	0.64
	遂宁—行政中心	28.18	30.99	2.76	65.51	10.00	0.41	0.66
	遂宁—美宁食品公司	38.73	45.09	6.25	59.35	16.42	0.46	0.67
	遂宁—石溪浩	36.61	33.56	-2.61	65.61	-8.34	0.35	0.59
	遂宁—市监测站	36.62	31.89	-4.62	51.22	-12.92	0.43	0.66

续表

月份	站点	观测均值	模拟均值	平均偏差 /%	标准平均偏差 /%	归一化平均偏差 /%	相关系数	一致性指数
10 月	雅安所有站点	45.01	37.75	-6.70	42.19	-15.61	0.47	0.64
	雅安—川农大	44.57	38.00	-5.73	41.02	-14.74	0.47	0.65
	雅安—大兴 526 台	42.46	32.77	-9.53	43.70	-22.82	0.50	0.63
	雅安—建安厂	52.05	39.91	-11.09	38.41	-23.33	0.45	0.62
	雅安—市政府	40.96	40.33	-0.44	45.63	-1.54	0.48	0.66
	宜宾所有站点	46.68	42.44	-4.14	37.20	-8.72	0.56	0.72
	宜宾—黄金嘴	43.96	39.68	-4.18	37.82	-9.75	0.50	0.68
	宜宾—沙坪中学	45.20	40.49	-4.60	38.56	-10.41	0.54	0.71
	宜宾—石马中学	51.63	42.04	-9.34	37.36	-18.59	0.63	0.73
	宜宾—市委	45.78	42.18	-3.54	36.47	-7.86	0.53	0.71
	宜宾—市政府	39.55	40.06	0.50	37.82	1.29	0.61	0.77
	宜宾—宜宾四中	53.93	50.16	-3.69	35.16	-6.99	0.54	0.73
	重庆所有站点	38.44	43.75	4.49	50.75	15.89	0.42	0.63
	重庆—白市驿	40.62	43.95	3.04	44.45	8.20	0.44	0.66
	重庆—蔡家	29.53	39.39	9.51	66.67	33.39	0.34	0.57
	重庆—茶园	38.93	37.63	-1.25	40.79	-3.34	0.42	0.65
	重庆—高家花园	40.03	56.59	5.76	55.63	41.36	0.44	0.56
	重庆—虎溪	36.10	45.11	8.87	54.37	24.97	0.46	0.65
	重庆—解放碑	46.83	44.45	-2.31	38.91	-5.10	0.55	0.72
	重庆—缙云山	25.23	39.89	14.42	86.21	58.09	0.32	0.55
	重庆—空港	38.85	44.21	5.28	45.83	13.81	0.50	0.70

续表

月份	站点	观测均值	模拟均值	平均偏差 /%	标准平均偏差 /%	归一化平均偏差 /%	相关系数	一致性指数
10月	重庆—礼嘉	34.22	37.85	2.37	43.19	10.59	0.47	0.66
	重庆—两路	38.26	40.33	2.04	43.90	5.41	0.53	0.72
	重庆—南坪	42.68	44.55	1.84	38.97	4.38	0.48	0.69
	重庆—南泉	41.05	41.78	0.72	42.21	1.78	0.30	0.56
	重庆—唐家沱	27.89	37.57	9.43	64.23	34.72	0.36	0.59
	重庆—天生	38.67	49.60	10.65	57.68	28.28	0.44	0.63
	重庆—新山村	46.10	48.21	1.91	47.73	4.58	0.30	0.56
	重庆—杨家坪	45.26	51.01	5.54	49.66	12.69	0.35	0.60
	重庆—鱼新街	43.28	41.70	-1.55	42.37	-3.65	0.44	0.65
	资阳所有站点	29.72	38.57	8.61	77.14	36.26	0.41	0.60
	资阳—莲花山	22.33	37.39	14.65	93.25	67.44	0.46	0.59
	资阳—区法院	26.57	38.46	11.37	77.61	44.74	0.44	0.61
	资阳—师范校	35.68	42.40	6.54	62.83	18.84	0.41	0.65
	资阳—四三一厂	23.82	37.79	13.70	94.78	58.66	0.33	0.50
	资阳—资阳中学	40.20	36.82	-3.19	57.23	-8.40	0.40	0.65
	自贡所有站点	64.39	52.65	-11.45	48.65	-18.20	0.47	0.64
	自贡—春华路	65.25	60.50	-4.64	47.10	-7.29	0.47	0.68
	自贡—大塘山	64.24	47.81	-15.94	49.65	-25.58	0.50	0.62
	自贡—檀木林街	59.71	49.15	-10.26	46.96	-17.68	0.48	0.65
	自贡—盐马路	68.34	53.13	-14.96	50.89	-22.26	0.43	0.60
总计		47.80	49.96	2.08	51.23	6.28	0.49	0.65

7.2.3 达标评估与数据融合

根据CMAQ的模拟结果，结合$PM_{2.5}$的监测数据，通过计算相对响应因子（relative response factor，RRF），对未来年的$PM_{2.5}$达标情况进行评估。为了减少评估的误差，减少对评估控制政策可行性的不确定性，需要针对监测站点处以及区域网格的污染物浓度进行调整，调整方法主要为监测站点处浓度以及区域空间网格浓度的数据融合。最终将经过调整的预测结果与目标值进行比较，以评估城市在各个减排情景（减排策略）的作用下空气质量的达标情况。

7.2.3.1 监测点处浓度的数据融合

我国是将区域内站点的平均值作为确定是否满足国家空气质量标准的统计数值。若以达标评估为目的，则利用基准年的监测数据和模型数据，以及目标未来年的模型数据来统计评估未来年的测点处浓度可能的变化。利用模拟得到的RRF，对控制情景下的污染物浓度进行调整，计算公式如下：

$$(\mathrm{DVF})_i = (\mathrm{DVB})_i \times (\mathrm{RRF})_i \tag{7-8}$$

式中，$(\mathrm{DVB})_i$——监测点i的基准年设计值（baseline design value，DVB），μg/m³；

$(\mathrm{DVF})_i$——监测点i的预测未来年设计值（future year design value，DVF），μg/m³；

$(\mathrm{RRF})_i$——监测点i的利用模型数据计算得到的无量纲相对响应因子。

$$\mathrm{RRF}_i = \frac{\mathrm{Model}_{i,\mathrm{future}}}{\mathrm{Model}_{i,\mathrm{base}}} \tag{7-9}$$

式中，$\mathrm{Model}_{i,\mathrm{future}}$——监测点$i$的未来年模型数据的平均值；

$\mathrm{Model}_{i,\mathrm{base}}$——基准年模型数据的平均值。

RRF的计算主要包括两个步骤。第一步是确定监测点附近的网格点数目。用于计算平均值的网格数目取决于模型网格的空间分辨率。在本研究的案例分析中，模型网格分辨率是3 km，则使用监测点所在的网格计算，或者也可以使用监测点周围3 km×3 km网格计算浓度平均值。第二步是计算模拟浓度。例如，对于8小时臭氧，选择基准年和未来年的每一天的所有临近网格点中最高的每日8小时最大浓度值，然后再计算未来年模型数据平均值与基准年模型数据平均值的比值得到RRF。但对于$PM_{2.5}$，由于其成分复杂，监测数据上$PM_{2.5}$的组分比例与模型数据中得到的组分比例不尽相同，则需要不同的处理方法。考虑到不同成分比例的$PM_{2.5}$有不同的化学反应活性，因此模型模拟得出的$PM_{2.5}$整体的变化情况不能直接用于$PM_{2.5}$的模拟预测，也就是不能直接通过$\mathrm{RRFPM}_{2.5}$计算监测点上的未来情景下的预测值，而是需要计算所有成分的$\mathrm{RRF}_{species}$，预测所有成分的目标年浓度并加和得到$PM_{2.5}$的目标年浓度值。计算步骤如下：

$PM_{2.5}$ 考虑的成分包括 SO_4^{2-}、NO_3^-、OC、EC、NH_4^+、H_2O 及其他。由于组分监测站的地理位置与 $PM_{2.5}$ 质量监测站的位置不同，需要将组分站的所有组分浓度空间插值到 $PM_{2.5}$ 的监测站上。空间插值采用 VNA 算法[155, 156]，利用所有成分站点和要插值的监测站点绘制泰森多边形，采用与距离成反比的关系将监测站周边的所有多边形的浓度值插值并加权平均，得到在 $PM_{2.5}$ 监测站点上的成分数据。然后利用插值后质量站点处的组分数据，计算出每种组分占总量（认为组分之和为总量，而不是 $PM_{2.5}$ 总质量观测的数据）的比例、乘以 $PM_{2.5}$ 质量站点的数据，计算出该处各个组分的浓度，公式如下：

$$b_{\text{species}} = \frac{b'_{\text{species}}}{\sum b'_{\text{species}}} \times b_{\text{PM}_{2.5}} \tag{7-10}$$

式中，b'_{species}——插值得到的每个组分的浓度值；

$b_{\text{PM2.5}}$——基准年的 $PM_{2.5}$ 监测值；

b_{species}——经过校准后的组分的浓度值。

根据监测站点的地理位置，利用 GIS 找出在模型数据上与该坐标邻近的所有网格，每个网格有相应组分的基准值 $b_{\text{sim,species}}$ 和未来值 $f_{\text{sim,species}}$，将网格上所有的基准值和未来值分别平均，计算所有组分的 RRF［式（7-11）］，将其应用于上一步校准过后的组分监测数据，得到组分在该情景下的预测浓度［式（7-12）］，将所有组分的预测值加和就可以得到 $PM_{2.5}$ 的预测值［式（7-13）］。

$$\text{RRF}_{\text{species}}=f_{\text{sim,species}}/b_{\text{sim,species}} \tag{7-11}$$

$$b_{\text{species}}=f_{\text{species}}/\text{RRF}_{\text{species}} \tag{7-12}$$

$$f_{\text{PM2.5}}=\sum f_{\text{species}} \tag{7-13}$$

7.2.3.2　区域空间网格浓度数据融合

为了减少后续健康评估的不确定性，将区域网格数据进行了数据融合处理。对于区域空间评估，DVB 则是通过加权平均的方法并利用周围监测站点的 DVB 计算得到。用户可以选择不同的方法计算加权因子。默认的方法，即第一种方法是反距离加权平均值方法，首先利用泰森多边形法确定目标网格周围的临近监测点的位置，泰森多边形的绘制以及邻近监测点的确定都是通过优化的 VNA（voronoi neighbor averaging）插值方法实现的，而优化的 VNA 方法来自 Dotspatial 网站的标准 VNA 方法演变得到，另外在目标点周围设定一个固定的半径以经纬度为单位，例如，7° 来确定邻近监测点，从而显著提高计算效率。然后确定各临近监测点与目标网格中心点的距离，最后再求其反距离加权平均值，其计算公式如下：

$$\text{Weight}_A = \frac{\frac{1}{d_A}}{\frac{1}{d_A}+\frac{1}{d_B}+\frac{1}{d_C}+\frac{1}{d_D}} \tag{7-14}$$

式中，d_A、d_B、d_C、d_D——监测点 A、B、C 和 D 到目标网格中心点的距离；

Weight_A——监测点 A 的加权因子。

第二种方法是反距离平方加权平均值方法，即利用网格中心点到各邻近监测点的距离的平方求加权因子。第三种方法则是每个临近监测点的权重都相等。

网格点 E 的 DVB 是各个邻近监测点的 DVB 与其相应的加权因子的乘积之和，其计算表达式如下：

$$\text{Gridcell} = \sum_{i=1}^{n} \text{Weight}_i \times \text{Monitor}_i \tag{7-15}$$

式中，n——网格点 E 的邻近监测点的个数；

Weight_i——监测点 i 的加权因子；

Monitor_i——监测点 i 的 DVB；

Gridcell——网格 E 的 DVB。

网格点 E 经过梯度调整后的 DVB 为各邻近监测点的 DVB 以及其相应的加权因子和梯度调整系数三者的乘积的代数和：

$$\text{Gridcell}_{E,base} = \sum_{i=1}^{n} \text{Weight}_i \times \text{Monitor}_i \times \text{Gradient}_{i,E} \tag{7-16}$$

式中，n——网格点 E 的邻近监测点数；

Weight_i——监测点 i 的加权因子；

Monitor_i——监测点 i 的 DVB；

$\text{Gridcell}_{i,E}$——网格点 E 的 DVB。

浓度梯度系数是目标网络点与包含邻近监测点的网格点的基准年模型数据比值：

$$\text{Gradient}_{i,E} = \frac{\text{Model}_{E,baseline}}{\text{Model}_{i,baseline}} \tag{7-17}$$

式中，$\text{Model}_{E,baseline}$——网格点 E 的基准年模拟数据；

$\text{Model}_{i,baseline}$——包含监测点 i 的网络的基准年模拟数据。

然后利用式（7-9）计算每个网格的 RRF，就可以得到在不同的控制情景下整个区域的网格浓度预测值。

7.2.4 成本评估

为了控制或消除大气污染物的影响，理应采取相应对策进行相应的环境治理投资，以补偿大气污染物造成的环境影响。成本评估模块主要针对大气污染物减排技术投入和运行的成本。本研究选择电力、钢铁、化工、水泥等大气污染物重点排放行业，收集整理当前的主要大气污染物防治技术的治理效率、治理成本（包括减排技术安装投资成本、更新成本、燃料成本和运行维修成本等）以及市场占有率等数据，在此基础上，基于对国内外污染防治治理成本评估模型的梳理，综合考虑污染减排技术减排效果、减排支出的潜在变化等因素，构建大气污染防治边际成本评估模型，实现对不同大气污染防治情景的减排成本快速评估。

7.2.4.1 主要污染物治理成本

开展数据调研和资料收集，整合获得多部门多污染物的污染控制技术的成本数据核算成果，包括电力、工业、民用部门、机动车等大气污染物重点排放源的主要大气污染物防治技术的治理效率、治理成本（包括减排技术安装投资成本、更新成本、燃料成本和运行维修成本）等。

（1）燃煤电厂

燃煤电厂是我国化石燃料消耗最大的部门，也是成渝地区最主要的污染排放源之一。结合成渝地区燃煤电厂基准年时的基本情况，火电厂污染控制技术主要包括各类脱硫、脱硝及除尘技术。其中，脱硫技术主要包含烟气脱硫和炉内脱硫，烟气脱硫是目前电厂脱硫项目的主流工艺。电厂除尘技术主要有静电除尘、电袋除尘、湿式除尘和过滤式除尘。控制电厂 NO_x 排放的主流技术有两类，第一类是在燃烧过程中控制 NO_x 产生的低氮燃烧技术（LNB），包括使用低氮燃烧器、应用空气分级燃烧技术或再燃技术，其中低氮燃烧器技术因为无须更改燃烧系统和炉膛结构，只需对燃烧器进行替换，工艺简单经济，又能有效降低 NO_x 排放，故应用最为广泛。控制 NO_x 排放的第二类技术是烟气脱硝，主要包括选择性催化还原技术（SCR）和选择性非催化还原技术（SNCR），但与 LNB 相比这两种技术的投资和运行成本更高，因此基准年应用比例很低。

根据前文得到的全国燃煤电厂主要污染物控制成本函数和成本矩阵，以及实地和文献调研数据，成渝地区燃煤电厂各种脱硫脱硝除尘等末端治理控制技术的去除率、固定投资成本、运行成本以及在成渝地区的应用比例如表 7-6 所示，其中电厂的寿命和治理设备使用寿命分别采用 30 年和 10 年。

（2）工业部门

工业部门总体分为工业锅炉和工业过程两大部分，其中工业锅炉包括燃煤锅炉、燃气锅炉、燃油锅炉，工业过程包含钢铁、水泥、石灰、炼焦等多个子部门。

工业锅炉与电厂相似，因此工业锅炉的成本均与燃煤电厂一致。工业部门的污染控制技术与电力行业类似，分为脱硫、脱硝和除尘三大类技术。脱硫技术主要包括烟气脱硫和炉内脱硫，脱硝技术主要包括 LNB、SCR、SNCR 及它们的组合技术，而除尘技术主要包括静电除尘、电袋除尘、湿式除尘和过滤式除尘。

表 7-6　燃煤电厂成本数据库

污染物	控制技术	去除率 / %	固定投资成本 / 万元	运行成本 / （元 /t）	应用比例 / %
NO_x	SCR、SNCR 联合脱硝	95	12 000	9 080	16.39
	低氮燃烧 +SCR	92	10 000	8 235	17.75
	SCR	90	8 000	7 390	33.38
	低氮燃烧 +SNCR	60	5 000	6 310	5.82
	SNCR	55	3 500	6 000	22.81
	低氮燃烧 + 其他烟气脱硝	50	1 500	910	0.82
	低氮燃烧技术	35	2 000	310	1.23
	其他烟气脱硝	30	1 400	240	1.8
$PM_{2.5}$	湿法电除尘	99.85	0	1 023	2.95
	过滤式除尘	99	0	1 000	21.73
	静电除尘	96	0	800	45.17
	电袋除尘	96	0	850	14.49
	其他除尘方法	85	0	500	9.44
	湿法除尘	75	0	264	6.22
SO_2	石灰石 – 石膏脱硫法	98	0	12 100	55.42
	氨法	98	0	10 000	3.18
	海水脱硫法	95	0	9 000	0.9
	循环流化床锅炉炉内脱硫法	91	0	8 000	5.41
	双碱法	90	0	4 500	4.79
	循环流化床烟气脱硫法	80	0	3 500	2.71
	氧化镁法	80	0	4 000	2.58
	旋转喷雾干燥法	80	0	3 500	1.25
	炉内脱硫与烟气脱硫组合法	75	0	3 000	5.39
	其他烟气脱硫法	40	0	800	6.92
	炉内喷钙法	30	0	400	10.1
	其他炉内脱硫法	30	0	400	1.35

根据全国钢铁行业主要污染物控制成本，以及实地和文献调研数据，成渝地区钢铁行业各种脱硫脱硝除尘等末端治理控制技术的去除率、固定投资成本、运行成本以及在成渝地区的应用比例如表 7-7 所示。

表 7-7 钢铁行业成本数据库

污染物	控制技术	去除率 / %	固定投资成本 / 万元	运行成本 / （元 /t）	应用比例 / %
NO_x	SCR	90	8 000	7 390	100
$PM_{2.5}$	湿法电除尘	99.85	0	1 303	1.11
	过滤式除尘	99	0	1 023	12.44
	静电除尘	96	0	800	72.89
	电袋除尘	96	0	850	1.21
	其他除尘方法	85	0	500	2.69
	湿法除尘	75	0	264	0.74
	多管旋风除尘	70	0	240	8.08
	重力沉降法	70	0	200	0.84
SO_2	石灰石 - 石膏脱硫法	98	0	12 100	59.09
	氨法	98	0	10 000	3.83
	海水脱硫法	95	0	9 000	0.12
	循环流化床锅炉炉内脱硫法	91	0	8 000	3.71
	双碱法	90	0	4 500	4.2
	旋转喷雾干燥法	80	0	3 500	5.56
	氧化镁法	80	0	4 000	3.21
	循环流化床烟气脱硫法	80	0	3 500	2.35
	其他烟气脱硫法	40	0	800	15.82
	其他炉内脱硫法	30	0	400	2.11

根据前文得到的水泥企业主要污染物控制成本函数和成本矩阵，以及实地和文献调研数据，成渝地区水泥企业各种脱硫脱硝除尘等末端治理控制技术的去除率、固定投资成本、运行成本以及在成渝地区的应用比例如表 7-8 所示。

表 7-8 水泥行业成本数据库

污染物	控制技术	去除率 / %	固定投资成本 / 万元	运行成本 / （元 /t）	应用比例 / %
NO_x	SCR、SNCR 联合脱硝	95	12 000	8 235	21.16
	低氮燃烧 +SCR	92	10 000	4 500	0.49
	SCR	90	8 000	4 200	5.91
	低氮燃烧 +SNCR	60	5 000	3 250	16.49
	SNCR	55	3 500	3 220	54.31

续表

污染物	控制技术	去除率 / %	固定投资成本 / 万元	运行成本 / （元 /t）	应用比例 / %
NO_x	低氮燃烧技术	35	2 000	310	0.57
	其他烟气脱硝	30	1 400	240	1.07
$PM_{2.5}$	湿法电除尘	99.85	0	1 303	4.64
	过滤式除尘	99	0	1 000	55.99
	静电除尘	96	0	800	28.61
	电袋除尘	96	0	850	7.86
	湿法除尘	75	0	264	1.68
	重力沉降法	70	0	200	1.22

（3）交通部门

机动车采用的污染控制技术主要对 NO_x 和 VOCs 进行削减，污染控制技术与国家实施的污染物排放标准（含国 Ⅰ 到国 Ⅵ 标准）一一对应，各个标准均对 NO_x 和 VOCs 排放浓度限值进行了规定。本研究调研了道路移动源各标准对应控制技术的成本，如表 7-9 所示。值得注意的是，由于目前国 Ⅴ 只在极少数地区实施，国 Ⅵ 尚未实施，而我国实施的排放标准与欧洲一致，因此国 Ⅴ 和国 Ⅵ 的排放限值和成本参数均参考欧洲。

表 7-9　道路移动源成本数据库

部门	机动车类型	控制技术	升级成本 /（元 / 辆）
机动车	轻型汽油车	轻型汽油车 - 国 Ⅰ	6 000
		轻型汽油车 - 国 Ⅱ	7 500
		轻型汽油车 - 国 Ⅲ	9 000
		轻型汽油车 - 国 Ⅳ	12 000
		轻型汽油车 - 国 Ⅴ	14 000
	中型汽油车	中型汽油车 - 国 Ⅰ	7 500
		中型汽油车 - 国 Ⅱ	9 000
		中型汽油车 - 国 Ⅲ	12 800
		中型汽油车 - 国 Ⅳ	15 000
		中型汽油车 - 国 Ⅴ	17 000
	重型汽油车	重型汽油车 - 国 Ⅰ	4 224
		重型汽油车 - 国 Ⅱ	10 816
		重型汽油车 - 国 Ⅲ	16 800

续表

部门	机动车类型	控制技术	升级成本 /（元 / 辆）
机动车	重型汽油车	重型汽油车 – 国Ⅳ	25 000
		重型汽油车 – 国Ⅴ	53 000
	轻型柴油车	轻型柴油车 – 国Ⅰ	3 500
		轻型柴油车 – 国Ⅱ	7 500
		轻型柴油车 – 国Ⅲ	10 000
		轻型柴油车 – 国Ⅳ	18 000
		轻型柴油车 – 国Ⅴ	25 000
	中型柴油车	中型柴油车 – 国Ⅰ	5 000
		中型柴油车 – 国Ⅱ	9 000
		中型柴油车 – 国Ⅲ	13 500
		中型柴油车 – 国Ⅳ	24 000
		中型柴油车 – 国Ⅴ	35 000
	重型柴油车	重型柴油车 – 国Ⅰ	7 500
		重型柴油车 – 国Ⅱ	11 400
		重型柴油车 – 国Ⅲ	17 600
		重型柴油车 – 国Ⅳ	31 080

（4）VOCs 污染治理

由于 VOCs 治理措施的多样化及污染物种类差异化，不能通过具体技术的年均化外部成本进行计算，所以根据文献调研中的单位去除成本数据库总结，针对不同部门的不同措施，首先评估其减排效果，再采用单位减排成本的方法进行成本计算，各部门对于 VOCs 的单位减排成本如表 7-10 所示。

表 7-10 VOCs 相关行业成本数据库

部门	控制技术	去除率 /%	单位成本 /（元 /t）
民用溶剂使用	替代	25	34 400
工业油漆使用	室内保存处理	65	1 600
	工业过程调整和替代	79	26 000
	吸附、焚烧	95	36 000
车载加工	室内保存处理	24	0
	替代	58.5	16 000
产品溶剂	再加工	50	16 000
制药工业	室内保存处理及控制	87.5	34 000

续表

部门	控制技术	去除率 /%	单位成本 /（元 /t）
印刷	低溶剂油墨和包装	65	200
	水性油墨	90	1 320
	吸附	75	1 800
	焚烧	75	11 200
工业用胶水和黏合剂	室内保存	15	160
	替代	85	2 800
	焚化	80	4 800
木材防腐	双真空浸渍	40	22 400
有机化学	定期侧漏检查和维护	65	29 600
	燃烧	87.5	2 800
	吸收	96	6 400
	二次密封	90	2 2400
	蒸汽回收	92.5	47 200
燃料提取、装载和运输	回收	90	16 000
	改进点火系统	62	40 400
	蒸汽平衡	78	1 360
精炼厂	定期泄漏检测	65	5 600
	油 / 水分离器密封	90	2 400
	焚烧	98.5	2 000
	蒸汽回收	92.5	13 200
燃料的储存和分配	二次密封	85	800
	蒸汽回收	92.5	13 200
汽油挥发	碳罐	85	2 600
二冲程发动机	氧化催化剂	80	7 200
食品加工	末端控制	90	80 000
农业	禁止燃烧废弃物	100	480
固废处理	提高填埋效率	20	3 200

7.2.4.2 边际成本优化模型

（1）边际成本模型的建立

调研多行业应用的控制技术及其固定投资成本、运行维护成本等，以进行数据收集。根据调研数据和已有研究，参考经济学理论，成本模型相关内容，计算公式如下。

1）年均总成本 $TCost_{i,p,s}$ 计算：

$$TCost_{i,p,s}=CC_{i,p,s}+FOM_{i,p,s}+FUEL_{i,p,s} \tag{7-18}$$

式中，$CC_{i,p,s}$——s 部门 p 污染物的末端控制技术 i 的年均投资成本；

$FOM_{i,p,s}$——运行成本；

$FUEL_{i,p,s}$——燃料能源成本。

年均投资成本 $CC_{i,p,s}$ 是一次性投资，根据下列公式进行成本折旧及年均化计算。

$$CC_{i,p,s}=Cost_{i,p,s}\frac{\alpha(1+\alpha)^t}{(1+\alpha)^t-1} \tag{7-19}$$

式中，$Cost_{i,p,s}$——一次性总投资根据文献及实地调研所得；

t——寿命；

α——折旧系数，这里一般取 0.1。

2）减排量计算

末端控制技术带来的大气污染物减排量由以下三个公式计算，其中式（7-20）计算大气污染物减排量，式（7-21）估算无控情况下排放量，式（7-22）为计算减排量的约束函数。

$$\Delta Emis_{p,i}^{r}=\left(1-CE_{p,i}\right)\times\left(AppR_{p,i}^{r}-Cur\_AppR_{p,i}^{r}\right)\times Unabated\_Emis_{p}^{r,s} \tag{7-20}$$

$$Unabated\_Emis_{p}^{r,s}=\frac{baseline\_Emis_{p}^{r,s}}{1-\sum i\left[\left(1-CE_{p,i}\right)\times Cur\_APPR_{p,i}^{r}\right]} \tag{7-21}$$

$$Cur\_AppR_{p,i}^{r}\leqslant AppR_{p,i}^{r}\leqslant max\_AppR_{p,i}^{r} \tag{7-22}$$

式中，i，p，r——末端控制技术、污染物及区域；

$\Delta Emis_{p,i}^{r}$——减排量；

$CE_{p,i}$——去除率；

$AppR_{p,i}^{r}$——控制技术的应用比例；

$Cur\_AppR_{p,i}^{r}$——当前应用比例；

$Unabated\_Emis_{p}^{r,s}$——无控情景的排放量；

$baseline\_Emis_{p}^{r,s}$——应用控制技术的基准情景排放量；

$UC_{p,i}$——某项控制技术的单位成本；

$max\_AppR_{p,i}$——控制技术的应用潜势。

3）单位减排成本计算

根据计算的年均总成本 $TCost_{i,p,s}$ 及相对应的减排量 $\Delta Emis_{p,i}^{r}$，由式（7-23）可

计算末端控制技术 i 的单位减排成本 $UC_{p,i}$

$$UC_{i,p,s} = \frac{TCosti, p, s}{\Delta Emis_{p,i}^{r}} \tag{7-23}$$

（2）边际成本曲线

在经济学中，边际成本指的是每一单位新增生产的产品（或者购买的产品）带来的总成本的增量。因为边际成本通常只按照变动成本来计算，当产量超过一定限度时，边际成本随产量的扩大而递增。因为，当产量超过一定限度时，总固定成本就会递增。针对大气污染控制减排措施的边际成本 $MCost_{i,p,s}^{r}$，采用经济学中边际成本的计算公式：

$$MCost_{i,p,s}^{r} = \frac{TCost_{i,p}^{r} - TCost_{i-1,p}^{r}}{\Delta Emis_{i,p}^{r} - \Delta Emis_{i-1,p}^{r}} \tag{7-24}$$

式中，i 是比 i-1 去除效率更高的末端控制技术，其总成本分别为 $TCost_{i,p}^{r}$ 和 $TCost_{i-1,p}^{r}$，两种控制技术带来的减排量分别为 $\Delta Emis_{i,p}^{r}$ 和 $\Delta Emis_{i-1,p}^{r}$。

综合收集核算的成本数据，计算获得的重庆和四川的边际成本曲线数据如图 7-8 所示。总的来说，大气污染物（SO_2、NO_x、一次 $PM_{2.5}$、VOCs 及 NH_3）的减排率及其减排成本总体呈现指数型增长趋势。减排力度较小时，各污染物单位成本变化不明显，但随着控制力度加大，超过 60% 时，各污染物单位成本出现不同程度上升，其中 NH_3 的减排成本上升较为明显。这意味着污染物减排率达到一定比例时，继续减排边际成本上升较快，不能单靠末端治理来改善空气质量，还需要结构转型和产业结构调整，优化能源结构，提高能源使用效率等（图 7-8）。

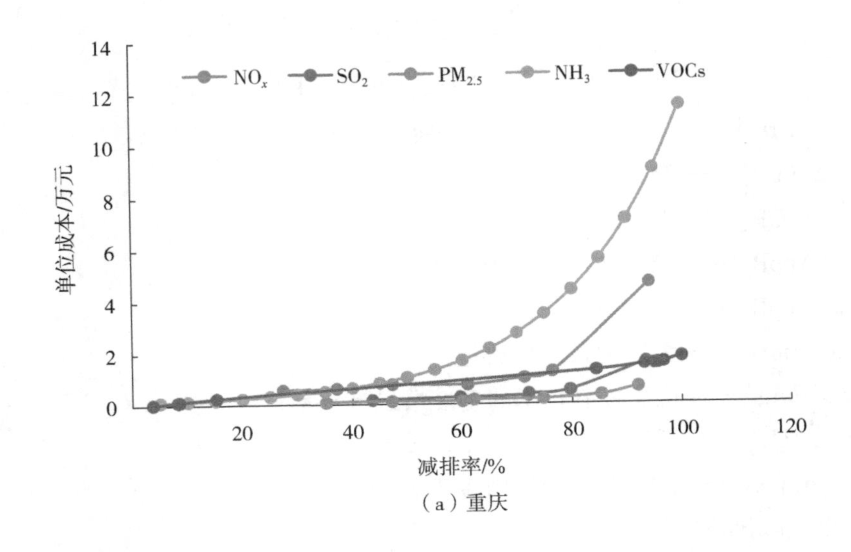

（a）重庆

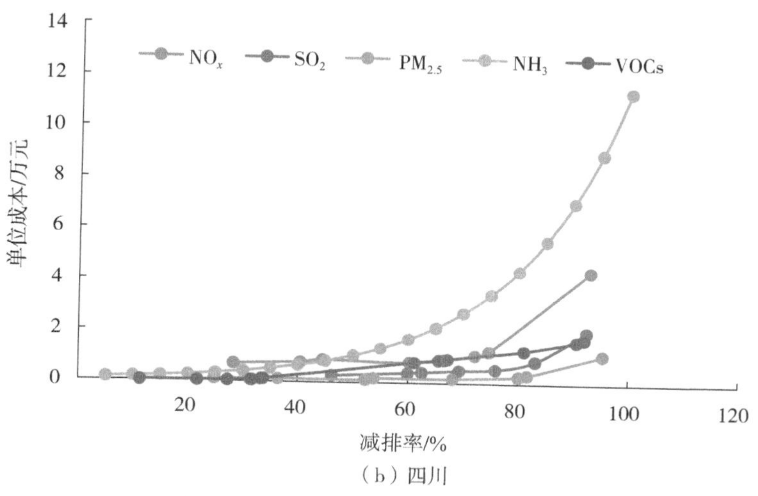

（b）四川

图 7-8　成渝地区污染物减排边际成本曲线

7.2.5　健康效益评估

考虑到人群基线发生率资料与单位健康终端的经济学价值的获取难易程度，利用构建的剂量－反应关系，本研究选择了全因死亡、呼吸系统疾病（RD）、心血管疾病（CVD）和慢性支气管炎这四种大气污染的健康终端计算因 $PM_{2.5}$ 污染浓度削减可带来的健康影响。尽量选取在成渝地区内或与其暴露条件相似研究地区的 $PM_{2.5}$ 的流行病学研究，以符合暴露水平，增加结果准确性。表 7-11 列出了所选择的健康影响函数。基准年发病率数据通过查阅 2016 年中国卫生统计年鉴以及 2016 年中国统计年鉴得出。健康效益价值采用成渝地区大气污染支付意愿调查结果进行计算。

表 7-11　成渝地区各城市健康影响函数

区域	全因死亡	呼吸系统疾病	心血管疾病	慢性支气管炎
	全死因相对危险度 RR	暴露－反应关系系数 β^*		
重庆市	1.11	0.001 2	0.000 7	0.004 8
成都市	1.13	0.001 2	0.000 7	0.004 8
自贡市	1.15	0.001 2	0.000 7	0.004 8
泸州市	1.13	0.001 2	0.000 7	0.004 8
德阳市	1.13	0.001 2	0.000 7	0.004 8
绵阳市	1.12	0.001 2	0.000 7	0.004 8
遂宁市	1.10	0.001 2	0.000 7	0.004 8
内江市	1.12	0.001 2	0.000 7	0.004 8
乐山市	1.13	0.001 2	0.000 7	0.004 8

续表

区域	全因死亡	呼吸系统疾病	心血管疾病	慢性支气管炎
	全死因相对危险度 RR	暴露－反应关系系数 β^*		
南充市	1.12	0.001 2	0.000 7	0.004 8
眉山市	1.12	0.001 2	0.000 7	0.004 8
宜宾市	1.13	0.001 2	0.000 7	0.004 8
广安市	1.10	0.001 2	0.000 7	0.004 8
达州市	1.12	0.001 2	0.000 7	0.004 8
雅安市	1.12	0.001 2	0.000 7	0.004 8
资阳市	1.10	0.001 2	0.000 7	0.004 8

注：$^*\beta$ 代表颗粒物浓度每增加 10 μg/m^3 人群急性健康效应增加的百分数。

采用 2015 年成渝地区 1 km × 1 km 的人口数据集，将其提取、转换为研究中所需要的成渝地区 1 km 的网格人口分布。根据国家统计年鉴，查阅到全国人口的年龄和性别结构。根据网格人口分布比例，将总人口分配到不同性别、不同年龄段区间，分别进行健康影响分析。

7.3 成渝地区大气复合污染控制情景费效分析

7.3.1 减排成本评估

大气污染防治成本包括维持当前减排力度的运行成本和加严控制的治理投资两部分。其中，维持当前减排力度的运行成本是通过核算 2016 年重庆和四川各个行业减排量，然后根据环境统计基表中除尘、脱硫、脱硝不同行业的单位运行成本进行统计加总。加严控制的治理投资根据构建的边际成本模型结合减排比例，对各个控制情景进行核算。表 7-12 为维持 2016 年减排力度不变直至 2020 年各个行业的大气污染治理运营成本，总运营成本为 204.3 亿元。从行业上来看，非金属矿物制品、电力热力生产、金属冶炼和压延加工品、化学产品这四大行业是成渝地区大气污染治理重点行业，其运行成本占成渝地区大气污染治理运营成本的比重分别为 36.3%、33.7%、10.8%、10.0%。从不同污染物治理成本来看，$PM_{2.5}$ 污染治理成本占比均最高，四川和重庆的 $PM_{2.5}$ 污染治理成本分别占其大气污染治理运营成本的 38.4% 和 39.5%；SO_2 在四川和重庆污染治理运营成本相当，分别为 34.11 亿元和 32.92 亿元，而重庆的 NO_x 治理运营成本仅为四川的一半左右。从不同行业不同污染物单位运行成本来看，对于 SO_2，四川和重庆最大的 SO_2 环保运营成本贡献

表 7-12 基准情景维持现有减排力度的运营成本

单位：亿元

成本类型	类别	四川			重庆			小计
		SO_2	NO_x	$PM_{2.5}$	SO_2	NO_x	$PM_{2.5}$	
维持现有减排力度的运营成本	电力热力生产	16.480 2	5.995 2	5.240 8	20.418 0	10.751 3	9.888 0	68.773 5
	电气机械和器材	0.007 0	0	0.168 6	0	0	0.004 2	0.179 7
	纺织服装鞋帽皮革羽绒及其制品	0.023 8	0	0.027 4	0.001 6	0	0.006 6	0.059 4
	纺织品	0.641 6	0.050 9	0.655 4	0.002 6	0	0.026 1	1.376 7
	非金属矿和其他矿采选产品	0.176 3	0	0.098 6	0.301 7	0	0.106 7	0.683 3
	非金属矿物制品	2.139 5	32.713 9	17.992 7	1.923 6	7.245 3	12.135 2	74.150 2
	废品废料	0.000 8	0	0.141 3	0.016 1	0	0.076 2	0.234 3
	化学产品	5.892 6	0.190 3	4.434 0	4.864 2	0.781 1	4.336 6	20.498 7
	交通运输设备	0.000 1	0	0.213 3	0.096 0	0.004 2	0.602 7	0.916 2
	金属矿采选产品	0.262 6	0	0.028 2	0.102 6	0	0.005 9	0.399 3
	金属冶炼和压延加工品	3.956 7	0.006 5	12.865 1	2.106 9	0	3.148 7	22.083 9
	金属制品	0.001 8	0	0.127 6	0	0	0.104 4	0.233 7
	煤炭采选产品	0.000 3	0	0.001 0	0.004 1	0	0.001 2	0.006 6
	木材加工品和家具	0.014 9	0	0.214 3	0.000 4	0	0.044 5	0.274 1
	其他制造产品	0	0	0.034 8	0.044 5	0	0.006 0	0.085 3
	石油、炼焦产品和核燃料加工品	0.826 1	0	0.429 0	0	0	0.030 2	1.285 3
	石油和天然气开采产品	0.179 5	0	0	0.066 7	0	0	0.246 2

续表

成本类型	类别	四川			重庆			小计
		SO_2	NO_x	$PM_{2.5}$	SO_2	NO_x	$PM_{2.5}$	
维持现有减排力度的运营成本	食品和烟草	1.530 3	0.017 8	1.184 5	1.947 3	0	0.754 8	5.434 7
	通信设备、计算机和其他电子设备	0.000 7	0.047 8	0.044 7	0	0	0.048 1	0.141 4
	通用设备	0.001 1	0	0.076 4	0.000 8	0	0.108 6	0.187 0
	仪器仪表	0	0	0.000 1	0	0	0.007 7	0.007 8
	造纸印刷和文教体育用品	1.969 9	0.103 0	1.411 1	1.027 5	0	2.289 2	6.800 8
	专用设备	0	0.000 3	0.165 4	0	0	0.072 5	0.238 3
	小计	34.105 5	39.125 8	45.554 8	32.924 4	18.781 9	33.804 2	204.296 7

为电力热力生产，分别占当地总 SO_2 环保运营成本的48.32%、62.01%，主要原因是电力热力生产是 SO_2 最主要的排放“大户”产业，其产业规模相对较大，因此在该产业的 SO_2 环保运营成本较大；对于 NO_x，四川和重庆的 NO_x 环保运营成本贡献行业主要为电力热力生产和非金属矿物制品行业，两个行业环保运营成本之和占比超过95%，主要是因为电力热力生产和非金属矿物制品行业中的水泥制造业是四川和重庆 NO_x 排放最主要的工业来源，但重庆只有电力热力生产、非金属矿物制品、化学产品和交通运输设备等行业有 NO_x 的污染投入治理。

除了上述维持当前减排力度所需运营成本，我们利用构建的成渝地区本地化的边际成本模型，结合各个情景的减排比例，核算得出各个减排情景对应的加严控制减排成本以及总成本（表7-13）。从表中可以看出，2016—2020，成渝地区各个情景下大气污染治理的总成本分别为234.78亿元、251.05亿元、266.31亿元、298.30亿元。其中，维持基准年减排力度的运营成本占大头，高达204.3亿元。单从加严控制所需的成本来看，随着控制措施的加严，污染物削减总量从32.32万t增加到65.17万t，成渝地区污染物加严控制的减排成本也相应地从30.5亿元增加到94亿元。在最严控制情景4下，成渝地区 SO_2、NO_x 排放削减量分别为23.36万t、19.31万t，相比基准分别下降了19.3%，18.6%，满足了蓝天保卫战到2020年，二氧化硫、氮氧化物排放总量分别比2015年下降15%以上的总体要求。

在最严减排情景4下，总减排成本约298.3亿元，主要减排成本来自 SO_2、NO_x 和 $PM_{2.5}$，分别为71.88亿元、111.76亿元和112.61亿元，占比总成本24.1%、37.5%和37.8%。

7.3.2 空气质量改善及达标评估

在各控制情景下，利用空气质量模拟可以得到各控制情景目标年成渝地区空气质量模拟结果，如图7-10所示，所有控制情景下整个成渝地区的 $PM_{2.5}$ 浓度均有所下降，其中控制成效较为明显的是雅安、乐山、宜宾和重庆等城市，并且与情景1、情景2、情景3相比，在情景4的控制下，成渝地区 $PM_{2.5}$ 浓度削减范围更广。另外，无论是哪个控制情景，高 $PM_{2.5}$ 浓度均呈斑状分布，主要集中在成渝地区西北部的成都市区、东南部的重庆市区以及工业企业所在的网格，可能与当地人口较密集、交通相对繁忙有关。

表 7-13　各情景下各污染物的减排量和减排总成本

情景＼污染物		四川					重庆					合计
		SO_2	NO_x	$PM_{2.5}$	NH_3	VOCs	SO_2	NO_x	$PM_{2.5}$	NH_3	VOCs	
减排量 / 万 t	情景 1	5.05	6.57	1.60	1.99	3.96	7.76	3.99	0.80	0.60	0.00	32.32
	情景 2	6.93	8.83	2.18	2.79	5.07	10.58	5.45	1.06	0.84	0.00	43.71
	情景 3	7.87	10.40	2.72	3.18	6.25	12.69	6.17	1.32	0.96	0.00	51.56
	情景 4	9.26	12.41	4.41	5.97	8.98	14.10	6.90	1.96	1.20	0.00	65.17
当前减排力度运营成本 / 亿元	基准	34.11	39.13	45.55	0.00	0.00	32.92	18.78	33.80	0.00	0.00	204.30
加严控制的减排成本 / 亿元	情景 1	1.05	9.93	9.10	0.18	0.54	1.65	4.94	2.98	0.12	0.00	30.49
	情景 2	1.42	16.36	12.74	0.25	0.70	2.25	8.71	4.17	0.16	0.00	46.76
	情景 3	1.61	24.67	14.56	0.31	0.86	2.70	12.35	4.77	0.20	0.00	62.02
	情景 4	1.85	36.98	27.30	0.53	1.23	3.00	16.87	5.96	0.30	0.00	94.01
总成本（运营成本 + 加严减排成本）/ 亿元	情景 1	35.16	49.06	54.65	0.18	0.54	34.57	23.72	36.78	0.12	0.00	234.78
	情景 2	35.53	55.49	58.29	0.25	0.70	35.17	27.49	37.97	0.16	0.00	251.05
	情景 3	35.72	63.80	60.11	0.31	0.86	35.62	31.13	38.57	0.20	0.00	266.31
	情景 4	35.96	76.11	72.85	0.53	1.23	35.92	35.65	39.76	0.30	0.00	298.30

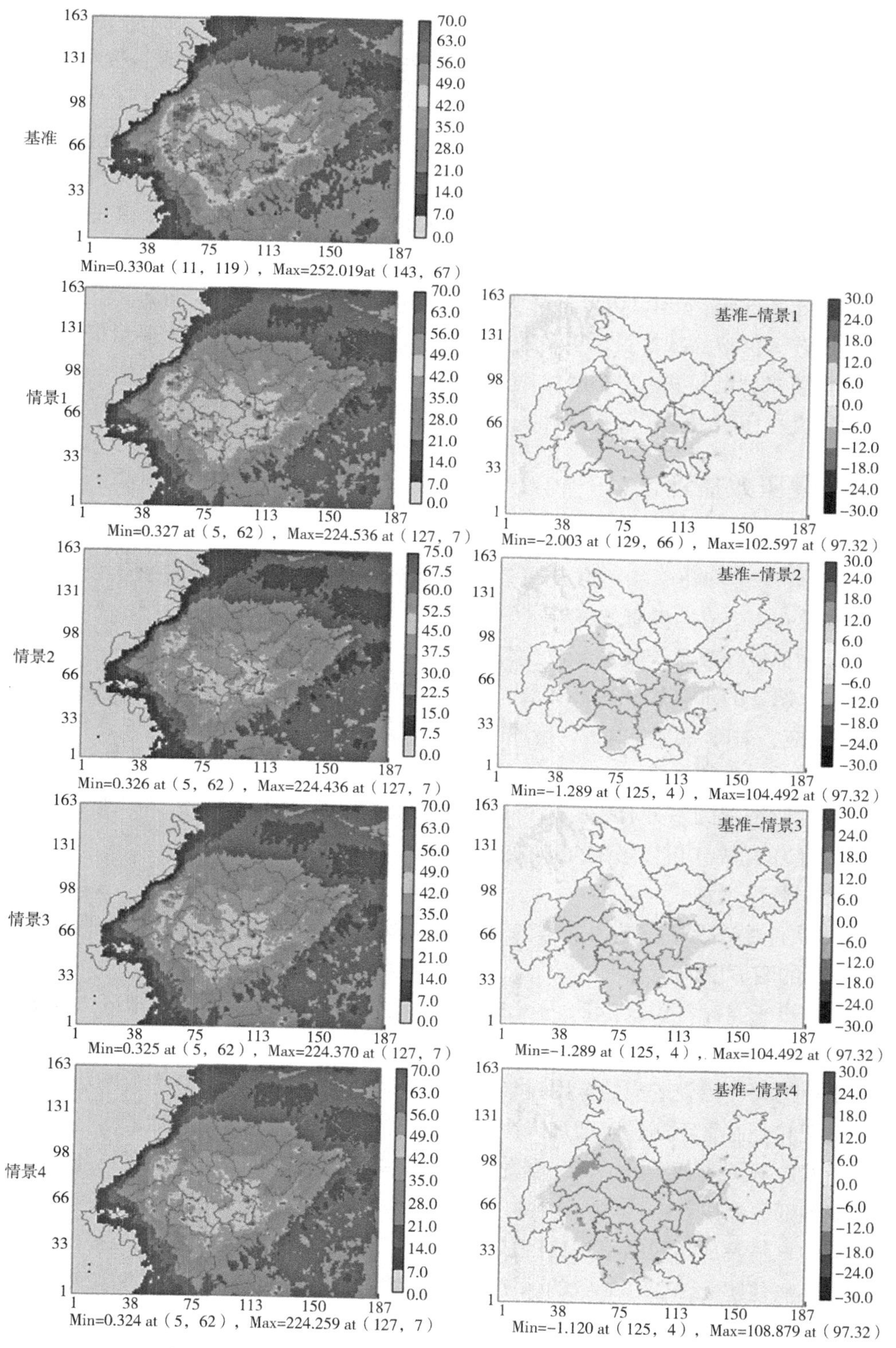

图 7-9　各情景成渝地区 $PM_{2.5}$ 年均浓度分布情况前后对比

表 7-14 展示了成渝地区各个城市在各个控制情景下相对基准年 $PM_{2.5}$ 浓度下降和削减幅度情况。以成渝地区蓝天保卫战行动方案中的空气质量改善目标为依据，从情景 1 到情景 4，成渝地区 16 个城市 $PM_{2.5}$ 浓度下降幅度依次增加，蓝天保卫战的达标率也逐渐提高，分别为 68.8%，81.3%，93.8% 和 93.8%。其中，情景 1 中，成都、眉山、自贡、资阳和达州共 5 个城市无法达标；情景 2 中，不达标城市下降到 3 个，分别是自贡、资阳和达州；情景 3 和情景 4 中，仅有自贡一个城市无法达标。在各个情景的所有达标城市中，雅安的 $PM_{2.5}$ 浓度下降幅度最高，在最严情景下，其相比基准年，$PM_{2.5}$ 浓度下降幅度约 21.4%，浓度下降到 28.1 $\mu g/m^3$。总体而言，在比蓝天保卫战减排目标更严的情景 4 下，成渝地区自贡的空气质量仍然无法满足达标要求，除了进一步加大本地控制外，还应与其周边城市协同控制，因此，成渝地区大气质量改善仍然需要加大减排力度。

7.3.3 健康效益评估

$PM_{2.5}$ 粒径小，比表面积相对大，更易富集空气中有毒重金属、酸性氧化物、有机污染物等多种化学物质以及细菌和病毒等微生物。病理学、毒理学已经证明 $PM_{2.5}$ 能对人体造成的健康危害有：

1）肺部或呼吸系统其他部位危害

$PM_{2.5}$ 携带的重金属和多环芳烃（PAHs）可以深入人体肺泡并沉积，通过促进炎症等反应，对肺部进行损害，造成呼吸系统疾病。

2）影响心血管系统

$PM_{2.5}$ 所携带的多种有害物质可以通过呼吸系统进入血液循环，影响人体的心血管等系统的正常功能，造成心脑血管疾病。

3）早死率增加

$PM_{2.5}$ 通过呼吸系统进入人体的过程可以引起暴露人群心脑血管和呼吸系统疾病死亡率的明显增加。

进一步研究对各控制情景下由 $PM_{2.5}$ 年均浓度下降可减少的成渝地区人体健康损失 / 影响的评估，定义 $PM_{2.5}$ 污染物健康危害物理量和经济损失主要由以下三部分组成：①大气污染造成的全因过早死亡人数和死亡经济损失；②大气污染造成的呼吸系统和心血管疾病住院增加人次及住院和休工；③大气污染造成的慢性支气管炎的新发病病例及其经济损失。据此可获得未来年各控制情景下相对基准年所获得的相应各部分经济效益。

其中，住院成本包括直接住院成本和交通、营养等间接住院成本，休工经济损失为因疾病住院无法工作导致的休工损失。慢性支气管炎是慢性阻塞性肺疾病的一种，对人体伤害极大，患者患病之后将忍受终生的病痛折磨，且随着病情的发展，患者将最终丧失工作能力。

表 7-14　各控制情景下各城市 $PM_{2.5}$ 下降浓度和下降幅度

城市		雅安	宜宾	泸州	眉山	成都	乐山	德阳	自贡	遂宁	绵阳	广安	资阳	重庆	内江	南充	达州	达标率 / %
相比 2015 年，2020 年基本目标 /%		4.6	19.8	22.1	24.7	22.9	19.0	18.7	27.9	15.7	15.3	16.3	14.2	27.3	21.3	21.3	24.8	—
2020 年浓度基本目标 / (μg/m³)		34.9	46.4	46.9	46.5	47.5	44.9	43.5	53.1	42.8	39.5	38.3	34.7	40.0	47.7	46.5	46.5	—
基准浓度 / (μg/m³)		35.7	52.4	53.3	52.4	53.2	46.6	47.3	64.0	39.4	41.7	37.9	39.4	44.9	45.2	50.2	49.4	18.8
情景 1	浓度 / (μg/m³)	30.7	45.0	46.0	46.7	48.1	42.1	43.0	58.6	35.7	38.1	34.3	36.1	40.0	41.6	46.3	47.0	68.8
	削减浓度 / (μg/m³)	5.1	7.4	7.3	5.8	5.1	4.5	4.2	5.5	3.7	3.6	3.5	3.2	5.0	3.6	4.0	2.4	
	削减幅度 /%	14.2	14.1	13.7	11.0	9.6	9.6	9.0	8.5	9.4	8.6	9.4	8.2	11.0	8.1	7.9	4.9	
情景 2	浓度 / (μg/m³)	29.9	44.0	45.1	45.6	47.1	41.1	42.1	57.3	35.0	37.2	33.7	35.3	39.4	40.6	45.3	46.5	81.3
	削减浓度 / (μg/m³)	5.9	8.4	8.2	6.9	6.1	5.4	5.2	6.8	4.5	4.4	4.2	4.1	5.5	4.6	4.9	2.9	
	削减幅度 /%	16.4	16.1	15.4	13.1	11.5	11.7	11.0	10.6	11.3	10.7	11.1	10.4	12.2	10.2	9.8	5.9	
情景 3	浓度 / (μg/m³)	29.3	43.3	44.4	44.8	46.4	40.4	41.4	56.3	34.5	36.6	33.2	34.7	39.0	39.9	44.6	46.2	93.8
	削减浓度 / (μg/m³)	6.5	9.2	8.9	7.7	6.8	6.2	5.9	7.8	5.0	5.1	4.7	4.7	5.9	5.3	5.6	3.2	
	削减幅度 /%	18.1	17.5	16.6	14.6	12.8	13.2	12.5	12.1	12.6	12.2	12.4	11.9	13.2	11.7	11.2	6.5	
情景 4	浓度 / (μg/m³)	28.1	41.7	43.0	43.1	44.3	38.8	39.9	54.1	33.4	35.3	32.1	33.4	38.2	38.5	43.1	45.4	93.8
	削减浓度 / (μg/m³)	7.6	10.8	10.3	9.4	8.9	7.7	7.4	10.0	6.1	6.4	5.8	6.0	6.8	6.7	7.2	4.0	
	削减幅度 /%	21.4	20.5	19.3	17.9	16.7	16.6	15.7	15.6	15.4	15.3	15.3	15.1	15.1	14.8	14.2	8.0	

为了易于比较各控制情景对应的成渝地区的控制效益，本研究先对基准情景下$PM_{2.5}$污染不作控制治理所引起的健康影响人数及经济损失进行评估。基准情景下由$PM_{2.5}$污染引起的健康影响人数及经济损失如表7-15所示。基准情景下由$PM_{2.5}$污染造成的成渝地区健康影响人数为158 436人，经济总损失为1 561.07亿元。其中，大气污染造成的全因致死人数、住院人数、慢性疾病人数分别为37 361人、108 508人、12 566人，全因致死、住院、休工、慢性疾病经济损失分别为1 472.02亿元、7.65亿元、5.12亿元、76.28亿元。此外，基准情景下重庆市健康影响人数远超过其他城市，经济损失相对较高。

除了评估基准情景下所带来的经济损失，决策者往往更为关心的是，采取措施后，大气环境质量改善后能给社会带来的受益人数和获得的健康效益。本研究假设从基准年到未来年，$PM_{2.5}$年均削减浓度为线性削减，各控制情景由于空气质量改善获得的环境总效益为控制期间每一年相对基准年获得的环境效益之和。表7-16、表7-17分别展示了各个情景下各个地区各个终端因空气质量改善所带来的受益人数和可避免经济损失（即健康效益）。从表中可以看出，从情景1到情景4，因空气质量改善成渝地区受益人数分别为42 749.5人、50 009.8人、55 473.8人和67 715.3人，由此获得的健康效益分别为268.45亿元、316.84亿元、352.99亿元和434.70亿元。其中，可避免大气污染导致全因致死人数分别减少6 189.0人、7 276.3人、8 108.3人和9 987.3人，获得的健康效益为243.83亿元、286.71亿元、319.47亿元和393.50亿元；可避免的住院经济损失分别为2.18亿元、2.68亿元、2.98亿元和3.76亿元，休工经济损失分别为1.58亿元、1.88亿元、2.13亿元和2.63亿元，慢性疾病经济损失分别为20.88亿元、25.58亿元、28.43亿元和34.85亿元。总体而言，从情景1到情景4，随着减排力度依次加严，空气质量改善的效果越来越明显，由此获得的效益也越来越大。尽管如此，当前情景4评估的环境经济效益要比成渝地区“大气十条”的评估的环境经济效益670亿元要低很多。这主要是因为“大气十条”实施后成渝地区空气质量改善较为明显，$PM_{2.5}$浓度从96 μg/m^{3}下降到42 μg/m^3，下降比率高达56.2%。而本研究情景4中成渝地区$PM_{2.5}$平均浓度从47 μg/m^{3}下降到39.5 μg/m^3，平均仅下降了16%。另外，如果本研究选择将人力资本法作为环境价值评估方法，成渝地区修正的人力资本的单位价值约为129.67万元/人，由此计算出控制情景4的人体健康总效益仅为170.72亿元，说明不同环境价值评估方法计算出的环境健康效益差异较大，在实际应用时应谨慎选择所需的评估方法。

表 7-15 基准情景下健康影响及经济损失

区域	全因致死人数 / 人	住院人数 / 人	慢性疾病人数 / 人	小计 / 人	全因致死经济损失 / 亿元	住院经济损失 / 亿元	休工经济损失 / 亿元	慢性疾病 / 亿元	小计 / 亿元
重庆市	12 021.72	31 008.67	3 931.11	46 961.50	473.66	0.23	1.56	25.91	501.36
成都市	6 904.35	22 087.96	2 435.72	31 428.03	272.03	2.12	1.53	21.50	297.18
宜宾市	1 795.48	5 690.93	629.11	8 115.52	70.74	0.55	0.20	2.87	74.36
泸州市	1 688.68	5 406.53	596.07	7 691.29	66.53	0.52	0.19	2.62	69.86
绵阳市	1 617.32	4 470.36	511.09	6 598.77	63.72	0.43	0.17	2.48	66.80
德阳市	1 263.53	3 763.65	422.74	5 449.91	49.78	0.36	0.19	2.73	53.06
乐山市	1 113.94	3 288.29	370.17	4 772.40	43.89	0.32	0.15	2.16	46.52
南充市	2 256.38	6 970.62	775.77	10 002.78	88.90	0.67	0.19	2.75	92.51
眉山市	1 052.44	3 336.37	368.81	4 757.61	41.47	0.32	0.14	1.94	43.87
内江市	1 240.57	3 598.47	406.81	5 245.85	48.88	0.35	0.13	1.93	51.29
自贡市	1 244.15	4 451.90	475.46	6 171.51	49.02	0.43	0.19	2.61	52.25
广安市	1 015.43	2 652.44	307.03	3 974.89	40.01	0.26	0.09	1.31	41.67
遂宁市	1 024.45	2 740.92	315.64	4 081.01	40.36	0.26	0.09	1.28	41.99
雅安市	365.14	921.95	107.47	1 394.56	14.39	0.06	0.04	0.62	15.11
资阳市	818.21	2 186.59	251.87	3 256.67	32.24	0.21	0.08	1.20	33.73
达州市	1 939.24	5 932.64	661.91	8 533.80	76.41	0.57	0.17	2.37	79.52
合计	37 361.03	108 508.30	12 566.77	158 436.10	1 472.02	7.65	5.12	76.28	1 561.07

注：住院包括呼吸系统疾病住院和循环系统疾病住院两种，慢性疾病指慢性支气管炎。

表 7-16 各控制情景下空气质量改善的受益人数

单位：人

情景/区域		重庆市	成都市	宜宾市	泸州市	绵阳市	德阳市	乐山市	南充市	眉山市	内江市	自贡市	广安市	遂宁市	雅安市	资阳市	达州市	合计
控制情景1	全因致死	2 283.3	1 011.8	399.5	362.0	250.0	186.5	178.3	279.3	179.3	168.5	143.5	184.0	180.3	108.0	125.5	149.0	6 189.0
	住院	10 675.0	6 296.8	2 392.0	2 206.8	1 234.3	1 038.5	975.3	1 658.3	1 092.3	903.5	1 071.5	823.5	840.0	444.8	587.3	884.0	33 124.0
	慢性疾病	1 219.0	608.8	234.0	214.8	127.8	104.0	98.0	162.8	106.3	91.5	97.3	87.5	88.3	48.3	61.8	86.8	3 436.5
	小计	14 177.3	7 917.3	3 025.5	2 783.5	1 612.0	1 329.0	1 251.5	2 100.3	1 377.8	1163.5	1 312.3	1 095.0	1 108.5	601.0	774.5	1119.8	42 749.5
控制情景2	全因致死	2 551.5	1 220.3	461.5	410.5	313.0	231.5	219.3	351.3	216.5	215.3	181.0	220.8	219.3	126.8	160.3	178.5	7 276.3
	住院	11 851.0	7 519.5	2 732.0	2 478.8	1 528.3	1 274.5	1 185.8	2 065.3	1 303.3	1 140.0	1 336.3	980.0	1 010.8	515.5	741.0	1053.8	38 715.8
	慢性疾病	1 355.8	729.3	268.3	242.0	158.8	128.0	119.8	203.3	127.3	115.8	121.8	104.3	106.5	56.0	78.0	103.5	4 017.8
	小计	15 758.3	9 469.0	3 461.8	3 131.3	2 000.0	1 634.0	1 524.8	2 619.8	1 647.0	1 471.0	1 639.0	1 305.0	1 336.5	698.3	979.3	1 335.8	50 009.8
控制情景3	全因致死	2 773.3	1 376.5	506.8	446.8	359.5	264.5	250.5	405.3	244.3	249.8	209.0	248.3	247.5	140.8	186.0	199.8	8 108.3
	住院	12 812.5	8 419.8	2 977.0	2 679.8	1 742.3	1 445.0	1 343.8	2 364.3	1 457.8	1 312.8	1 531.0	1 093.5	1 133.0	567.3	853.5	1 175.5	42 908.8
	慢性疾病	1 467.8	818.5	293.0	262.0	181.3	145.5	136.0	233.3	142.8	133.5	139.8	116.5	119.5	61.8	90.0	115.8	4 456.8
	小计	17 053.5	10 614.8	3 776.8	3 388.5	2 283.0	1 855.0	1 730.3	3 002.8	1844.8	1 696.0	1 879.8	1458.3	1 500.0	769.8	1 129.5	1 491.0	55 473.8

续表

情景 / 区域		重庆市	成都市	宜宾市	泸州市	绵阳市	德阳市	乐山市	南充市	眉山市	内江市	自贡市	广安市	遂宁市	雅安市	资阳市	达州市	合计
控制情景4	全因致死	3 194.3	1 839.5	607.0	525.3	462.0	338.5	322.3	523.0	304.3	323.0	274.3	310.5	305.5	170.0	240.8	247.3	9 987.3
	住院	14 607.8	11 012.5	3 502.0	3 103.5	2 199.8	1 817.5	1 695.3	3 001.3	1 783.8	1 668.3	1 971.0	1 346.5	1 377.5	672.3	1 085.3	1 444.8	52 289.5
	慢性疾病	1 678.0	1 077.5	346.5	304.8	229.8	183.8	172.5	297.5	175.8	170.5	181.3	144.0	146.0	73.5	115.0	142.5	5 438.5
	小计	19 480.0	13929.5	4 455.5	3 933.5	2 891.5	2 339.8	2 190.0	3 821.8	2 263.8	2 161.8	2 426.5	1 801.0	1 829.0	915.8	1 441.0	1 834.5	67 715.3

注：住院包括呼吸系统疾病住院和循环系统疾病住院两种，慢性疾病指慢性支气管炎。

表 7-17 各控制情景下空气质量改善可避免的经济损失

单位：亿元

情景 / 区域		重庆市	成都市	宜宾市	泸州市	绵阳市	德阳市	乐山市	南充市	眉山市	内江市	自贡市	广安市	遂宁市	雅安市	资阳市	达州市	合计
控制情景1	全因致死	89.96	39.86	15.74	14.26	9.85	7.35	7.02	11.00	7.06	6.64	5.65	7.25	7.10	4.26	4.94	5.87	243.83
	住院	0.08	0.60	0.23	0.20	0.13	0.10	0.10	0.15	0.10	0.10	0.10	0.08	0.08	0.03	0.05	0.08	2.18
	休工	0.53	0.45	0.08	0.08	0.05	0.05	0.05	0.05	0.05	0.03	0.05	0.03	0.03	0.03	0.03	0.03	1.58
	慢性疾病	7.93	5.38	1.08	0.95	0.63	0.68	0.58	0.58	0.55	0.43	0.53	0.38	0.35	0.28	0.30	0.30	20.88
	小计	98.49	46.29	17.12	15.49	10.65	8.17	7.75	11.78	7.76	7.19	6.33	7.72	7.55	4.58	5.32	6.27	268.45

续表

情景 / 区域		重庆市	成都市	宜宾市	泸州市	绵阳市	德阳市	乐山市	南充市	眉山市	内江市	自贡市	广安市	遂宁市	雅安市	资阳市	达州市	合计
控制情景2	全因致死	100.53	48.08	18.18	16.17	12.33	9.12	8.64	13.84	8.53	8.48	7.13	8.70	8.64	4.99	6.31	7.03	286.71
	住院	0.10	0.73	0.25	0.25	0.15	0.13	0.13	0.20	0.13	0.10	0.13	0.10	0.10	0.03	0.08	0.10	2.68
	休工	0.68	0.53	0.10	0.08	0.05	0.08	0.05	0.05	0.05	0.05	0.05	0.03	0.03	0.03	0.03	0.03	1.88
	慢性疾病	9.95	6.45	1.23	1.08	0.78	0.83	0.70	0.73	0.68	0.55	0.68	0.45	0.43	0.33	0.38	0.38	25.58
	小计	111.25	55.78	19.76	17.57	13.31	10.15	9.51	14.81	9.38	9.18	7.98	9.27	9.19	5.37	6.79	7.53	316.84
控制情景3	全因致死	109.27	54.23	19.97	17.60	14.16	10.42	9.87	15.97	9.62	9.84	8.23	9.78	9.75	5.55	7.33	7.87	319.47
	住院	0.10	0.80	0.28	0.25	0.18	0.15	0.13	0.23	0.15	0.13	0.15	0.10	0.10	0.05	0.08	0.13	2.98
	休工	0.73	0.58	0.10	0.10	0.08	0.08	0.08	0.08	0.05	0.05	0.08	0.05	0.03	0.03	0.03	0.03	2.13
	慢性疾病	10.93	7.23	1.35	1.15	0.88	0.95	0.80	0.83	0.75	0.63	0.78	0.50	0.48	0.35	0.43	0.43	28.43
	小计	121.02	62.83	21.69	19.10	15.29	11.60	10.87	17.09	10.57	10.64	9.23	10.43	10.35	5.97	7.85	8.45	352.99
控制情景4	全因致死	125.85	72.48	23.92	20.69	18.20	13.34	12.70	20.61	11.99	12.73	10.81	12.23	12.04	6.70	9.49	9.74	393.50
	住院	0.13	1.05	0.33	0.30	0.20	0.18	0.18	0.30	0.18	0.15	0.20	0.13	0.13	0.05	0.10	0.15	3.76
	休工	0.85	0.78	0.13	0.10	0.08	0.10	0.08	0.08	0.08	0.08	0.08	0.05	0.05	0.03	0.05	0.05	2.63
	慢性疾病	12.63	9.50	1.58	1.35	1.13	1.20	1.00	1.05	0.93	0.80	1.00	0.63	0.60	0.43	0.55	0.50	34.85
	小计	139.45	83.80	25.94	22.44	19.60	14.81	13.95	22.03	13.16	13.75	12.08	13.03	12.81	7.20	10.19	10.44	434.70

注：住院包括呼吸系统疾病住院和循环系统疾病住院两种，慢性疾病指慢性支气管炎。

从具体区域来看，在最严减排情景下，重庆所获得的环境经济效益最大，其次为成都，分别为139.45亿元和83.80亿元，远超过其他城市，而雅安市所获环境经济效益则最少，不足10亿元。这可能是由于成渝地区人口分布不均，成都和重庆等因为经济相对发达，聚集了较多的人口，同时这两个城市的颗粒物污染较为严重，两个因素在空间上的匹配，就会给这些地区造成较大的健康影响。由此看来，优先控制人口密集、污染严重的地区，是最佳的控制路线。对于成渝地区，优先控制成都和重庆等地，可以提高控制措施的费用有效性。

成本效益分析是对环境政策实施后所花费的治理和运营成本以及空气质量改善所带来的效益进行科学评判，为环境政策决策提供经济评价依据。表7-18展示了成渝地区在各个控制情景下大气污染治理投入与产出效益情况。成渝地区在当前设计的四种情景下，所产生的环境健康效益均大于其成本。从这四个情景的费效比来看，随着控制力度加严，费效比也越来越高，其中情景4的费效比最高，为1.46，说明在一定减排范围内，成渝地区加大对大气环境的治理成本投入，强化末端治理，可以获得更高的环境健康效益。但需要注意的是，控制成本和获得的健康效益并不是线性关系，根据边际成本曲线来看，随着减排加严到一定程度（60%），减少每单位污染物所花费的成本越来越高，继续减排边际成本上升较快，此时不能一味单靠采用强化末端治理为主措施进行改善空气质量，还需要结构转型和科技创新，利用科技创新拉动和深化产业结构调整，优化能源结构，提高能源使用效率等。

表7-18 成渝地区大气污染不同控制情景费效比 单位：亿元

情景	四川			重庆			成渝地区		
	成本	效益	费效比	成本	效益	费效比	总成本	总效益	费效比
情景1	139.6	169.97	1.22	95.19	98.49	1.03	234.78	268.45	1.14
情景2	150.3	205.58	1.37	100.79	111.25	1.10	251.05	316.84	1.26
情景3	160.8	231.97	1.44	105.52	121.02	1.15	266.31	352.99	1.33
情景4	186.7	295.24	1.58	111.62	139.45	1.25	298.30	434.7	1.46

此外，目前环境经济效益仅考虑空气污染对人群的生理健康损失。实际上，空气污染不仅能通过损害人们的身体健康从而作用于其心理状况，而且能直接影响个人情绪，使人产生焦虑、不安等负面情感以及幸福感下降等，这些都会给人们的心理健康带来损害。后续研究可考虑将心理健康也纳入评价体系中。

7.3.4 主要结论

本研究针对成渝地区蓝天保卫战的空气质量改善目标，在对成渝地区的排放量增量预测和减排潜力分析基础上，设定了四种不同控制情景，并利用大气污染防治费用效益综合评估模型对这四种控制情景进行成本评估、空气质量改善及达标评估、健康效益评估等多角度的评估，最终计算得出这四种情景的效益 / 成本比，为成渝地区决策者开展蓝天保卫战提供科学可靠的决策依据。

1）本研究建立了成渝地区 WRF-CMAQ 模拟体系，其模拟结果对 $PM_{2.5}$ 模拟值存在一定高估现象，总体而言，模拟结果与观测值的相关系数仍较高（平均相关系数 R=0.49 和一致性指数 IOA=0.65），误差结果处在可接受范围内，模型基本能够较为准确地表征各站点的浓度变化。

2）利用大气污染防治费用效益综合评估模型对设定的四种未来控制情景进行成本评估，在设定的四种情景下，2016—2020 年，成渝地区各个情景大气污染治理总成本分别为 234.78 亿元、251.05 亿元、266.31 亿元、298.30 亿元。在最严控制情景 4 下，成渝地区 SO_2、NO_x 排放削减量分别为 23.36 万 t、19.31 万 t，相比基准分别下降了 19.3%、18.6%，满足了蓝天保卫战到 2020 年二氧化硫、氮氧化物排放总量分别比 2015 年下降 15% 以上的总体要求。

3）利用大气污染防治费用效益综合评估模型对设定的四种未来控制情景进行空气质量改善及达标评估，从情景 1 到情景 4，成渝地区 16 个城市 $PM_{2.5}$ 浓度下降幅度依次增加，蓝天保卫战的达标率也逐渐提高，分别为 68.8%、81.3%、93.8% 和 93.8%。在比“蓝天保卫战”减排目标更严的情景 4 下，成渝地区的自贡市空气质量仍然无法满足达标要求，除了进一步加大自贡市本地控制，还应与其周边城市协同控制，推进区域大气污染联防联控，成渝地区大气质量改善仍然需要加大减排控制力度。

4）利用大气污染防治费用效益综合评估模型对设定的四种未来控制情景进行健康效益评估，结果表明在设定的四种情景中，情景 4 的各个健康终端（全因致死、住院、慢性疾病）受益人数和健康价值最大，分别依次约为 9 987.3 人、52 289.5 人及 5 438.5 人和 393.5 亿元、3.76 亿元及 34.85 亿元。重庆市和成都市在各控制情景下获得的人体健康 - 经济效益相对较高，远超过其他城市。对于成渝地区，优先控制成都和重庆等地，可以提高控制措施的费用有效性。

5）综合各个情景的减排成本和所获得健康效益，成渝地区在情景 4 下所获费效比最高，为 1.46。成渝地区还可继续加大对大气环境的治理成本投入，以获得更高的环境健康效益。

7.4 成渝地区大气污染防控政策建议

7.4.1 进一步加大工业源污染治理力度，提升脱硝治理能力

根据本研究“大气十条”实施成本效益分析结果可知，在所采取的各种大气污

染减排措施中，重点工业行业单位大气污染物的治理成本最低，从费效分析的角度，工业行业污染治理的费效比最高。成渝地区虽然加大了工业行业的污染治理，但工业行业的污染治理还有很大的空间，特别是 NO_x 的污染治理才刚起步，很多行业都没有 NO_x 的污染治理投入。对成都 $PM_{2.5}$ 的源解析结果显示，$PM_{2.5}$ 的最大来源是工业和生活源；工业四季贡献的百分比依次为 28%、32%、39% 和 30%；生活源是冬季 $PM_{2.5}$ 的最大来源（33%），是夏、秋季节第二大来源（18%）。扬尘和露天焚烧在春季的贡献（分别为 18% 和 9%）高于其在其他季节的贡献（分别≤11% 和≤6%）。夏季二次有机气溶胶（SOA）的贡献百分比（16%）高于其他季节（≤10%）。火电厂、交通和农业的季节平均贡献比分别为 4%～8%、5%～8% 和 7%～10%[157]。因此，在“蓝天保卫战”中，成渝地区还需进一步加大对工业行业的污染治理投资和监管力度。

首先，加大重点工业源脱硝的治理力度。对成渝地区钢铁、水泥、电力、有色等重点行业加大脱硝治理投资力度，除循环流化床锅炉以外的燃煤发电机组均应安装脱硝设施，新型干法水泥窑实施低氮燃烧技术改造并安装脱硝设施，确保达标排放。其次，加大挥发性有机物综合整治。工业涂装企业和涉及喷涂作业的机动车维修服务企业，按照规定安装、使用污染防治设施，采用低毒、低挥发性原辅材料，或者进行工艺改造，并对原辅材料储运、加工生产、废弃物处置等环节实施全过程控制。石化及其他生产和使用有机溶剂的企业，按照规定对生产设备进行检测与维护，防止物料的泄漏，对生产装置系统的停运、倒空、清洗等环节实施挥发性有机物排放控制；物料已经泄漏的，及时收集处理。加油加气站、储油储气库和使用油罐车、气罐车等单位，开展油气回收治理，按照规定安装油气回收装置并保持正常使用，每年向生态环境主管部门报送油气排放检测报告。有机化工、制药、电子设备制造、包装印刷、家具制造等产生含挥发性有机物废气的生产和服务活动，在密闭空间或者设备中进行，并按照规定安装、使用污染防治设施，保持正常运行；无法密闭的，采取措施减少污染物排放。淘汰废旧橡胶和塑料土法炼油工艺，无溶剂回收设施的干洗设备，传统油墨生产装置及所有无挥发性有机物收集、回收（净化）设施的涂料、胶黏剂和油墨等生产装置；取缔汽车维修等修理行业的露天喷涂作业和含苯类溶剂型油墨生产；禁止生产、销售、使用有害物质含量、挥发性有机物含量超过国家规定的室内装修装饰用涂料和溶剂型木器家具涂料；淘汰其他挥发性有机物污染严重、开展挥发性有机物削减和控制无经济可行性的工艺和产品。最后，加强对企业污染治理的监管力度，确保大气污染治理设施正常运行。

7.4.2 加大机动车 NO_x 污染治理力度，减少雾霾二次污染

成渝地区面临的大气污染问题已从以雾霾为主转变成雾霾与臭氧问题并存。成渝地区大气污染在秋冬季以颗粒物污染为主，夏季以臭氧污染为主[158]。因此，成

渝地区臭氧与雾霾污染问题都需要解决。成渝地区“大气十条”实施工业污染治理重点是对雾霾一次污染烟粉尘加大了治理力度，烟粉尘去除率已经达到了99%左右，雾霾一次污染基本得到控制。但当$PM_{2.5}$浓度超过75 μg/m^3时，二次颗粒物的质量占比总体超过50%[159]。因此，今后控制二次颗粒物的前体物排放是防治雾霾的重要措施之一。而且，二次颗粒物与臭氧的一些前体物具有共同来源，降低这些前体物的排放是对雾霾和臭氧进行共同防治的关键之一。

NO_x和VOCs是雾霾和臭氧的共同前体物，成渝地区这两种污染物的减排效果都不理想。机动车是产生NO_x的主要污染源之一。成渝地区机动车数量较多，其中成都是我国机动车第二大城市，机动车是成渝地区大气污染的主要来源之一。为加大机动车NO_x污染治理，需加强城市交通管理，优化城市功能和布局规划，推广城市智能交通管理，缓解城市交通拥堵。各市（州）通过实施中心城区内外停车场差别化收费，适当降低公交车、轨道交通等公共交通乘车收费标准，增建地铁口、中心城区等公共自行车租赁网点等措施，促进降低机动车使用强度。同时，全面提升燃油品质，全面供应符合国家第五阶段标准的车用汽油、柴油。各级经济和信息化部门要加强成品油经营活动的监督管理，推进油品配套升级。各级工商、质检等部门要加强油品质量监督检查和监督抽查，严厉打击非法生产、销售不合格油品行为，督促加油站不得销售不符合标准的车用汽油、柴油。加强机动车环保管理。加强机动车环保检验工作。各市（州）人民政府要开展机动车环保检验和监控机构建设，全面开展在用机动车环保定期检验，新注册机动车环保标志发放率达到100%。建立检测维修（I/M）制度，强化机动车排气污染路（抽）检工作，加强二类以上机动车维修企业的监管，提高机动车维护保养水平，强化全省新车注册登记和转入机动车监管。

7.4.3 以人口集聚区作为重点防治区域，提高大气污染防治效益

大气污染防治的环境效益主要体现在人体健康效益上，成渝地区“大气十条”实施的人体健康效益占全部环境效益的90%左右。在人体健康效益中，大气污染导致的过早死亡人数的降低是其主要部分。大气污染导致的过早死亡人数不仅与其大气污染浓度有关，还与其大气污染暴露人口有关。因此，人口集聚区如重庆和成都，“大气十条”实施的人体健康效益相对最大。为此，从大气污染防治的成本效益角度，应加大对重庆和成都等人口集聚区的大气污染防治。

重庆和成都作为成渝地区的核心城市，特别是随着长江经济带的大力发展，这两个城市的经济将进入高速发展阶段，其对大气污染也会带来一定挑战。这两个城市的大气污染防治更多的应该从优化区域经济布局，严格节能环保准入，强化节能环保约束等区域经济发展的角度进行综合治理。首先，优化区域空间布局。城市总体规划应当包括生态环境保护与建设目标，污染控制与治理措施等强制性内容，根

据城市发展目标、城市性质确定城市发展方向和布局，合理确定产业发展布局、结构和规模；加强产业政策在产业转移过程中的引导和约束作用，严格控制、限制在生态脆弱或环境敏感地区建设“两高”行业项目；加强各类产业发展规划环境影响评价工作。规范全省产业园区和城市新城、新区的设立和布局；有序推进城市主城区钢铁、石化、化工、有色金属冶炼、水泥、平板玻璃等重污染企业环保搬迁、改造。经依法批准的城乡规划应当严格执行，未经法定程序任何单位和个人不得擅自修改，积极调整城市（群）及周边地区产业结构，优化工业布局，加强区域合作联动，形成有利于大气污染物扩散的城市和区域空间格局。推进国控重点控制区成都开展城市环境总体规划试点工作。其次，强化节能环保约束。提高节能环保准入门槛，进一步完善重点行业准入条件。严格控制污染物新增排放量，强化节能环保指标约束，把二氧化硫、氮氧化物、工业烟（粉）尘、挥发性有机物排放总量指标作为环评审批的前置条件，以总量定项目；对未通过能评、环评审查的投资项目，有关部门不得审批、核准、批准开工建设，不得发放生产许可证、安全生产许可证、排污许可证，金融机构不得提供任何形式的新增授信支持，有关单位不得供水、供电。最后，强化环境科技支撑能力，提升区域污染气象监测研究能力和大气环保科研能力。建立成都、重庆区域高分辨率大气污染源排放清单，进一步深化区域灰霾污染特征和成因，开发、建立城市尺度的污染气象和空气质量预警、预报平台，实现区域重污染天气预警和城市地区空气质量预报。

7.4.4 实施成渝地区大气污染防治的区域联防联控，改善区域空气质量

成渝地区大气污染呈现快速蔓延性、污染综合性和影响区域性等区域性大气污染特征。现在国家已经建立了京津冀、长三角、珠三角三个联防联控的区域协调机制。联防联控制度的建立对整个区域污染防治，特别是重点地区的污染防治会发生积极作用。四川盆地内城市群大气污染存在空间关联[160]，大气污染物会由绵阳和德阳等地传输至成都[161, 162]。成渝地区需以改善空气质量为目的，以增强区域环境保护合力为主线，以全面削减大气污染物排放为手段，建立统一规划、统一监测、统一监管、统一评估、统一协调的区域大气污染联防联控工作机制。

首先，确定区域联防联控重点工作。以二氧化硫、氮氧化物、颗粒物、挥发性有机物等作为大气污染联防联控的重点污染物，以火电、钢铁、有色、石化、水泥、化工等行业作为重点行业，开展成渝地区大气污染防治的联防联控机制。其次，成立联防联控管理委员会或相关组织机构。区域联防联控工作委员会负责制定区域大气污染联防联控工作机制。该委员会具有高于行政单元环境管理的权责，能够直接调动相关各部门和企业力量，采取统一行动，确保实现区域内污染物减排和空气质量改善目标。同时，提供公平对话的平台，敦促和监督相关各省市在达成共

识的基础上，开展相关工作。再次，加强区域环境执法监管。生态环境部会同有关地方和部门确定并公布重点企业名单，开展区域大气环境联合执法检查，集中整治违法排污企业。最后，加强宣传教育，提高大气污染联防联控的公众参与度。组织编写大气污染防治科普宣传和培训材料，开展多种形式的大气环境保护宣传教育。以新型媒体作为传播渠道，加大环境政策法规、环境状况报告、实施计划等的宣传、公开、不断提高公众的知悉程度和环保意识，为公众参与环保事业创造有利条件。

8

大气污染防治费效评估政策建议

8.1 大气污染防治费效需求分析

随着“大气十条”和“蓝天保卫战”等政策的制定实施，我国大气污染治理措施越来越趋向于体系化和精细化，但总体上还处于“重”政策制定、“轻”政策效果评估的阶段，大气污染治理费用效益评估多集中在学术研究领域，在实际的政策制定和管理应用中的作用尚没有得到充分发挥。

8.1.1 主要问题

（1）费用效益评估缺少法律法规依据，未建立实施制度体系

我国环境政策费效评估尚处于学术研究阶段，现行的大气污染治理制度中没有将费用效益评估的目的及一系列程序纳入强制范围，无论是在环保综合法，还是单行法，或者有关法规和规章中均未有相关规定，评估多是自发开展或是有选择性开展。另外，缺少充分的法律法规依据，涵盖政策制定过程、实施过程以及实施后的全过程费用效益评估制度体系尚未建立起来。

（2）费用效益评估技术方法体系滞后，实践中缺乏可操作的技术规范

在缺少明确的法律依据和保障的前提下，已有相关方法的构建多是研究机构的自发性研究，尚未形成涵盖常规治理和应急减排的权威、统一、规范的技术方法体系。费用 / 成本 / 投入、效应 / 效果 / 效益的基本概念、评估范围、工作程序以及关键参数的确定等没有统一的技术标准或操作指南。尤其缺少对超低排放、VOCs 治理以及重污染天气停限产、限行等影响广、不确定性大的措施费用效益综合评估技术方法。

（3）费用效益评估基础支撑能力不足，组织机制和数据成为研究和实践的严重制约因素

一是缺乏明确的评估主体，应由政策制定技术支持单位实施评估还是由第三方评估尚不明确；二是评估的投入、组织机制尚未建立，经费、人员以及技术水平十分有限，特别是重污染天气应急这种紧急状况下的区域性地方政府管控行为的评估组织机制和配套能力基本处于空白状态；三是大气污染治理政策制定过程、实施过程以及实施后的相关成本、效应等基础信息调查、统计机制不健全，政府、企业、公众各方实际投入以及公众感知和实际健康影响等相关数据缺失或失真，缺乏涵盖不同类型减排技术和措施以及不同地区特征的费用效益数据库和应用平台，导致无法评估或无法准确反映真实的费用效益情况。

8.1.2 需求分析

随着国家治理体系和治理能力现代化进程的逐步推进以及大气污染防治工作的不断深入，大气污染防治的科学决策和精准施策已经成为当前以及未来一定时期内的必然选择。

（1）建立健全大气污染防治费用效益评估制度政策体系是落实国家治理体系和治理能力现代化建设的必然要求

在习近平新时代中国特色社会主义思想的指导下，提高治理效能已在各个层面形成共识，《中共中央关于坚持和完善中国特色社会主义制度　推进国家治理体系和治理能力现代化若干重大问题的决定》指出，要构建系统完备、科学规范、运行有效的制度体系，健全决策机制，加强重大决策的调查研究、科学论证、风险评估，强化决策执行、评估、监督[163]。大气污染治理涉及面积广、影响大，尤其是重污染天气应急措施短时间内可能对企业生产、公众生活以及政府监管造成巨大压力，对企业的影响甚至是“休克性”的，这类决策尤其需要进行科学、全面地评估、论证，避免政策实施导致过度投入而达不到治理效果甚至引发社会稳定风险。因此，为实现生态环境治理体系和治理能力现代化，必然要加快建立健全大气污染防治费用效益评估制度政策体系。

（2）建立健全大气污染防治费用效益评估制度政策体系是实施精准治污、科学治污的重要体现

保障公众健康是我国生态环境保护的根本目的之一，大气污染防治在经历了污染减排、质量改善的核心工作导向之后，必然要向健康保障和风险防控为核心转变，费用效益评估可以通过全面、客观的“正面”和“负面”综合分析将健康和其他社会影响考虑落到实处。与此同时，随着污染防治攻坚战实践和研究的不断深入，“粗放式”管理已经不能满足高质量发展和高水平保护协同推进导向下的大气污染防治的要求，而“精细化”管理不仅强调政策措施的有效性，更强调措施的精

准性和经济性，制度政策“好”“坏”的判断标准从“有没有”“管不管用”转变为“准不准”“费用效益比优不优”。因此，在大力推进精准治污、科学治污的背景下，建立健全费用效益评估制度政策体系是推动大气污染治理模式转变、实现“最优”治理的重要抓手和基本保障。

8.2 总体思路和框架设计

8.2.1 总体思路

政策是有目的的行动，任何政策制定者都要有明确的出发点和政策目标。在政策措施制定阶段，明确目标之后，必须回答以下三个问题：

（1）目标是否可达？即政策的目标、措施和预期效果等要素是否具有内在的逻辑性和一致性？是否需要或得到配套政策的支撑？

（2）政策设计是否会被接受，并成功实施？即政策的认可度和可执行性。除了考虑政策制定者的政策诉求，要想使政策能成功推行下去，还要考虑利益相关方（地方政府、企业等）的诉求，多吸纳社会公众意见和反馈。通过考虑利益相关方的诉求以及预期结果可能对其工作、生活和利益的影响，据此调整相关政策内容，从而实现政策执行过程中的“人和”。

（3）政策的成本和影响是否可接受？即政策的经济性和影响可控性。任何政策的决策都要考虑其实施的成本和投入，尽可能以低的成本达到政策目标，既要防止配套政策冗余（浪费），也要避免政策措施不足带来的前期沉淀损失。同时，还要充分预测政策实施可能带来的负面影响及严重程度，并提出相应的对策措施。在政策措施实施阶段，需要密切跟踪上述三个问题涉及的措施实施进展、目标达成程度以及利益相关方的反馈，以及时修正调整措施，保障最终按计划达成目标。在政策措施实施结束后，需要对政策制定、实施的全过程进行分析评估，为下一阶段或循环的政策制定提供基础和借鉴。

大气污染治理是以污染减排、空气质量改善和保障公众健康为目的的行动，相应的政策措施目的性和实效性强、影响范围大。大气污染治理费用效益评估是指根据大气污染物排放数据、污染物排放 - 环境浓度关系、污染物减排成本和该区域大气改善后获得的整体效益之间的综合分析。最后根据综合分析得到的大气污染物治理后带来的区域效益与控制方案的成本的比例关系来选择最优的控制方案。大气污染治理费用效益评估的开展涉及面广、数据需求量大、技术要求高，评估结论可能对政策措施制定、过程控制以及后评价起到至关重要甚至颠覆性作用。在这种背景下，建立健全大气污染治理费用效益评估制度体系需要重点考虑四个方面的问题：

①有没有充分的法律法规依据？

②技术方法是否足以支持科学合理的评估？

③组织、数据等能力是否以支持科学合理的评估？

④如何找准“突破口”有序推动工作的组织实施？

因此，遵循上述全生命周期的政策评估理论，结合我国大气污染治理费用效益评估存在的问题和需求，借鉴国际经验，提出建立健全我国大气污染治理费用效益评估的制度框架。总体思路是坚持大气污染治理政策制定、政策实施以及政策实施后的全生命周期评估，以提高包括常规大气污染治理和重污染天气应急措施目标可达性、可行性以及经济性为基本目标，突出规范性、引导性，围绕大气污染治理费用效益评估相关法律法规、技术体系以及能力建设三个重点，先试点示范再推广应用，逐步构建定位清晰、目标明确、依据充分、技术规范的大气污染治理费用效益评估制度框架体系。

8.2.2 制度框架

大气污染治理费用效益评估制度体系主要包括法律法规基础、技术方法体系、基础能力建设以及试点示范研究四个方面。其中，法律法规基础包括立法修法、指导性文件制定及制度协同三方面内容；技术方法体系包括“生态环境政策费用效益分析 总纲”“大气污染治理费用效益评估技术规范”等技术文件；基础能力建设包括组织机构和人才队伍、大数据建设及国际合作；试点示范研究包括综合评估试点示范、重大政策试点示范以及设立专项等。大气污染治理费用效益分析制度框架见图 8-1。

8.3 主要政策建议

8.3.1 加快构建大气污染治理政策的费用效益分析制度体系

（1）研究将生态环境政策评估工作纳入立法计划

在《中华人民共和国环境保护法》《中华人民共和国大气污染防治法》等法律修订和“生态环境责任法”等法律制定时，明确规定对法规、标准、规划、政策等开展费用效益评估。在此基础上，研究制定生态环境政策评估管理办法。为大气污染治理费用效益评估配套制度体系的建立和相关工作的开展提供法律依据。

（2）多部委联合出台指导性文件

生态环境部联合财政部、发展改革委员会等相关部门尽快研究出台生态环境政策费用效益评估指导性文件，明确环境政策费用效益分析的目标原则、范围对象、任务内容、技术方法和工作机制。在此基础上，配套制定大气污染治理费用效益评估相关方案，对评估的范围、目标、原则、内容、进度安排以及保障措施等进行统筹安排。

图 8-1 大气污染治理费用效益分析制度框架

（3）加强大气污染治理费用效益评估与相关制度的协同

将大气污染治理费用效益评估有效纳入规划政策环境影响评价、环境标准实施评估、环境绩效评估、地方党政领导环境绩效考核制度、领导干部环境离任审计、环保法中提出的政府向同级人大报告制度、责任追究制度、环境信息公开制度、公众参与等制度。同时，借鉴重大决策风险评估等其他制度的做法，利用相关方法来对费用效益分析进行补充，完善大气污染治理费用效益评估机制，提高评估的实施效率。

8.3.2 研究建立大气污染治理费用效益评估技术规范体系

（1）建立健全技术规范体系

借鉴美国 EPA 等国际经验，根据我国实际情况，研究制定包括“生态环境政策费用效益评估　总纲”“大气污染治理费用效益评估技术规范”“大气污染治理费用效益评估工作指南”“大气污染治理费用效益评估推荐方法”“大气污染治理费用效益评估调查方法”等在内的技术规范体系。其中，“大气污染治理费用效益评估技术规范”重点规范常规大气污染治理和重污染天气应急费用效益评估的基本概念、范围、内容及技术环节等，并提供关键技术方法索引；“大气污染治理费用效益评估工作指南”重点规范评估工作主体、对象、流程、报告产出以及成果应用等；“大气污染治理费用效益评估推荐方法”重点对评估涉及的常规治理和应急响应各类措施的成本核算、健康效益分析、社会影响分析等给出推荐的方法和应用说明；“大气污染治理费用效益评估调查方法”重点对评估涉及的常规治理和应急响应各类措施成本、效益的调查方法进行规范，明确调查主体、内容、流程及质量控制措施等。根据实际需要，也可将上述提出的技术规范分解为常规大气污染治理和重污染天气应急响应两类分别制定。通过上述技术规范的制定，对国家和地方层面开展评估予以规范、指导，减少自发性评估盲目性，最大限度地提高评估工作的效果和效率。

（2）逐步对相关领域的扩展性评估进行技术规范

研究建立涉及大气污染治理的环保立法、体制改革、标准、规划、行动计划、技术政策、经济政策等不同类型的大气污染治理政策制定和实施的费用效益评估技术规范。

8.3.3 加强大气污染治理费用效益评估能力建设

（1）加强组织机构和人才队伍建设

加强国家和各级地方生态环境部门或环科院所关于大气污染治理费用效益分析机构、人才队伍建设。明确生态环境行政机构关于费用效益分析的业务分工，强化相关职责。加强费用效益分析决策支持机构、第三方评估机构和人才队伍建设，建立费用效益分析秘书处或研究中心，组织不定期的费用效益分析项目交流和讨论，并形成及时汇报机制；建立费用效益评估专家人才库。

（2）加强大气污染治理费用效益评估大数据建设

逐步建立规范的涵盖政策制定、实施全过程的基础数据与信息收集机制和管理平台，制定相关数据与信息收集指南，指导各地区对包括常规和重污染天气应急在内的大气污染治理政策实施各阶段和各方面相关数据进行有效的收集、记录及归纳、整理。建立评估数据质量控制与管理制度，在数据传输、存储、共享、发布和分析应用等各个环节要强化数据质量管理。加强与工信、住建、卫生等其他相关部门的企业运行状况、扬尘治理以及大气污染导致疾病等相关数据的共建共享。借鉴美国和欧盟经验，建立涵盖不同类型减排技术和措施以及不同地区特征的费用效益基础数据库和应用平台，提高大气污染治理决策效率和科学性。加强评估数据的信息公开，完善公众参与监督机制。

（3）加强费用效益评估的国际合作

重点加强与美国 EPA、欧盟 EEA、世界银行、OECD 等合作，借鉴发达国家的先进经验和做法，提升大气污染治理费用效益评估能力。借鉴美国 EPA、欧盟等关于大气污染治理费用效益评估操作手册和应用案例，编写出版大气污染治理费用效益评估培训系列教材。就相关合作领域的议题在国内开展人员培训，组织研讨会、培训班等能力建设活动。

8.3.4 开展多部门联合的试点示范研究

（1）开展不同层次、领域综合性试点示范

在出台“关于开展生态环境政策的费用效益分析工作的指导意见”的基础上，选择涉及大气污染治理的立法、体制改革、标准、规划和专项行动计划等开展典型区域、领域以及电力、钢铁等典型行业的费用效益分析和经济社会影响评估试点。

（2）开展专项性国家重大大气污染治理的费用效益评估试点

针对“蓝天保卫战”中提出的环保标准实施、黄标车淘汰、油品升级、超低排放、VOCs 治理以及重污染天气应急等重点政策措施推进专项性大气污染治理措施的费用效益分析试点。

（3）开展重点大气污染治理投资项目费用效益评估试点

结合预算审计、绩效评价以及 PPP 模式等，开展重点大气污染治理投资项目费用效益评估试点。

（4）设立财政预算项目和国际合作研究项目

加大研究经费投入，深入开展专项性费用效益评估模型工具和案例应用研究，通过试点探索，为“十四五”期间建立大气污染治理费用效益评估基本制度奠定基础。

附　录

附录 1　现场调查表

表 1　火电机组大气污染物治理费用调查情况

企业基本信息				
企业名称（同公章）				
组织机构代码		所属行业		
企业地址	（市）	（区 / 县）	（街道）	（号）
经纬度	经度：	纬度：	是否使用有机溶剂	
有机溶剂名称		有机溶剂使用量 /（t/a）		
设备基本信息				
装机容量 / 万 kW		发电设备利用小时数 /h		
锅炉额定蒸发量 /（蒸吨 / 小时）		发电量 /（万 kW·h）		
机组投产时间______年____月		供热量 / 万 GJ		
发电燃烧煤消耗量 /	t		平均含硫率 /%	
企业大气污染排放及治理费用				
处理设施	脱硫设施	脱硝设施	除尘设施	VOCs 处理设施
治理技术（具体见附表 1）				
污染物产生量 /（t/a）				
污染物去除量 /（t/a）				
污染物排放量 /（t/a）				
治理消耗药剂或物料名称				
药剂或物料年均使用量 /t				
药剂或物料年购买费用 / 万元				
治理设施投资额 / 万元				
治理设施投运时间（年份）				
设施投运率 /%				
设施处理能力 /（kg/h）				
治理设施耗电量 /（万 kW · h/a）				
设施运行小时 /（h/a）				
设施年运行费用 / 万元				
其中：电费 /（万元 /a）				
水费 /（万元 /a）				
燃煤 / 气 / 油费 /（万元 /a）				
人工费 /（万元 /a）				
检修费 /（万元 /a）				
设备折旧 /（万元 /a）				
其他费用 /（万元 /a）				

表 2　露天堆场调查

<table>
<tr><td>堆场地址</td><td colspan="2"></td><td>经纬度坐标</td><td>经度：</td><td>纬度：</td></tr>
<tr><td>堆存时间（月）</td><td colspan="2"></td><td>堆场占地面积 /m²</td><td colspan="2"></td></tr>
<tr><td colspan="6">是否采取覆盖措施 □ 是　□ 否　若选是，请填下面的表格</td></tr>
<tr><td>覆盖面积</td><td></td><td>覆盖所用材料</td><td></td><td>材料单价 /（元 /m²）</td><td></td></tr>
<tr><td colspan="6">是否采取化学抑尘措施 □ 是　□ 否　若选是，请填下面的表格</td></tr>
<tr><td>抑尘剂种类</td><td></td><td>使用量 /kg</td><td></td><td>抑尘剂价格 /（元 /kg）</td><td></td></tr>
<tr><td colspan="6">是否采取建筑区域围挡措施 □ 是　□ 否　若选是，请填下面的表格</td></tr>
<tr><td>围挡面积</td><td></td><td>围挡材料</td><td></td><td>材料单价 /（元 /m²）</td><td></td></tr>
<tr><td colspan="6">是否采取洒水措施 □ 是　□ 否　若选是，请填下面的表格</td></tr>
<tr><td></td><td>洒水频次 /（次 /d）</td><td colspan="2">每次洒水量 /（t/ 次）</td><td colspan="2">洒水费用（人力、水费、油费）/（元 /d）</td></tr>
<tr><td>日常状态</td><td></td><td colspan="2"></td><td colspan="2"></td></tr>
<tr><td>重污染红色预警期间</td><td></td><td colspan="2"></td><td colspan="2"></td></tr>
<tr><td>重污染橙色预警期间</td><td></td><td colspan="2"></td><td colspan="2"></td></tr>
<tr><td>重污染黄色预警期间</td><td></td><td colspan="2"></td><td colspan="2"></td></tr>
<tr><td colspan="6">是否采取进出车辆清洗措施 □ 是　□ 否　若选是，请填下面的表格</td></tr>
<tr><td>车辆进出频次 /（次·辆 /d）</td><td colspan="2">车辆清洗频次 /（次·辆 /d）</td><td>清洗用水量 /［t/（次·辆）］</td><td colspan="2">水费单价 /（元 /t）</td></tr>
<tr><td></td><td colspan="2"></td><td></td><td colspan="2"></td></tr>
<tr><td colspan="6">其他扬尘控制措施：
请描述措施类型、实施规模、投入成本等信息。</td></tr>
</table>

表 3　企业重污染天气应急成本调查

<table>
<tr><td>企业名称</td><td colspan="6"></td></tr>
<tr><td>企业地点</td><td colspan="3"></td><td>经纬度</td><td colspan="2"></td></tr>
<tr><td>联系人</td><td colspan="3"></td><td>联系电话</td><td colspan="2"></td></tr>
<tr><td rowspan="24">一级响应
（红色预警）</td><td colspan="6">停产</td></tr>
<tr><td colspan="2" rowspan="2">生产线
（设施、设备名称）</td><td rowspan="2">停产时间 /d</td><td colspan="3">该生产线（设施、设备）停产成本 / 元</td></tr>
<tr><td>产品成本</td><td>设备成本</td><td>其他</td></tr>
<tr><td>1</td><td></td><td></td><td></td><td></td><td></td></tr>
<tr><td>2</td><td></td><td></td><td></td><td></td><td></td></tr>
<tr><td>3</td><td></td><td></td><td></td><td></td><td></td></tr>
<tr><td>4</td><td></td><td></td><td></td><td></td><td></td></tr>
<tr><td>5</td><td></td><td></td><td></td><td></td><td></td></tr>
<tr><td colspan="6">限产</td></tr>
<tr><td colspan="2" rowspan="2">生产线
（设施、设备名称）</td><td rowspan="2">限产时间 /d</td><td colspan="3">该生产线（设施、设备）限产成本 / 元</td></tr>
<tr><td>产品成本</td><td>设备成本</td><td>其他</td></tr>
<tr><td>1</td><td></td><td></td><td></td><td></td><td></td></tr>
<tr><td>2</td><td></td><td></td><td></td><td></td><td></td></tr>
<tr><td>3</td><td></td><td></td><td></td><td></td><td></td></tr>
<tr><td>4</td><td></td><td></td><td></td><td></td><td></td></tr>
<tr><td>5</td><td></td><td></td><td></td><td></td><td></td></tr>
<tr><td colspan="6">加强污染治理（日常不采取、重污染天气时采取的加强污染治理措施）</td></tr>
<tr><td colspan="2" rowspan="2">废气处理设施名称</td><td rowspan="2">运行时间 /d</td><td colspan="3">加强污染治理的成本 / 元</td></tr>
<tr><td>设备投资</td><td>运行成本</td><td>其他</td></tr>
<tr><td>1</td><td></td><td></td><td></td><td></td><td></td></tr>
<tr><td>2</td><td></td><td></td><td></td><td></td><td></td></tr>
<tr><td>3</td><td></td><td></td><td></td><td></td><td></td></tr>
<tr><td>4</td><td></td><td></td><td></td><td></td><td></td></tr>
<tr><td>5</td><td></td><td></td><td></td><td></td><td></td></tr>
</table>

续表

<table>
<tr><td rowspan="27">二级响应
（橙色预警）</td><td colspan="6">停产</td></tr>
<tr><td colspan="2" rowspan="2">生产线
（设施、设备名称）</td><td rowspan="2">停产
时间 /d</td><td colspan="3">该生产线（设施、设备）停产成本 / 元</td></tr>
<tr><td>产品成本</td><td>设备成本</td><td>其他</td></tr>
<tr><td>1</td><td></td><td></td><td></td><td></td><td></td></tr>
<tr><td>2</td><td></td><td></td><td></td><td></td><td></td></tr>
<tr><td>3</td><td></td><td></td><td></td><td></td><td></td></tr>
<tr><td>4</td><td></td><td></td><td></td><td></td><td></td></tr>
<tr><td>5</td><td></td><td></td><td></td><td></td><td></td></tr>
<tr><td colspan="6">限产</td></tr>
<tr><td colspan="2" rowspan="2">生产线
（设施、设备名称）</td><td rowspan="2">限产
时间 /d</td><td colspan="3">该生产线（设施、设备）限产成本 / 元</td></tr>
<tr><td>产品成本</td><td>设备成本</td><td>其他</td></tr>
<tr><td>1</td><td></td><td></td><td></td><td></td><td></td></tr>
<tr><td>2</td><td></td><td></td><td></td><td></td><td></td></tr>
<tr><td>3</td><td></td><td></td><td></td><td></td><td></td></tr>
<tr><td>4</td><td></td><td></td><td></td><td></td><td></td></tr>
<tr><td>5</td><td></td><td></td><td></td><td></td><td></td></tr>
<tr><td colspan="6">加强污染治理（日常不采取、重污染天气时采取的加强污染治理措施）</td></tr>
<tr><td colspan="2" rowspan="2">废气处理设施名称</td><td rowspan="2">运行时间 /d</td><td colspan="3">加强污染治理的成本 / 元</td></tr>
<tr><td>设备投资</td><td>运行成本</td><td>其他</td></tr>
<tr><td>1</td><td></td><td></td><td></td><td></td><td></td></tr>
<tr><td>2</td><td></td><td></td><td></td><td></td><td></td></tr>
<tr><td>3</td><td></td><td></td><td></td><td></td><td></td></tr>
<tr><td>4</td><td></td><td></td><td></td><td></td><td></td></tr>
<tr><td>5</td><td></td><td></td><td></td><td></td><td></td></tr>
</table>

续表

三级响应（黄色预警）	停产					
	生产线（设施、设备名称）		停产时间 /d	该生产线（设施、设备）停产成本 / 元		
				产品成本	设备成本	其他
	1					
	2					
	3					
	4					
	5					
	限产					
	生产线（设施、设备名称）		限产时间 /d	该生产线（设施、设备）限产成本 / 元		
				产品成本	设备成本	其他
	1					
	2					
	3					
	4					
	5					
	加强污染治理（日常不采取、重污染天气时采取的加强污染治理措施）					
	废气处理设施名称		运行时间 /d	加强污染治理的成本 / 元		
				设备投资	运行成本	其他
	1					
	2					
	3					
	4					
	5					

续表

<table>
<tr><td rowspan="33">四级响应（蓝色预警）</td><td colspan="6">停产</td></tr>
<tr><td colspan="2" rowspan="2">生产线（设施、设备名称）</td><td rowspan="2">停产时间 /d</td><td colspan="3">该生产线（设施、设备）停产成本 / 元</td></tr>
<tr><td>产品成本</td><td>设备成本</td><td>其他</td></tr>
<tr><td>1</td><td></td><td></td><td></td><td></td><td></td></tr>
<tr><td>2</td><td></td><td></td><td></td><td></td><td></td></tr>
<tr><td>3</td><td></td><td></td><td></td><td></td><td></td></tr>
<tr><td>4</td><td></td><td></td><td></td><td></td><td></td></tr>
<tr><td>5</td><td></td><td></td><td></td><td></td><td></td></tr>
<tr><td colspan="6">限产</td></tr>
<tr><td colspan="2" rowspan="2">生产线（设施、设备名称）</td><td rowspan="2">限产时间 /d</td><td colspan="3">该生产线（设施、设备）限产成本 / 元</td></tr>
<tr><td>产品成本</td><td>设备成本</td><td>其他</td></tr>
<tr><td>1</td><td></td><td></td><td></td><td></td><td></td></tr>
<tr><td>2</td><td></td><td></td><td></td><td></td><td></td></tr>
<tr><td>3</td><td></td><td></td><td></td><td></td><td></td></tr>
<tr><td>4</td><td></td><td></td><td></td><td></td><td></td></tr>
<tr><td>5</td><td></td><td></td><td></td><td></td><td></td></tr>
<tr><td colspan="6">加强污染治理（日常不采取、重污染天气时采取的加强污染治理措施）</td></tr>
<tr><td colspan="2" rowspan="2">废气处理设施名称</td><td rowspan="2">运行时间 /d</td><td colspan="3">加强污染治理的成本 / 元</td></tr>
<tr><td>设备投资</td><td>运行成本</td><td>其他</td></tr>
<tr><td>1</td><td></td><td></td><td></td><td></td><td></td></tr>
<tr><td>2</td><td></td><td></td><td></td><td></td><td></td></tr>
<tr><td>3</td><td></td><td></td><td></td><td></td><td></td></tr>
<tr><td>4</td><td></td><td></td><td></td><td></td><td></td></tr>
<tr><td>5</td><td></td><td></td><td></td><td></td><td></td></tr>
</table>

注：1. 某个响应级别下，如某企业全部停产，也需按实际列出各生产线涉及的成本。

2. 如生产线数量超过 5 个，可复制本表格。

调查表调查说明

1 调查范围：在进行表 1 工业企业或燃煤锅炉大气污染治理成本时，如果调查企业或燃煤锅炉有露天堆场情况时，请同时开展表 2 调查。如果调查企业采取了重污染天气应急措施，请同时填写调查表 3。

2 调查基准年：2016 年。

3 调查表必填项：指标前加注 * 的是调查表的必填项，这些指标尽量都填写。

4 所属行业：依据国家统计局《国民经济行业分类》（GB/T 4754—2011）填写，如炼铁（3110）、炼钢（3120）、水泥制造（3011）、火力发电（4411）、炼焦（2520）、原油加工及石油制品制造（2511）、基础化学原料制造（261）、肥料制造（262）、农药制造（263）、涂料、油墨、颜料及类似产品制造（264）、合成材料制造（265）、专用化学产品制造（266）、炸药、火工及焰火产品制造（267）、日用化学产品制造（268）、橡胶制品业（291）、塑料制品业（292）、纤维素纤维原料及纤维制造（281）、合成纤维制造（282）等行业分类。

5 有机溶剂名称：主要包括油墨、涂料、油漆、胶黏剂等类别，如为其他类别，请注明相应溶剂名称。

6 设施投运率：指大气污染治理设施每年的运行小时与全年小时（8 760 h）的比值。

7 设施处理能力：设计中规定的主体工程（或主体设备）及相应的配套的辅助工程（或配套设备）在正常情况下能够达到的处理能力。

8 污染物治理成本：单位污染物的运行成本与单位污染物治理投资成本的合计。这项主要是问企业的环保人员，他们可能自己计算过污染物的单位治理成本。

9 企业调查对象：企业基本生产信息将与环境统计基表结合起来，请调查的企业对象应属于环境统计基表中的企业。

附表 1 除尘 / 脱硫 / 脱硝 / 脱 VOCs 工艺代码

代码	除尘方法	代码	脱硫方法	代码	脱硝方法	代码	脱 VOCs 方法
A1	重力沉降法	B1	循环流化床锅炉	C1	选择性催化还原技术（SCR）	D1	冷凝法
A2	惯性除尘法	B2	炉内喷钙法	C2	选择性非催化还原技术（SNCR）	D2	吸收法
A3	湿法除尘法（重力喷雾、麻石水膜、文丘里、泡沫除尘等）	B3	密相干法	C3	SCR、SNCR 联合脱硝技术	D3	吸附法
A4	静电除尘法（管式、卧式）	B4	石灰石－石膏脱硫法	C4	其他烟气脱硝方法	D4	直接燃烧法
A5	布袋除尘法	B5	旋转喷雾干燥法	C5	低氮燃烧技术	D5	催化燃烧法
A6	单筒旋风除尘法	B6	双碱法	C6	低氮燃烧 +SNCR 联合脱硝技术	D6	催化氧化法
A7	多管旋风除尘法	B7	氧化镁法	C7	低氮燃烧 +SCR 联合脱硝技术	D7	催化还原法
A8	电袋除尘法	B8	氨法	C8	低氮燃烧＋其他烟气脱硝方法	D8	冷凝净化法
A9	湿法电除尘	B9	海水脱硫法	—	—	D9	生物降解法
A10	其他除尘方法（请注明）	B10	炉内脱硫与烟气脱硫组合法	—	—	D10	光催化降解法
—	—	B11	其他脱硫法（请注明）	—	—	D11	等离子体技术
						D12	植物喷淋
						D13	其他（请注明）

附录 2　GBD 给出的不同疾病终端的相对危险度 RR 和置信区间

$PM_{2.5}$ 浓度 /（μg/m³）	急性下呼吸道感染	慢性阻塞性肺病	缺血性心脏病	肺癌	脑卒死
11	1.03（1.01～1.08）	1.04（1.01～1.09）	1.12（1.06～1.2）	1.05（1.01～1.1）	1.05（1.01～1.13）
12	1.04（1.01～1.09）	1.05（1.01～1.1）	1.14（1.07～1.21）	1.06（1.01～1.12）	1.07（1.02～1.14）
13	1.05（1.01～1.11）	1.06（1.02～1.11）	1.15（1.09～1.22）	1.07（1.01～1.13）	1.08（1.03～1.15）
14	1.06（1.02～1.12）	1.06（1.02～1.13）	1.16（1.1～1.23）	1.08（1.01～1.15）	1.1（1.05～1.17）
15	1.07（1.03～1.13）	1.07（1.02～1.14）	1.17（1.11～1.25）	1.09（1.01～1.16）	1.12（1.06～1.19）
16	1.08（1.03～1.15）	1.08（1.02～1.15）	1.18（1.11～1.25）	1.09（1.02～1.18）	1.14（1.06～1.22）
17	1.09（1.04～1.16）	1.08（1.03～1.15）	1.19（1.12～1.26）	1.1（1.02～1.19）	1.16（1.07～1.25）
18	1.1（1.05～1.17）	1.09（1.03～1.16）	1.2（1.13～1.28）	1.11（1.02～1.2）	1.18（1.08～1.3）
19	1.11（1.05～1.19）	1.09（1.03～1.17）	1.2（1.13～1.29）	1.12（1.02～1.21）	1.2（1.08～1.34）
20	1.12（1.06～1.2）	1.1（1.03～1.18）	1.21（1.14～1.3）	1.12（1.02～1.22）	1.22（1.08～1.4）
21	1.13（1.07～1.21）	1.1（1.04～1.19）	1.22（1.14～1.31）	1.13（1.02～1.23）	1.24（1.09～1.46）
22	1.14（1.08～1.22）	1.11（1.04～1.2）	1.23（1.15～1.33）	1.14（1.03～1.24）	1.26（1.09～1.52）
23	1.15（1.08～1.23）	1.11（1.04～1.2）	1.23（1.15～1.35）	1.14（1.03～1.26）	1.28（1.09～1.58）
24	1.17（1.09～1.25）	1.12（1.04～1.21）	1.24（1.16～1.36）	1.15（1.03～1.27）	1.31（1.1～1.61）
25	1.18（1.1～1.26）	1.12（1.04～1.22）	1.25（1.16～1.38）	1.16（1.03～1.28）	1.33（1.1～1.67）
26	1.19（1.11～1.27）	1.13（1.05～1.22）	1.25（1.16～1.39）	1.16（1.03～1.29）	1.35（1.1～1.71）
27	1.2（1.12～1.28）	1.13（1.05～1.23）	1.26（1.17～1.4）	1.17（1.03～1.3）	1.37（1.11～1.73）
28	1.21（1.13～1.3）	1.14（1.05～1.24）	1.26（1.17～1.42）	1.18（1.04～1.31）	1.39（1.11～1.76）
29	1.22（1.14～1.31）	1.14（1.05～1.24）	1.27（1.17～1.44）	1.18（1.04～1.32）	1.41（1.11～1.78）
30	1.23（1.15～1.32）	1.15（1.05～1.25）	1.27（1.18～1.45）	1.19（1.04～1.33）	1.42（1.11～1.79）
31	1.24（1.16～1.34）	1.15（1.06～1.26）	1.28（1.18～1.47）	1.19（1.04～1.34）	1.44（1.12～1.8）
32	1.26（1.17～1.35）	1.15（1.06～1.27）	1.29（1.18～1.48）	1.2（1.04～1.34）	1.46（1.12～1.81）
33	1.27（1.17～1.37）	1.16（1.06～1.27）	1.29（1.18～1.5）	1.21（1.04～1.35）	1.48（1.12～1.83）
34	1.28（1.18～1.39）	1.16（1.06～1.28）	1.3（1.19～1.51）	1.21（1.05～1.36）	1.5（1.12～1.84）
35	1.29（1.19～1.4）	1.17（1.06～1.28）	1.3（1.19～1.52）	1.22（1.05～1.37）	1.51（1.13～1.86）
36	1.3（1.19～1.42）	1.17（1.07～1.29）	1.3（1.19～1.53）	1.22（1.05～1.38）	1.53（1.13～1.88）
37	1.31（1.2～1.44）	1.17（1.07～1.3）	1.31（1.2～1.55）	1.23（1.05～1.39）	1.54（1.13～1.9）
38	1.33（1.21～1.46）	1.18（1.07～1.3）	1.31（1.2～1.56）	1.23（1.05～1.4）	1.56（1.13～1.93）
39	1.34（1.22～1.47）	1.18（1.07～1.31）	1.32（1.2～1.57）	1.24（1.06～1.41）	1.57（1.14～1.95）
40	1.35（1.22～1.49）	1.19（1.07～1.32）	1.32（1.2～1.59）	1.25（1.06～1.41）	1.59（1.14～1.98）

续表

$PM_{2.5}$ 浓度 / （μg/m³）	急性下呼吸道感染	慢性阻塞性肺病	缺血性心脏病	肺癌	脑卒死
41	1.36（1.23～1.51）	1.19（1.08～1.32）	1.33（1.21～1.6）	1.25（1.06～1.42）	1.6（1.14～2）
42	1.37（1.23～1.53）	1.19（1.08～1.33）	1.33（1.21～1.61）	1.26（1.06～1.43）	1.61（1.14～2.02）
43	1.38（1.24～1.55）	1.2（1.08～1.34）	1.33（1.21～1.62）	1.26（1.06～1.44）	1.63（1.15～2.03）
44	1.4（1.25～1.56）	1.2（1.08～1.34）	1.34（1.21～1.63）	1.27（1.06～1.45）	1.64（1.15～2.05）
45	1.41（1.25～1.58）	1.2（1.08～1.35）	1.34（1.21～1.64）	1.27（1.07～1.45）	1.65（1.15～2.07）
46	1.42（1.26～1.6）	1.21（1.09～1.35）	1.35（1.22～1.65）	1.28（1.07～1.46）	1.66（1.15～2.09）
47	1.43（1.27～1.62）	1.21（1.09～1.36）	1.35（1.22～1.66）	1.28（1.07～1.47）	1.68（1.15～2.11）
48	1.44（1.27～1.64）	1.22（1.09～1.36）	1.35（1.22～1.68）	1.29（1.07～1.48）	1.69（1.16～2.12）
49	1.46（1.28～1.66）	1.22（1.09～1.37）	1.36（1.22～1.69）	1.29（1.07～1.48）	1.7（1.16～2.13）
50	1.47（1.29～1.68）	1.22（1.09～1.37）	1.36（1.22～1.7）	1.3（1.08～1.49）	1.71（1.16～2.15）
51	1.48（1.29～1.69）	1.23（1.1～1.37）	1.36（1.23～1.71）	1.3（1.08～1.5）	1.72（1.16～2.16）
52	1.49（1.3～1.71）	1.23（1.1～1.38）	1.37（1.23～1.72）	1.31（1.08～1.51）	1.73（1.16～2.17）
53	1.5（1.3～1.73）	1.23（1.1～1.38）	1.37（1.23～1.73）	1.31（1.08～1.51）	1.73（1.17～2.19）
54	1.51（1.31～1.75）	1.24（1.1～1.39）	1.37（1.23～1.74）	1.32（1.08～1.52）	1.74（1.17～2.2）
55	1.53（1.31～1.77）	1.24（1.1～1.39）	1.38（1.23～1.75）	1.32（1.08～1.53）	1.75（1.17～2.21）
56	1.54（1.32～1.79）	1.24（1.1～1.4）	1.38（1.24～1.76）	1.33（1.09～1.54）	1.76（1.17～2.21）
57	1.55（1.33～1.81）	1.25（1.11～1.4）	1.38（1.24～1.77）	1.33（1.09～1.54）	1.77（1.17～2.22）
58	1.56（1.33～1.83）	1.25（1.11～1.41）	1.39（1.24～1.78）	1.34（1.09～1.55）	1.77（1.17～2.23）
59	1.57（1.34～1.85）	1.25（1.11～1.41）	1.39（1.24～1.79）	1.34（1.09～1.56）	1.78（1.17～2.24）
60	1.58（1.34～1.87）	1.26（1.11～1.42）	1.39（1.24～1.8）	1.35（1.09～1.56）	1.79（1.17～2.25）
61	1.59（1.34～1.89）	1.26（1.11～1.42）	1.4（1.25～1.81）	1.35（1.09～1.57）	1.79（1.18～2.26）
62	1.61（1.35～1.91）	1.26（1.12～1.43）	1.4（1.25～1.82）	1.36（1.1～1.58）	1.8（1.18～2.26）
63	1.62（1.35～1.93）	1.27（1.12～1.43）	1.4（1.25～1.83）	1.36（1.1～1.58）	1.81（1.18～2.27）
64	1.63（1.36～1.95）	1.27（1.12～1.44）	1.4（1.25～1.83）	1.37（1.1～1.59）	1.81（1.18～2.27）
65	1.64（1.36～1.96）	1.27（1.12～1.44）	1.41（1.25～1.84）	1.37（1.1～1.6）	1.82（1.18～2.27）
66	1.65（1.37～1.98）	1.27（1.12～1.45）	1.41（1.25～1.85）	1.38（1.1～1.6）	1.82（1.18～2.28）
67	1.66（1.37～2）	1.28（1.12～1.45）	1.41（1.25～1.86）	1.38（1.11～1.61）	1.83（1.19～2.28）
68	1.67（1.38～2.02）	1.28（1.13～1.45）	1.42（1.26～1.87）	1.39（1.11～1.62）	1.83（1.19～2.29）
69	1.68（1.38～2.04）	1.28（1.13～1.46）	1.42（1.26～1.87）	1.39（1.11～1.62）	1.84（1.19～2.29）
70	1.7（1.39～2.05）	1.29（1.13～1.46）	1.42（1.26～1.88）	1.4（1.11～1.63）	1.84（1.19～2.3）
71	1.71（1.39～2.07）	1.29（1.13～1.47）	1.42（1.26～1.89）	1.4（1.11～1.64）	1.85（1.19～2.3）

续表

$PM_{2.5}$ 浓度 / (μg/m³)	急性下呼吸道感染	慢性阻塞性肺病	缺血性心脏病	肺癌	脑卒死
72	1.72（1.39～2.09）	1.29（1.13～1.47）	1.43（1.26～1.89）	1.4（1.11～1.64）	1.85（1.19～2.31）
73	1.73（1.4～2.11）	1.3（1.13～1.48）	1.43（1.26～1.9）	1.41（1.12～1.65）	1.86（1.2～2.31）
74	1.74（1.4～2.13）	1.3（1.14～1.48）	1.43（1.27～1.91）	1.41（1.12～1.66）	1.86（1.2～2.32）
75	1.75（1.41～2.15）	1.3（1.14～1.48）	1.43（1.27～1.91）	1.42（1.12～1.66）	1.87（1.2～2.32）
76	1.76（1.41～2.17）	1.31（1.14～1.49）	1.44（1.27～1.92）	1.42（1.12～1.67）	1.87（1.2～2.32）
77	1.77（1.42～2.18）	1.31（1.14～1.49）	1.44（1.27～1.92）	1.43（1.12～1.68）	1.87（1.2～2.32）
78	1.78（1.42～2.2）	1.31（1.14～1.5）	1.44（1.27～1.93）	1.43（1.13～1.68）	1.88（1.2～2.32）
79	1.79（1.42～2.22）	1.31（1.14～1.5）	1.44（1.27～1.94）	1.44（1.13～1.69）	1.88（1.21～2.32）
80	1.8（1.43～2.24）	1.32（1.15～1.5）	1.44（1.27～1.94）	1.44（1.13～1.69）	1.88（1.21～2.33）
81	1.81（1.43～2.26）	1.32（1.15～1.51）	1.45（1.27～1.95）	1.44（1.13～1.7）	1.89（1.21～2.33）
82	1.82（1.44～2.28）	1.32（1.15～1.51）	1.45（1.28～1.95）	1.45（1.13～1.71）	1.89（1.21～2.33）
83	1.83（1.44～2.3）	1.33（1.15～1.51）	1.45（1.28～1.96）	1.45（1.13～1.71）	1.89（1.21～2.33）
84	1.84（1.45～2.32）	1.33（1.15～1.52）	1.45（1.28～1.96）	1.46（1.14～1.72）	1.9（1.21～2.33）
85	1.86（1.45～2.34）	1.33（1.15～1.52）	1.46（1.28～1.97）	1.46（1.14～1.72）	1.9（1.21～2.34）
86	1.87（1.46～2.35）	1.33（1.16～1.53）	1.46（1.28～1.97）	1.47（1.14～1.73）	1.9（1.21～2.34）
87	1.88（1.46～2.37）	1.34（1.16～1.53）	1.46（1.28～1.98）	1.47（1.14～1.73）	1.91（1.22～2.34）
88	1.89（1.46～2.39）	1.34（1.16～1.54）	1.46（1.28～1.98）	1.48（1.14～1.74）	1.91（1.22～2.34）
89	1.9（1.47～2.41）	1.34（1.16～1.54）	1.46（1.28～1.98）	1.48（1.14～1.75）	1.91（1.22～2.35）
90	1.9（1.47～2.42）	1.35（1.16～1.54）	1.47（1.29～1.99）	1.48（1.15～1.75）	1.91（1.22～2.35）
91	1.91（1.48～2.44）	1.35（1.16～1.55）	1.47（1.29～1.99）	1.49（1.15～1.76）	1.92（1.22～2.35）
92	1.92（1.48～2.45）	1.35（1.17～1.55）	1.47（1.29～2）	1.49（1.15～1.76）	1.92（1.22～2.35）
93	1.93（1.49～2.47）	1.35（1.17～1.55）	1.47（1.29～2）	1.5（1.15～1.77）	1.92（1.22～2.35）
94	1.94（1.49～2.49）	1.36（1.17～1.56）	1.47（1.29～2.01）	1.5（1.15～1.77）	1.92（1.22～2.35）
95	1.95（1.5～2.51）	1.36（1.17～1.56）	1.48（1.29～2.01）	1.51（1.16～1.78）	1.93（1.23～2.36）
96	1.96（1.5～2.53）	1.36（1.17～1.57）	1.48（1.29～2.01）	1.51（1.16～1.79）	1.93（1.23～2.36）
97	1.97（1.5～2.54）	1.37（1.17～1.57）	1.48（1.29～2.02）	1.51（1.16～1.79）	1.93（1.23～2.36）
98	1.98（1.51～2.56）	1.37（1.18～1.57）	1.48（1.3～2.02）	1.52（1.16～1.8）	1.93（1.23～2.36）
99	1.99（1.51～2.57）	1.37（1.18～1.58）	1.48（1.3～2.03）	1.52（1.16～1.8）	1.93（1.23～2.36）
100	2（1.51～2.59）	1.37（1.18～1.58）	1.49（1.3～2.03）	1.53（1.16～1.81）	1.94（1.23～2.36）
101	2.01（1.52～2.6）	1.38（1.18～1.59）	1.49（1.3～2.03）	1.53（1.17～1.81）	1.94（1.23～2.36）

续表

$PM_{2.5}$浓度 /（μg/m^3）	急性下呼吸道感染	慢性阻塞性肺病	缺血性心脏病	肺癌	脑卒死
102	2.02（1.52～2.62）	1.38（1.18～1.59）	1.49（1.3～2.04）	1.53（1.17～1.82）	1.94（1.23～2.36）
103	2.03（1.52～2.63）	1.38（1.18～1.59）	1.49（1.3～2.04）	1.54（1.17～1.83）	1.94（1.24～2.36）
104	2.04（1.53～2.65）	1.38（1.19～1.6）	1.49（1.3～2.04）	1.54（1.17～1.83）	1.94（1.24～2.37）
105	2.04（1.53～2.66）	1.39（1.19～1.6）	1.49（1.3～2.05）	1.55（1.17～1.84）	1.95（1.24～2.37）
106	2.05（1.54～2.68）	1.39（1.19～1.61）	1.5（1.31～2.05）	1.55（1.18～1.84）	1.95（1.24～2.37）
107	2.06（1.54～2.7）	1.39（1.19～1.61）	1.5（1.31～2.05）	1.56（1.18～1.85）	1.95（1.24～2.37）
108	2.07（1.54～2.72）	1.4（1.19～1.61）	1.5（1.31～2.06）	1.56（1.18～1.85）	1.95（1.24～2.37）
109	2.08（1.55～2.73）	1.4（1.19～1.62）	1.5（1.31～2.06）	1.56（1.18～1.86）	1.95（1.24～2.37）
110	2.09（1.55～2.75）	1.4（1.19～1.62）	1.5（1.31～2.06）	1.57（1.18～1.86）	1.95（1.24～2.37）
111	2.1（1.56～2.76）	1.4（1.2～1.63）	1.5（1.31～2.07）	1.57（1.18～1.87）	1.96（1.24～2.37）
112	2.11（1.56～2.78）	1.41（1.2～1.63）	1.51（1.31～2.07）	1.58（1.19～1.87）	1.96（1.25～2.38）
113	2.11（1.56～2.79）	1.41（1.2～1.63）	1.51（1.31～2.07）	1.58（1.19～1.88）	1.96（1.25～2.38）
114	2.12（1.57～2.81）	1.41（1.2～1.64）	1.51（1.31～2.07）	1.58（1.19～1.89）	1.96（1.25～2.38）
115	2.13（1.57～2.82）	1.41（1.2～1.64）	1.51（1.31～2.08）	1.59（1.19～1.89）	1.96（1.25～2.38）
116	2.14（1.57～2.83）	1.42（1.2～1.65）	1.51（1.32～2.08）	1.59（1.19～1.9）	1.96（1.25～2.38）
117	2.15（1.57～2.84）	1.42（1.21～1.65）	1.51（1.32～2.08）	1.6（1.2～1.9）	1.96（1.25～2.38）
118	2.15（1.58～2.85）	1.42（1.21～1.65）	1.51（1.32～2.09）	1.6（1.2～1.91）	1.97（1.25～2.38）
119	2.16（1.58～2.86）	1.42（1.21～1.66）	1.52（1.32～2.09）	1.6（1.2～1.91）	1.97（1.25～2.38）
120	2.17（1.58～2.88）	1.43（1.21～1.66）	1.52（1.32～2.09）	1.61（1.2～1.92）	1.97（1.25～2.38）
121	2.18（1.59～2.89）	1.43（1.21～1.66）	1.52（1.32～2.09）	1.61（1.2～1.92）	1.97（1.26～2.38）
122	2.19（1.59～2.9）	1.43（1.21～1.67）	1.52（1.32～2.1）	1.62（1.2～1.93）	1.97（1.26～2.38）
123	2.19（1.6～2.91）	1.43（1.21～1.67）	1.52（1.32～-2.1）	1.62（1.21～1.93）	1.97（1.26～2.38）
124	2.2（1.6～2.92）	1.44（1.22～1.68）	1.52（1.32～2.1）	1.62（1.21～-1.94）	1.97（1.26～2.38）
125	2.21（1.6～2.93）	1.44（1.22～1.68）	1.52（1.32～2.1）	1.63（1.21～1.95）	1.97（1.26～2.38）
126	2.22（1.61～2.95）	1.44（1.22～1.68）	1.53（1.33～2.1）	1.63（1.21～1.95）	1.98（1.26～2.38）
127	2.22（1.61～2.96）	1.44（1.22～1.69）	1.53（1.33～2.1）	1.63（1.21～1.96）	1.98（1.26～2.38）
128	2.23（1.61～2.97）	1.45（1.22～1.69）	1.53（1.33～2.11）	1.64（1.21～1.96）	1.98（1.26～2.39）
129	2.24（1.62～2.99）	1.45（1.22～1.69）	1.53（1.33～2.11）	1.64（1.22～1.97）	1.98（1.26～2.39）
130	2.24（1.62～3）	1.45（1.22～1.7）	1.53（1.33～2.11）	1.65（1.22～1.97）	1.98（1.26～2.39）
131	2.25（1.62～3.02）	1.45（1.23～1.7）	1.53（1.33～2.11）	1.65（1.22～1.98）	1.98（1.26～2.39）

续表

PM$_{2.5}$浓度/（μg/m^3）	急性下呼吸道感染	慢性阻塞性肺病	缺血性心脏病	肺癌	脑卒死
132	2.26（1.63～3.03）	1.46（1.23～1.7）	1.53（1.33～2.11）	1.65（1.22～1.98）	1.98（1.27～2.39）
133	2.27（1.63～3.04）	1.46（1.23～1.71）	1.54（1.33～2.11）	1.66（1.22～1.99）	1.98（1.27～2.39）
134	2.27（1.63～3.05）	1.46（1.23～1.71）	1.54（1.33～2.12）	1.66（1.23～1.99）	1.98（1.27～2.39）
135	2.28（1.64～3.06）	1.46（1.23～1.71）	1.54（1.33～2.12）	1.67（1.23～2）	1.99（1.27～2.39）
136	2.29（1.64～3.07）	1.47（1.23～1.72）	1.54（1.33～2.12）	1.67（1.23～2）	1.99（1.27 2～39）
137	2.29（1.65 3.08）	1.47（1.24～1.72）	1.54（1.33 2.12）	1.67（1.23～2.01）	1.99（1.27～2.39）
138	2.3（1.65～3.09）	1.47（1.24～1.72）	1.54（1.34～2.12）	1.68（1.23～2.01）	1.99（1.27～2.39）
139	2.31（1.65～3.09）	1.47（1.24～-1.73）	1.54（1.34～2.13）	1.68（1.23～2.02）	1.99（1.27～2.39）
140	2.31（1.66～3.1）	1.48（1.24～-1.73）	1.54（1.34～2.13）	1.68（1.24～2.03）	1.99（1.27～2.39）
141	2.32（1.66～3.11）	1.48（1.24～1.73）	1.55（1.34～2.13）	1.69（1.24～2.03）	1.99（1.27～2.39）
142	2.33（1.66～3.12）	1.48（1.24～1.74）	1.55（1.34～2.13）	1.69（1.24～2.04）	1.99（1.27～2.4）
143	2.33（1.67～3.13）	1.48（1.24～1.74）	1.55（1.34～2.13）	1.7（1.24～2.04）	1.99（1.27～2.4）
144	2.34（1.67～3.14）	1.48（1.25～1.75）	1.55（1.34～2.13）	1.7（1.24～2.05）	1.99（1.28～2.4）
145	2.35（1.67～3.15）	1.49（1.25～1.75）	1.55（1.34～2.13）	1.7（1.25～2.05）	1.99（1.28～2.4）
146	2.35（1.67～3.16）	1.49（1.25～1.75）	1.55（1.34～2.13）	1.71（1.25～2.06）	2（1.28～2.4）
147	2.36（1.68～3.17）	1.49（1.25～1.76）	1.55（1.34～2.13）	1.71（1.25～2.06）	2（1.28～2.4）
148	2.36（1.68～3.18）	1.49（1.25～1.76）	1.55（1.34～2.14）	1.71（1.25～2.07）	2（1.28～2.4）
149	2.37（1.68～3.18）	1.5（1.25～1.76）	1.56（1.34～2.14）	1.72（1.25～2.07）	2（1.28～2.4）
150	2.38（1.69～3.19）	1.5（1.25～1.77）	1.56（1.35～2.14）	1.72（1.25～2.08）	2（1.28～2.4）
151	2.38（1.69～3.2）	1.5（1.26～1.77）	1.56（1.35～2.14）	1.73（1.26～2.08）	2（1.28～2.4）
152	2.39（1.69～3.2）	1.5（1.26～1.77）	1.56（1.35～2.14）	1.73（1.26～2.09）	2（1.28～2.4）
153	2.39（1.7～3.21）	1.51（1.26～1.78）	1.56（1.35～2.15）	1.73（1.26～2.09）	2（1.28～2.4）
154	2.4（1.7～3.22）	1.51（1.26～1.78）	1.56（1.35～2.15）	1.74（1.26～2.1）	2（1.29～2.4）
155	2.41（1.7～3.22）	1.51（1.26～1.79）	1.56（1.35～2.15）	1.74（1.26～2.1）	2（1.29～2.4）
156	2.41（1.71～3.23）	1.51（1.26～1.79）	1.56（1.35～2.15）	1.74（1.26～2.11）	2（1.29～2.4）
157	2.42（1.71～3.24）	1.52（1.27～1.79）	1.56（1.35～2.15）	1.75（1.27～2.11）	2（1.29～2.4）
158	2.42（1.71～3.24）	1.52（1.27～1.8）	1.57（1.35～2.15）	1.75（1.27～2.12）	2（1.29～2.4）
159	2.43（1.72～3.25）	1.52（1.27～1.8）	1.57（1.35～2.16）	1.76（1.27～2.12）	2（1.29～2.4）
160	2.43（1.72～3.25）	1.52（1.27～1.8）	1.57（1.35～2.16）	1.76（1.27～2.13）	2.01（1.29～2.4）
161	2.44（1.72～3.26）	1.52（1.27～1.81）	1.57（1.35～2.16）	1.76（1.27～2.13）	2.01（1.29～2.4）

续表

$PM_{2.5}$ 浓度 /（μg/m³）	急性下呼吸道感染	慢性阻塞性肺病	缺血性心脏病	肺癌	脑卒死
162	2.45（1.72～3.26）	1.53（1.27～1.81）	1.57（1.35～2.16）	1.77（1.28～2.13）	2.01（1.29～2.4）
163	2.45（1.73～3.27）	1.53（1.27～1.81）	1.57（1.35～2.16）	1.77（1.28～2.14）	2.01（1.29～2.4）
164	2.46（1.73～3.28）	1.53（1.28～1.82）	1.57（1.36～2.16）	1.77（1.28～2.14）	2.01（1.3～2.4）
165	2.46（1.73～3.29）	1.53（1.28～1.82）	1.57（1.36～2.16）	1.78（1.28～2.15）	2.01（1.3～2.41）
166	2.47（1.73～3.3）	1.54（1.28～1.82）	1.57（1.36～2.16）	1.78（1.28～2.15）	2.01（1.3～2.41）
167	2.47（1.74～3.31）	1.54（1.28～1.83）	1.58（1.36～2.16）	1.78（1.28～2.16）	2.01（1.3～2.41）
168	2.48（1.74～3.31）	1.54（1.28～1.83）	1.58（1.36～2.16）	1.79（1.29～2.16）	2.01（1.3～2.41）
169	2.48（1.74～3.32）	1.54（1.28～1.83）	1.58（1.36～2.16）	1.79（1.29～2.17）	2.01（1.3～2.41）
170	2.49（1.75～3.33）	1.54（1.29～1.83）	1.58（1.36～2.16）	1.8（1.29～2.17）	2.01（1.3～2.41）
171	2.49（1.75～3.34）	1.55（1.29～1.84）	1.58（1.36～2.16）	1.8（1.29～2.18）	2.01（1.3～2.41）
172	2.5（1.75～3.34）	1.55（1.29～1.84）	1.58（1.36～2.17）	1.8（1.29～2.18）	2.01（1.3～2.41）
173	2.5（1.75～3.35）	1.55（1.29～1.84）	1.58（1.36～2.17）	1.81（1.3～2.19）	2.01（1.3～2.41）
174	2.51（1.76～3.36）	1.55（1.29～1.85）	1.58（1.36～2.17）	1.81（1.3～2.19）	2.01（1.3～2.41）
175	2.51（1.76～3.37）	1.56（1.29～1.85）	1.58（1.36～2.17）	1.81（1.3～2.2）	2.01（1.3～2.41）
176	2.52（1.76～3.37）	1.56（1.29～1.85）	1.58（1.36～2.17）	1.82（1.3～2.2）	2.01（1.31～2.41）
177	2.52（1.77～3.38）	1.56（1.3～1.86）	1.59（1.37～2.17）	1.82（1.3～2.2）	2.02（1.31～2.41）
178	2.53（1.77～3.39）	1.56（1.3～1.86）	1.59（1.37～2.17）	1.82（1.3～2.21）	2.02（1.31～2.41）
179	2.53（1.77～3.39）	1.56（1.3～1.86）	1.59（1.37～2.17）	1.83（1.31～2.21）	2.02（1.31～2.41）
180	2.53（1.77～3.4）	1.57（1.3～1.86）	1.59（1.37～2.17）	1.83（1.31～2.22）	2.02（1.31～2.41）
181	2.54（1.78～3.41）	1.57（1.3～1.87）	1.59（1.37～2.17）	1.83（1.31～2.22）	2.02（1.31～2.41）
182	2.54（1.78～3.41）	1.57（1.3～1.87）	1.59（1.37～2.17）	1.84（1.31～2.23）	2.02（1.31～2.41）
183	2.55（1.78～3.42）	1.57（1.3～1.87）	1.59（1.37～2.17）	1.84（1.31～2.23）	2.02（1.31～2.41）
184	2.55（1.78～3.43）	1.58（1.31～1.88）	1.59（1.37～2.17）	1.84（1.32～2.24）	2.02（1.31～2.41）
185	2.56（1.79～3.44）	1.58（1.31～1.88）	1.59（1.37～2.17）	1.85（1.32～2.24）	2.02（1.31～2.41）
186	2.56（1.79～3.44）	1.58（1.31～1.88）	1.59（1.37～2.17）	1.85（1.32～2.25）	2.02（1.31～2.41）
187	2.57（1.79～3.45）	1.58（1.31～1.88）	1.59（1.37～2.17）	1.86（1.32～2.25）	2.02（1.31～2.41）
188	2.57（1.79～3.46）	1.58（1.31～1.89）	1.6（1.37～2.17）	1.86（1.32～2.25）	2.02（1.31～2.41）
189	2.57（1.8～3.47）	1.59（1.31～1.89）	1.6（1.37～2.17）	1.86（1.32～2.26）	2.02（1.31～2.41）
190	2.58（1.8～3.48）	1.59（1.31～1.89）	1.6（1.37～2.17）	1.87（1.33～2.26）	2.02（1.31～2.41）
191	2.58（1.8～3.49）	1.59（1.32～1.9）	1.6（1.38～2.17）	1.87（1.33～2.27）	2.02（1.32～2.41）

续表

$PM_{2.5}$ 浓度/（μg/m³）	急性下呼吸道感染	慢性阻塞性肺病	缺血性心脏病	肺癌	脑卒死
192	2.59（1.81～3.5）	1.59（1.32～1.9）	1.6（1.38～2.17）	1.87（1.33～2.27）	2.02（1.32～2.41）
193	2.59（1.81～3.51）	1.6（1.32～1.9）	1.6（1.38～2.17）	1.88（1.33～2.28）	2.02（1.32～2.41）
194	2.59（1.81～3.51）	1.6（1.32～1.9）	1.6（1.38～2.17）	1.88（1.33～2.28）	2.02（1.32～2.41）
195	2.6（1.81～3.52）	1.6（1.32～1.91）	1.6（1.38～2.18）	1.88（1.33～2.29）	2.02（1.32～2.41）
196	2.6（1.82～3.52）	1.6（1.32～1.91）	1.6（1.38～2.18）	1.89（1.34～2.29）	2.02（1.32～2.42）
197	2.61（1.82～3.52）	1.6（1.32～1.91）	1.6（1.38～2.18）	1.89（1.34～2.29）	2.02（1.32～2.42）
198	2.61（1.82～3.52）	1.61（1.32～1.92）	1.6（1.38～2.18）	1.89（1.34～2.3）	2.03（1.32～2.42）
199	2.61（1.83～3.52）	1.61（1.33～1.92）	1.6（1.38～2.18）	1.9（1.34～2.3）	2.03（1.32～2.42）
200	2.62（1.83～3.52）	1.61（1.33～1.92）	1.61（1.38～2.18）	1.9（1.34～2.31）	2.03（1.32～2.42）
201	2.62（1.83～3.53）	1.61（1.33～1.93）	1.61（1.38～2.18）	1.9（1.35～2.31）	2.03（1.32～2.42）
202	2.63（1.83～3.53）	1.61（1.33～1.93）	1.61（1.38～2.18）	1.91（1.35～2.32）	2.03（1.33～2.42）
203	2.63（1.84～3.53）	1.62（1.33～1.94）	1.61（1.38～2.18）	1.91（1.35～2.32）	2.03（1.33～2.42）
204	2.63（1.84～3.54）	1.62（1.33～1.94）	1.61（1.38～2.18）	1.91（1.35～2.32）	2.03（1.33～2.42）
205	2.64（1.84～3.54）	1.62（1.33～1.94）	1.61（1.38～2.18）	1.92（1.35～2.33）	2.03（1.33～2.42）
206	2.64（1.84～3.55）	1.62（1.34～1.95）	1.61（1.38～2.18）	1.92（1.35～2.33）	2.03（1.33～2.42）
207	2.64（1.85～3.55）	1.63（1.34～1.95）	1.61（1.39～2.18）	1.92（1.36～2.34）	2.03（1.33～2.42）
208	2.65（1.85～3.56）	1.63（1.34～1.95）	1.61（1.39～2.18）	1.93（1.36～2.34）	2.03（1.33～2.42）
209	2.65（1.85～3.56）	1.63（1.34～1.96）	1.61（1.39～2.18）	1.93（1.36～2.35）	2.03（1.33～2.42）
210	2.66（1.85～3.57）	1.63（1.34～1.96）	1.61（1.39～2.18）	1.93（1.36～2.35）	2.03（1.33～2.42）
211	2.66（1.86～3.57）	1.63（1.34～1.96）	1.61（1.39～2.18）	1.94（1.36～2.35）	2.03（1.33～2.42）
212	2.66（1.86～3.57）	1.64（1.35～1.97）	1.62（1.39～2.18）	1.94（1.37～2.36）	2.03（1.33～2.42）
213	2.67（1.86～3.58）	1.64（1.35～1.97）	1.62（1.39～2.18）	1.94（1.37～2.36）	2.03（1.33～2.42）
214	2.67（1.86～3.58）	1.64（1.35～1.97）	1.62（1.39～2.19）	1.95（1.37～2.37）	2.03（1.33～2.42）
215	2.67（1.87～3.58）	1.64（1.35～1.98）	1.62（1.39～2.19）	1.95（1.37～2.37）	2.03（1.33～2.42）
216	2.68（1.87～3.59）	1.64（1.35～1.98）	1.62（1.39～2.19）	1.95（1.37～2.38）	2.03（1.33～2.42）
217	2.68（1.87～3.59）	1.65（1.35～1.98）	1.62（1.39～2.19）	1.96（1.37～2.38）	2.03（1.34～2.42）
218	2.68（1.87～3.6）	1.65（1.35～1.99）	1.62（1.39～2.19）	1.96（1.38～2.38）	2.03（1.34～2.42）
219	2.69（1.88～3.6）	1.65（1.36～1.99）	1.62（1.39～2.19）	1.96（1.38～2.39）	2.03（1.34～2.42）
220	2.69（1.88～3.61）	1.65（1.36～1.99）	1.62（1.39～2.19）	1.97（1.38～2.39）	2.03（1.34～2.42）
221	2.69（1.88～3.61）	1.65（1.36～1.99）	1.62（1.39～2.19）	1.97（1.38～2.4）	2.03（1.34～2.42）

续表

PM$_{2.5}$浓度 /（μg/m^3）	急性下呼吸道感染	慢性阻塞性肺病	缺血性心脏病	肺癌	脑卒死
222	2.69（1.88～3.61）	1.66（1.36～2）	1.62（1.39～2.19）	1.97（1.38～2.4）	2.03（1.34～2.42）
223	2.7（1.89～3.62）	1.66（1.36～2）	1.62（1.39～2.19）	1.98（1.39～2.41）	2.03（1.34～2.42）
224	2.7（1.89～3.62）	1.66（1.36～2）	1.62（1.4～2.19）	1.98（1.39～2.41）	2.03（1.34～2.42）
225	2.7（1.89～3.62）	1.66（1.36～2.01）	1.63（1.4～2.19）	1.98（1.39～2.41）	2.03（1.34～2.42）
226	2.71（1.89～3.63）	1.66（1.37～2.01）	1.63（1.4～2.19）	1.99（1.39～2.42）	2.04（1.34～2.42）
227	2.71（1.9～3.63）	1.67（1.37～2.01）	1.63（1.4～2.19）	1.99（1.39～2.42）	2.04（1.34～2.42）
228	2.71（1.9～3.63）	1.67（1.37～2.02）	1.63（1.4～2.19）	1.99（1.39～2.43）	2.04（1.34～2.42）
229	2.72（1.9～3.64）	1.67（1.37～2.02）	1.63（1.4～2.19）	2（1.4～2.43）	2.04（1.34～2.42）
230	2.72（1.9～3.64）	1.67（1.37～2.02）	1.63（1.4～2.19）	2（1.4～2.44）	2.04（1.34～2.42）
231	2.72（1.9～3.64）	1.67（1.37～2.02）	1.63（1.4～2.19）	2（1.4～2.44）	2.04（1.34～2.42）
232	2.73（1.91～3.64）	1.68（1.37～2.03）	1.63（1.4～2.19）	2.01（1.4～2.44）	2.04（1.34～2.42）
233	2.73（1.91～3.65）	1.68（1.38～2.03）	1.63（1.4～2.19）	2.01（1.4～2.45）	2.04（1.35～2.42）
234	2.73（1.91～3.65）	1.68（1.38～2.03）	1.63（1.4～2.19）	2.01（1.4～2.45）	2.04（1.35～2.42）
235	2.73（1.91～3.66）	1.68（1.38～2.03）	1.63（1.4～2.19）	2.02（1.41～2.46）	2.04（1.35～2.42）
236	2.74（1.91～3.66）	1.68（1.38～2.04）	1.63（1.4～2.19）	2.02（1.41～2.46）	2.04（1.35～2.42）
237	2.74（1.92～3.66）	1.69（1.38～2.04）	1.63（1.4～2.19）	2.02（1.41～2.46）	2.04（1.35～2.42）
238	2.74（1.92～3.66）	1.69（1.38～2.04）	1.63（1.4～2.2）	2.03（1.41～2.47）	2.04（1.35～2.42）
239	2.74（1.92～3.67）	1.69（1.38～2.04）	1.64（1.4～2.2）	2.03（1.41～2.47）	2.04（1.35～2.42）
240	2.75（1.92～3.67）	1.69（1.38～2.05）	1.64（1.4～2.2）	2.03（1.42～2.48）	2.04（1.35～2.42）
241	2.75（1.92～3.67）	1.69（1.39～2.05）	1.64（1.41～2.2）	2.04（1.42～2.48）	2.04（1.35～2.42）
242	2.75（1.93～3.67）	1.7（1.39～2.05）	1.64（1.41～2.2）	2.04（1.42～2.48）	2.04（1.35～2.42）
243	2.76（1.93～3.68）	1.7（1.39～2.05）	1.64（1.41～2.2）	2.04（1.42～2.49）	2.04（1.35～2.42）
244	2.76（1.93～3.68）	1.7（1.39～2.06）	1.64（1.41～2.2）	2.05（1.42～2.49）	2.04（1.35～2.42）
245	2.76（1.93～3.68）	1.7（1.39～2.06）	1.64（1.41～2.2）	2.05（1.42～2.5）	2.04（1.35～2.42）
246	2.76（1.93～3.69）	1.7（1.39～2.06）	1.64（1.41～2.2）	2.05（1.43～2.5）	2.04（1.35～2.42）
247	2.77（1.94～3.69）	1.71（1.39～2.07）	1.64（1.41～2.2）	2.06（1.43～2.5）	2.04（1.35～2.42）
248	2.77（1.94～3.7）	1.71（1.4～2.07）	1.64（1.41～2.2）	2.06（1.43～2.51）	2.04（1.35～2.42）
249	2.77（1.94～3.7）	1.71（1.4～2.07）	1.64（1.41～2.2）	2.06（1.43～2.51）	2.04（1.36～2.42）
250	2.77（1.94～3.71）	1.71（1.4～2.07）	1.64（1.41～2.2）	2.07（1.43～2.52）	2.04（1.36～2.42）
251	2.78（1.94～3.72）	1.71（1.4～2.08）	1.64（1.41～2.2）	2.07（1.44～2.52）	2.04（1.36～2.42）

续表

$PM_{2.5}$ 浓度 / （μg/m³）	急性下呼吸道感染	慢性阻塞性肺病	缺血性心脏病	肺癌	脑卒死
252	2.78（1.95～3.72）	1.72（1.4～2.08）	1.64（1.41～2.2）	2.07（1.44～2.52）	2.04（1.36～2.42）
253	2.78（1.95～3.72）	1.72（1.4～2.08）	1.64（1.41～2.2）	2.08（1.44～2.53）	2.04（1.36～2.42）
254	2.78（1.95～3.72）	1.72（1.4～2.08）	1.64（1.41～2.2）	2.08（1.44～2.53）	2.04（1.36～2.42）
255	2.79（1.95～3.73）	1.72（1.4～2.09）	1.65（1.41～2.2）	2.08（1.44～2.54）	2.04（1.36～2.42）
256	2.79（1.95～3.73）	1.72（1.41～2.09）	1.65（1.41～2.2）	2.09（1.44～2.54）	2.04（1.36～2.42）
257	2.79（1.95～3.73）	1.73（1.41～2.09）	1.65（1.41～2.2）	2.09（1.45～2.54）	2.04（1.36～2.42）
258	2.79（1.96～3.73）	1.73（1.41～2.09）	1.65（1.41～2.2）	2.09（1.45～2.55）	2.04（1.36～2.42）
259	2.8（1.96～3.73）	1.73（1.41～2.1）	1.65（1.42～2.2）	2.1（1.45～2.55）	2.04（1.36～2.42）
260	2.8（1.96～3.73）	1.73（1.41～2.1）	1.65（1.42～2.2）	2.1（1.45～2.56）	2.04（1.36～2.42）
261	2.8（1.96～3.73）	1.73（1.41～2.1）	1.65（1.42～2.2）	2.1（1.45～2.56）	2.05（1.36～2.42）
262	2.8（1.96～3.73）	1.74（1.41～2.1）	1.65（1.42～2.2）	2.11（1.45～2.56）	2.05（1.36～2.42）
263	2.8（1.97～3.74）	1.74（1.41～2.11）	1.65（1.42～2.2）	2.11（1.46～2.57）	2.05（1.36～2.42）
264	2.81（1.97～3.74）	1.74（1.42～2.11）	1.65（1.42～2.2）	2.11（1.46～2.57）	2.05（1.36～2.42）
265	2.81（1.97～3.74）	1.74（1.42～2.11）	1.65（1.42～2.2）	2.11（1.46～2.58）	2.05（1.37～2.42）
266	2.81（1.97～3.75）	1.74（1.42～2.11）	1.65（1.42～2.2）	2.12（1.46～2.58）	2.05（1.37～2.42）
267	2.81（1.97～3.76）	1.74（1.42～2.12）	1.65（1.42～2.21）	2.12（1.46～2.58）	2.05（1.37～2.42）
268	2.82（1.97～3.76）	1.75（1.42～2.12）	1.65（1.42～2.21）	2.12（1.47～2.59）	2.05（1.37～2.42）
269	2.82（1.98～3.77）	1.75（1.42～2.12）	1.65（1.42～2.21）	2.13（1.47～2.59）	2.05（1.37～2.42）
270	2.82（1.98～3.77）	1.75（1.42～2.12）	1.65（1.42～2.21）	2.13（1.47～2.6）	2.05（1.37～2.42）
271	2.82（1.98～3.77）	1.75（1.42～2.13）	1.66（1.42～2.21）	2.13（1.47～2.6）	2.05（1.37～2.42）
272	2.82（1.98～3.77）	1.75（1.43～2.13）	1.66（1.42～2.21）	2.14（1.47～2.6）	2.05（1.37～2.42）
273	2.83（1.98～3.77）	1.76（1.43～2.13）	1.66（1.42～2.21）	2.14（1.47～2.61）	2.05（1.37～2.42）
274	2.83（1.98～3.77）	1.76（1.43～2.13）	1.66（1.42～2.21）	2.14（1.48～2.61）	2.05（1.37～2.42）
275	2.83（1.99～3.78）	1.76（1.43～2.14）	1.66（1.42～2.21）	2.15（1.48～2.61）	2.05（1.37～2.42）
276	2.83（1.99～3.78）	1.76（1.43～2.14）	1.66（1.42～2.21）	2.15（1.48～2.62）	2.05（1.37～2.42）
277	2.83（1.99～3.79）	1.76（1.43～2.14）	1.66（1.42～2.21）	2.15（1.48～2.62）	2.05（1.37～2.42）
278	2.84（1.99～3.79）	1.77（1.43～2.14）	1.66（1.42～2.21）	2.16（1.48～2.63）	2.05（1.37～2.42）
279	2.84（1.99～3.79）	1.77（1.43～2.15）	1.66（1.42～2.21）	2.16（1.49～2.63）	2.05（1.37～2.42）
280	2.84（1.99～3.8）	1.77（1.44～2.15）	1.66（1.43～2.21）	2.16（1.49～2.63）	2.05（1.37～2.42）
281	2.84（2～3.8）	1.77（1.44～2.15）	1.66（1.43～2.21）	2.17（1.49～2.64）	2.05（1.37～2.42）

续表

$PM_{2.5}$ 浓度 /（μg/m^3）	急性下呼吸道感染	慢性阻塞性肺病	缺血性心脏病	肺癌	脑卒死
282	2.84（2～3.8）	1.77（1.44～2.15）	1.66（1.43～2.21）	2.17（1.49～2.64）	2.05（1.37～2.42）
283	2.85（2～3.81）	1.78（1.44～2.16）	1.66（1.43～2.21）	2.17（1.49～2.65）	2.05（1.38～2.42）
284	2.85（2～3.81）	1.78（1.44～2.16）	1.66（1.43～2.21）	2.17（1.49～2.65）	2.05（1.38～2.42）
285	2.85（2～3.81）	1.78（1.44～2.16）	1.66（1.43～2.21）	2.18（1.5～2.65）	2.05（1.38～2.42）
286	2.85（2～3.81）	1.78（1.44～2.16）	1.66（1.43～2.21）	2.18（1.5～2.66）	2.05（1.38～2.42）
287	2.85（2.01～3.81）	1.78（1.44～2.17）	1.66（1.43～2.21）	2.18（1.5～2.66）	2.05（1.38～2.42）
288	2.86（2.01～3.82）	1.78（1.45～2.17）	1.67（1.43～2.21）	2.19（1.5～2.66）	2.05（1.38～2.42）
289	2.86（2.01～3.82）	1.79（1.45～2.17）	1.67（1.43～2.21）	2.19（1.5～2.67）	2.05（1.38～2.42）
290	2.86（2.01～3.82）	1.79（1.45～2.17）	1.67（1.43～2.21）	2.19（1.51～2.67）	2.05（1.38～2.42）
291	2.86（2.01～3.82）	1.79（1.45～2.18）	1.67（1.43～2.21）	2.2（1.51～2.68）	2.05（1.38～2.42）
292	2.86（2.01～3.82）	1.79（1.45～2.18）	1.67（1.43～2.21）	2.2（1.51～2.68）	2.05（1.38～2.42）
293	2.86（2.02～3.82）	1.79（1.45～2.18）	1.67（1.43～2.21）	2.2（1.51～2.68）	2.05（1.38～2.42）
294	2.87（2.02～3.82）	1.8（1.45～2.18）	1.67（1.43～2.21）	2.21（1.51～2.69）	2.05（1.38～2.42）
295	2.87（2.02～3.82）	1.8（1.45～2.19）	1.67（1.43～2.21）	2.21（1.51～2.69）	2.05（1.38～2.42）
296	2.87（2.02～3.82）	1.8（1.46～2.19）	1.67（1.43～2.21）	2.21（1.52～2.7）	2.05（1.38～2.42）
297	2.87（2.02～3.83）	1.8（1.46～2.19）	1.67（1.43～2.21）	2.21（1.52～2.7）	2.05（1.38～2.42）
298	2.87（2.02～3.83）	1.8（1.46～2.19）	1.67（1.43～2.21）	2.22（1.52～2.7）	2.05（1.38～2.42）
299	2.88（2.02～3.84）	1.8（1.46～2.2）	1.67（1.43～2.21）	2.22（1.52～2.71）	2.05（1.38～2.42）
300	2.88（2.03～3.84）	1.81（1.46～2.2）	1.67（1.43～2.21）	2.22（1.52～2.71）	2.05（1.39～2.42）

附录 3　大气污染影响公众调查表

您好！为了更好地开展环境保护工作，实现人与自然、社会和谐共处，我们特进行此次问卷调查。请根据您的实际情况作答，对您的回答我们只用于国家相关部门统计研究，并对此严格保密。我们将赠送精美礼品一份，表示感谢您的支持和配合！

Q1. 性别

□［1］男　　□［2］女

Q2. 所在居住城市（本地常住满 1 年及以上）

□［1］成都市区　□［2］成都远郊　□［3］乐山市区　□［4］达州市区

Q3. 您的年龄

□［1］18～45 岁　□［2］45～60 岁　□［3］60 岁以上

Q4. 您的文化程度

□［1］小学及以下　□［2］中专 / 高中 / 职中 / 职高

□［3］大专　□［4］本科　□［5］硕士及以上

Q5. 您的职业

□［1］农民　□［2］工人　□［3］公务员　□［4］学生

□［5］事业单位人员　□［6］个体经营者 / 私营企业主　□［7］公司普通职员

□［8］中高层管理者　□［9］退休　□［10］自由职业　□［11］无业 / 失业

□［12］其他，请注明：___________

Q6. 您的家庭人口数（同住人数）

□［1］1 人　□［2］2 人　□［3］3 人　□［4］4 人　□［5］5 人

□［6］6 人　□［7］7 人　□［8］8 人　□［9］其他数量，请注明：______

其中 18 岁以下人口数为___________，60 岁以上人口数为___________

Q7. 您的家庭年收入

□［1］3 万元及以下　□［2］4 万～6 万元

□［3］7 万～10 万元　□［4］11 万～15 万元

□［5］16 万～30 万元　□［6］31 万～50 万元

□［7］51 万～80 万元　□［8］81 万～100 万元

□［9］101 万～300 万元　□［10］301 万元及以上

Q8. 您每天的户外活动时间

□［1］1 小时以内　□［2］1～2 小时　□［3］2～3 小时

□［4］3～5 小时　□［5］5 小时以上

Q9. 您家庭每年为治疗呼吸系统疾病（包括流行性感冒）支付的费用大概是?

□［1］100 元以下　□［2］101～500 元　□［3］501～1 000 元
□［4］1 001～2 000 元　□［5］2 001～3 000 元　□［6］3 001～5 000 元
□［7］5 001～10 000 元　□［8］10 001 元以上

Q10. 为改善空气环境质量，您是否愿意支付一定的费用？

Q10.1 年平均空气质量指数（AQI）由 300 降到 200（重度到中度），您最多愿意支出

□［1］0 元　□［2］50 元 / 人以下　□［3］51～100 元 / 人
□［4］101～500 元 / 人　□［5］501～1 000 元 / 人
□［6］1 001～2 000 元 / 人　□［7］2 001～3 000 元 / 人
□［8］3 001～5 000 元 / 人　□［9］5 001～10 000 元 / 人
□［10］10 001 元以上 / 人

Q10.2 年平均空气质量指数（AQI）由 200 降到 150（中度到轻度），您最多愿意支出

□［1］0 元　□［2］50 元 / 人以下　□［3］51～100 元 / 人
□［4］101～500 元 / 人　□［5］501～1 000 元 / 人
□［6］1 001～2 000 元 / 人　□［7］2 001～3 000 元 / 人
□［8］3 001～5 000 元 / 人　□［9］5 001～10 000 元 / 人
□［10］10 001 元以上 / 人

Q10.3 年平均空气质量指数（AQI）由 150 降到 100（轻度到优良），您最多愿意支出

□［1］0 元　□［2］50 元 / 人以下　□［3］51～100 元 / 人
□［4］101～500 元 / 人　□［5］501～1000 元 / 人
□［6］1 001～2 000 元 / 人　□［7］2 001～3 000 元 / 人
□［8］3 001～5 000 元 / 人　□［9］5 001～10 000 元 / 人
□［10］10 001 元以上 / 人

Q11. 在不改变本地大气污染状况的情况下，如果政府每年给您一定数额的大气污染赔偿，您认为补偿多少比较合理?

□［1］100 元 / 人以下　□［2］101～500 元 / 人
□［3］501～1 000 元 / 人　□［4］1 001～2 000 元 / 人
□［5］2 001～3 000 元 / 人　□［6］3 001～5 000 元 / 人
□［7］5 001～10 000 元 / 人　□［8］10 001 元 / 人以上
□［9］再多也不愿意，原因是:____________________

Q12. 您出行的交通工具

□［1］私家车　□［2］公共交通→跳问至 Q15

□［3］自行车→跳问至 Q15　　□［4］出租车→跳问至 Q15

□［5］电动自行车→跳问至 Q15　　□［6］步行→跳问至 Q15

□［7］其他，请注明：__________→跳问至 Q15

Q13. 您认为雾霾天行驶是否影响耗油量？

□［1］不影响 →跳问至 Q14

□［2］影响，请选择影响情况，耗油量增加或减少择其一回答↓

Q13.1 增加油耗比例：

□［1］5% 以下　　□［2］5%～10%

□［3］10%～15%　　□［4］15% 以上

Q13.2 减少油耗比例：

□［1］5% 以下　　□［2］5%～10%

□［3］10%～15%　　□［4］15% 以上

Q14. 大气污染是否增加您的洗车费用？

□［1］否→跳问至 Q15　　□［2］是，请选择您的洗车费用↓

Q14.1 请选择您的洗车费用：

□［1］50 元以下 / 月　　□［2］50～100 元 / 月

□［3］100～200 元 / 月　　□［4］200 元 / 月以上

Q15. 雾霾是否会影响您的出行时间？

□［1］否→跳问至 Q16

□［2］是，请选择以下影响时间（每天），增加或减少择其一回答↓

Q15.1 增加时间：

□［1］增加 10 分钟　　□［2］增加 20 分钟　　□［3］增加 30 分钟

□［4］增加 30～60 分钟　　□［5］增加 60 分钟以上

Q15.2 减少时间：

□［1］减少 10 分钟　　□［2］减少 20 分钟　　□［3］减少 30 分钟

□［4］减少 30～60 分钟　　□［5］减少 60 分钟以上

Q16. 您家里是否购买空气净化器？

□［1］否→跳问至 Q17　　□［2］是，请选择以下购买费用↓

Q16.1 请选择您家的购买花费：

□［1］500 元以下　　□［2］501～1 000 元

□［3］1 001～1 500 元　　□［4］1 501～2 000 元

□［5］2 001～3 000 元　　□［6］3 001～5 000 元

□［7］5 001 元以上

Q17. 您家里是否安装新风系统？

□［1］否→跳问至 Q18　　□［2］是，请选择以下购买安装费用↓

Q17.1 请记录您家的购买安装费用:

□［1］5 000 元以下　　□［2］5 001～10 000 元
□［3］10 001～20 000 元　　□［4］20 001～30 000 元
□［5］30 001～50 000 元　　□［6］50 001 元及以上

Q18. 您家是否购买使用防雾霾口罩?

□［1］否→访问结束　　□［2］是，请选择每年花费↓

Q18.1 请记录您全家每年为购买防雾霾口罩的花费:

□［1］100 元以下　　□［2］100～200 元　　□［3］200～300 元
□［4］300～500 元　　□［5］500～1000 元　　□［6］1 000 元以上

被访者签名:____________　　联系方式:____________

访问结束，检查问卷并赠送礼品，致谢受访者!

访问员姓名:

访问时间: 2018 年____月____日____时____分至____时____分

附录 4　统计生命价值支付意愿调查问卷

您好！为了更好地开展环境保护工作，共建碧水蓝天、绿水青山，实现人与自然、社会和谐共处，我们针对环境污染可能导致的健康影响，进行此次问卷调查。请根据您的实际情况作答，您的回答仅用于国家大气专项“________”的研究，我们将对您的问卷严格保密，并赠送精美礼品一份，对您的支持和配合表示感谢！

统计生命价值支付意愿调查表

1. 您的性别

[1] 男　[2] 女

2. 您的年龄

[1] 18～30 岁　[2] 31～45　[3] 46～65 岁　[4] 65 岁以上

3. 您的文化程度

[1] 小学及以下　[2] 中专 / 高中 / 职中 / 职高

[3] 大专　[4] 本科　[5] 硕士及以上

4. 您的职业

[1] 农民　[2] 普通工人　[3] 公务员 / 事业单位人员

[4] 学生　[5] 自由职业者　[6] 个体经营者 / 私营企业主

[7] 公司中高层管理者　[8] 退休

5. 您的家庭人口数（同住人数）

[1] 1 人　[2] 2 人　[3] 3 人　[4] 4 人　[5] 5 人

[6] 6 人　[7] 7 人　[8] 8 人　[9] 9 人以上

6. 您的家庭年收入?

[1] 3 万元及以下　[2] 3.1 万～6 万元　[3] 6.1 万～10 万元

[4] 10.1 万～15 万元　[5] 15.1 万～30 万元　[6] 30.1 万～50 万

[7] 50.1 万～80 万　[8] 80.1 万～100 万　[9] 100 万以上

7. 您是否有过以下疾病?

[1] □慢性阻塞性肺疾病（COPD）　[2] □糖尿病　[3] □慢性支气管炎

[4] □哮喘　[5] □癌症或其他恶性肿瘤　[6] □心脑血管疾病

[7] □无

8. 与同龄人相比，您觉得您的健康状况：

[1] 极好　[2] 非常好　[3] 好　[4] 一般　[5] 差

9. 假如有两个人，第一个人未来 10 年死亡的概率为 5‰，第二个人未来 10 年死亡的概率为 10‰，您认为未来 10 年内哪一位的死亡机会更大

[1] 第一个人 [2] 第二个人

您愿意当哪个人？

[1] 第一个人 [2] 第二个人

请您稍事休息，了解以下背景资料，以便更好地完成后面的问卷调查：

根据疾病控制和预防中心的调查和统计，随着年龄增加，每 10 年的死亡机会将增加 20‰。55～65 岁的人，在未来 10 年的死亡概率是 123‰（即在 55～65 岁的 1 000 人中，从现在开始 10 年内，会有 123 人会死亡）；70～80 岁的人，在未来 10 年的死亡概率是 160‰。根据相关统计资料，通过采用体检、药物干预等医疗措施可以降低死亡概率，但采取这些医疗措施需要支付一部分费用。

未来 10 年采取以下干预措施可以降低女性死亡的概率

人	每年采取的措施	降低的死亡概率
40 岁女性	乳房 X 光透视	2‰
50 岁女性	年度结肠癌检查	2‰
50 岁女性	乳房 X 光透视	3‰
60 岁女性	乳房 X 光透视	2‰

未来 10 年采取以下干预措施可以降低男性死亡的概率

人	每年采取的措施	降低的死亡概率
患有高血压的 40 岁男性	药物治疗控制高血压	18‰
50 岁男性	年度前列腺癌检查	1‰
50 岁男性	年度结肠癌检查	3‰
患有高血压的 60 岁男性	药物治疗控制高血压	9‰

下面继续问卷调查：

10. 根据您现在的收入条件，为了让您 70～80 岁的死亡概率下降 5‰，在接下来的 10 年内您愿意每年支付一定金额来降低您的死亡概率吗？

[1] 愿意 [2] 不愿意

如果您愿意，您每年愿意为采取相应的措施支付的最大金额是____元？

[1] 2 000 元 [2] 3 000 元 [3] 4 000 元 [4] 5 000 元
[5] 6 000 元 [6] 8 000 元 [7] 10 000 元 [8] 20 000 元
[9] 30 000 元 [10] 50 000 元 [11] 100 000 元 [12] 200 000 元

12. 如果您愿意未来 10 年的死亡概率下降 5‰，您每年为采取相应措施支付的最大金额为______元?

13. 如果您愿意未来 10 年的死亡概率下降 10‰，您每年为采取相应措施支付的最大金额为______元?

14. 为了能够将您未来 10 年的死亡概率降低 10‰，按照您填写的最大金额，是否每年支付的钱数超过家庭收入的 10%？

[1] 是　　[2] 否

15. 如果超过家庭收入的 10%，您想修改这个问题的答案吗?

[1] 是　　[2] 否

如果您要修改，您愿意修改为______元 / 年。

16. 这次调查中，我们使用了概率的概念，您对这个概念的理解程度是______?

请按数字键 1～7 选择您的答案，1 代表非常不确定，7 代表非常确定。

[1] 1　　[2] 2　　[3] 3　　[4] 4

[5] 5　　[6] 6　　[7] 7

17. 当您回答支付意愿时，您是否考虑过真的要支付这些费用?

[1] 是　　[2] 否　　[3] 不知道

18. 当我们询问您，对降低未来 10 年死亡概率的措施支付一定费用时，您是否明白您需要未来 10 年中每年支付一次?

[1] 是　　[2] 否　　[3] 不知道

参考文献

［1］姚刚．国外公共政策绩效评估研究与借鉴［J］．深圳大学学报（人文社会科学版），2008，25（4）：80-85.

［2］任晓辉．典型工业污染物排放标准制定方法及其成本－效益分析研究［D］．青岛：青岛科技大学，2011.

［3］张慧．碳交易政策设计与市场绩效研究——以电力行业为例［D］．南京：南京大学，2017.

［4］黄德生，张世秋．京津冀地区控制 $PM_{2.5}$ 污染的健康效益评估［J］．中国环境科学，2013，33（1）：166-174.

［5］刘通浩．中国电力行业 NO_x 排放控制成本效益分析［D］．北京：清华大学，2012.

［6］王占山．燃煤火电厂和工业锅炉及机动车大气污染物排放标准实施效果的数值模拟研究［D］．北京：中国环境科学研究院，2013.

［7］宋国君，马中，姜妮．环境政策评估及对中国环境保护的意义［J］．环境保护，2003，31（12）：34-37.

［8］赵晓丽，叶晓妹．以电代煤的经济与环境效益分析［J］．中国环境管理，2017，9（4）：51-57.

［9］张泽宸．深圳市大气细颗粒物污染控制措施的成本效益分析［D］．北京：清华大学，2017.

［10］王金南．环境政策评估推动战略环评实施［N］．中国环境报，2007-06-22.

［11］王金南．为什么要对环境政策进行评估——关于环境政策评估九大问题解答［N］．中国环境报，2007-11-14（2）.

［12］蒋洪强，王金南，葛察忠．中国污染控制政策的评估及展望［J］．环境保护，2008，36（12）：15-19.

［13］李红祥，王金南，葛察忠．中国“十一五”期间污染减排费用－效益分析［J］．环境科学学报，2013，33（8）：2270-2276.

［14］MA G X，WANG J N，YU F，et al. An evaluation of potential health benefits of the new ambient air quality standard concerning PM_{10} for China［J］. Frontiers of Environmental Science and Engineering，2014，38（7）：1-17.

［15］雷宇，薛文博，张衍燊，等．国家《大气污染防治行动计划》健康效益评估

[J]. 中国环境管理，2015（5）：50-53.

[16] 张伟，王金南，蒋洪强，等.《大气污染防治行动计划》实施对经济与环境的潜在影响[J]. 环境科学研究，2015，28（1）：1-7.

[17] 张伟，王金南，蒋洪强，等.《水污染防治行动计划》实施的宏观经济影响分析[J]. 中国环境管理，2015（6）：71-75.

[18] 马国霞，於方，张衍燊，等.《大气污染防治行动计划》实施效果评估及其对我国人均预期寿命的影响[J]. 环境科学研究，2019，32（12）：1966-1972.

[19] 张衍燊，马国霞，於方，等. 2013年1月灰霾污染事件期间京津冀地区 $PM_{2.5}$ 污染的人体健康损害评估[J]. 中华医学杂志，2013，93（34）：2707-2710.

[20] 冯利红，赵岩，李建平，等. 天津市大气重污染天气下细颗粒物中重金属污染特征及健康风险评估[J]. 中华疾病控制杂志，2018，22（11）：1164-1167.

[21] 柴发合，邱雄辉，胡君. 深入完善应急措施　妥善应对重污染天气[J]. 环境保护，2013（22）：14-17.

[22] 王凌慧，曾凡刚，向伟玲，等. 空气重污染应急措施对北京市 $PM_{2.5}$ 的削减效果评估[J]. 中国环境科学，2015，35（8）：2546-2553.

[23] 高丽，鄢学贫，张璐. 郑州市重污染天气应急预案体系评估应用[J]. 低碳世界，2019，9（4）：39-40.

[24] EPA. The benefits and costs of the Clean Air Act from 1990 to 2020 [R/OL]. https：//www.epa.gov/clean-air-act-overview/benefits-and-costs-clean-air-act-1990-2020-report-documents-and-graphics.

[25] United States Environmental Protection Agency. Environmental impact and benefits assessment for proposed effluent guidelines and standards for the construction and development category [C]. EPA-821-R-08-009，2008.

[26] United States Environmental Protection Agency. Economic analysis of proposed effluent limitations guidelines and standards for the meat and poultry products industry [C]. Washington，EPA-821-B-01-006，2002.

[27] 孙雪丽，朱法华，王圣，等. 火电行业清洁生产与末端治理技术对二氧化硫减排效果评估[J]. 环境科学学报，2016，36（11）：4253-4261.

[28] 王圣，巴尔莎，俞华. 我国火电烟气脱硫存在的问题及对策建议[J]. 中国环保产业，2010（3）：14-17.

[29] 陈焱，许月阳，薛建明. 燃煤烟气中S成因、影响及其减排对策[J]. 电力科技与环保，2011，27（3）：35-37.

[30] 陈其颢，朱林，王可辉，等. $PM_{2.5}$ 标准及火电行业 $PM_{2.5}$ 主流控制技术[J]. 华东电力，2013，41（5）：1124-1126.

[31] 吴刚，穆璐莹，王健，等. 袋式除尘技术与水泥工业 $PM_{2.5}$ 粉尘的控制[J]. 中

国环保产业，2013（6）：26-28.
[32] 郑青. 袋式除尘技术发展回顾和展望[J]. 水泥，2016（3）：45-48.
[33] 刘滨，胡建鹏，许小雷. 水泥企业袋除尘的技术提升[J]. 水泥，2016（1）：23-25.
[34] 莫华，朱法华，王圣. 火电行业大气污染物排放对 PM2.5 的贡献及减排对策[J]. 中国电力，2013，46（8）：1-6.
[35] 韩战义，冯建军. 电袋复合式除尘技术在水泥行业的应用[J]. 水泥技术，2013（3）：100-101.
[36] 黄碧捷. 水泥工业粉尘污染特征及控制技术[J]. 绿色科技，2013（12）：140-142.
[37] 朱法华，王圣，孙雪丽，等. 氮氧化物控制技术在电力行业中的应用[J]. 中国电力，2011，44（12）：55-59.
[38] 侯建鹏，朱云涛，唐燕萍. 烟气脱硝技术的研究[J]. 电力环境保护，2007，23（3）：24-27.
[39] 赵全中，田雁冰. 火电厂烟气脱硝技术介绍[J]. 内蒙古电力技术，2008，26（4）：89-91.
[40] 朱林，吴碧君，段玖祥，等. SCR 烟气脱硝催化剂生产与应用现状[J]. 中国电力，2009，42（8）：61-64.
[41] 郑婷婷，周月桂，金圻烨. 燃煤电厂多种烟气污染物协同脱除超低排放分析[J]. 热力发电，2017，46（4）：10-15.
[42] ZHANG B，WILSON E，BI J. Controlling air pollution from coal power plants in China：incremental change or a great leap forward[J]. Environmental Science & Technology，2011，45（24）：10294-10295.
[43] 牛拥军，宦宣州，李兴华. 燃煤电厂烟气脱硫系统运行优化与经济性分析[J]. 热力发电，2018，47（12）：22-28.
[44] NI Z Z，LUO K，GAO Y，et al. Potential air quality improvements from ultralow emissions at coal-fired power plants in China[J]. Aerosol and Air Quality Research，2018，18（7）：1944-1951.
[45] 陈迪，谭雪，周楷，等. 基于燃煤电厂脱硫成本的脱硫电价政策分析[J]. 环境保护科学，2019，45（2）：1-5.
[46] 石光，周黎安，郑世林，等. 环境补贴与污染治理——基于电力行业的实证研究[J]. 经济学（季刊），2016，15（4）：1439-1462.
[47] 史建勇. 燃煤电站烟气脱硫脱硝技术成本效益分析[D]. 杭州：浙江大学，2015.
[48] 卢晗，郑鑫，李薇，等. 燃煤电厂脱硫技术及超低排放改造费效分析[J]. 环

境工程，2018，36（1）：97-102.

［49］KANADA M，DONG L，FUJITA T，et al. Regional disparity and cost-effective SO_2 pollution control in China：a case study in 5 mega-cities［J］. Energy Policy，2013，61：1322-1331.

［50］DONG L，DONG H J，FUJITA T，et al. Cost-effectiveness analysis of China's Sulfur dioxide control strategy at the regional level：regional disparity，inequity and future challenges［J］. Journal of Cleaner Production，2015，90：345-359.

［51］CAI S Y，MA Q，WANG Sx，et al. Impact of air pollution control policies on future $PM_{2.5}$ concentrations and their source contributions in China［J］. Journal of Environmental Management，2018，227：124-133.

［52］ANVORA M P，ZHANG L，WANG S X，et al. Economic analysis of atmospheric mercury emission control for coal-fired power plants in China［J］. Journal of Environmental Sciences-China，2015，33：125-134.

［53］ZHANG L S，LEE C S，ZHANG R Q，et al. Spatial and temporal evaluation of long term trend（2005-2014）of OMI retrieved NO_2 and SO_2 concentrations in Henan Province，China［J］. Atmospheric Environment，2017，154：151-166.

［54］吕朝晖，丁钟宇，管小矿．电厂燃料煤中硫分高低与烟气脱硫成本的关系［J］．煤炭加工与综合利用，2016（1）：8，79-81.

［55］王冉．电厂烟气可再生脱硫剂的开发研究［D］．北京：北京化工大学，2017.

［56］张胜寒，张彩庆，胡文培．电厂湿法烟气脱硫系统费用效益分析［J］．华东电力，2011，39（2）：195-197.

［57］李显鹏．燃煤电厂脱硫脱硝电价补偿机制研究［D］．北京：华北电力大学（北京），2009.

［58］杨水仙．煤气厂脱硫工艺的选择［J］．化工管理，2017（13）：189.

［59］燕丽，杨金田，薛文博．火电机组湿法石灰石－石膏烟气脱硫成本与综合效益分析［J］．能源环境保护，2008（5）：6-9.

［60］ZHANG J，ZHANG Y X，YANG H，et al. Cost-effectiveness optimization for SO_2 emissions control from coal-fired power plants on a national scale：a case study in China［J］. Journal of Cleaner Production，2017，165：1005-1012

［61］张彩庆，电厂湿法烟气脱硫系统对环境质量改善及经济性分析［D］．北京：华北电力大学（北京），2012.

［62］王志轩，彭俊，张家杰，等．石灰石－石膏法烟气脱硫费用分析［J］．中国电力，2004，（2）：73-76.

［63］赵若焱．火力发电厂环保设备运行成本分析［J］．内燃机与配件，2018（14）：233-234.

[64] 张信芳，黎瑞波．火电厂烟气脱硫设施成本费用综合分析[J]．海南师范大学学报（自然科学版），2014，27（2）：219-221.

[65] 廖永进，王力，骆文波．火电厂烟气脱硫装置成本费用的研究[J]．电力建设，2007，(4)：82-86.

[66] WU C S，LIU G H，HUANG C. Prediction of soil salinity in the Yellow River Delta using geographically weighted regression[J]. Archives of Agronomy and Soil Science，2017，63（7）：928-941.

[67] HARRIS P，JUGGINS S. Estimating freshwater acidification critical load exceedance data for Great Britain using space-varying relationship models[J]. Mathematical Geosciences，2011，43：265-292.

[68] 雷宇，段雷，杨金田，等．面向质量的大气污染物总量控制：框架与方法[M]．北京：中国环境出版社，2016.

[69] 白向兵，刘建，闫英桃，等．城市扬尘污染和抑尘剂研究现状及展望[J]．陕西理工学院学报：自然科学版，2005（4）：47-50.

[70] POPE C A，THUN M J，NAMBOODIRI M M，et al. Particulate air pollution as a predictor of mortality in a prospective study of U.S. adults[J]. American Journal of Respiratory and Critical Care Medicine，1996，51（suppl2）：53–58.

[71] WHO. Air quality guidelines global update 2005[R]. Copenhagen：WHO regional office for Europe，2005.

[72] CAO J，YANG CX，LI J X，et al. Association between long-term exposure to outdoor air pollution and mortality in China：a cohort study[J]. Journal of Hazardous Materials，2011（186）：1594-1600.

[73] PENG Y，BRAUER M，COHEN A，et al. Ambient fine particulate matter exposure and cardiovascular mortality in China：a prospective cohort study[J]. Lancet，2015，125（11）：1-10.

[74] LI T T，ZHANG Y，WANG J N，et al. All-cause mortality risk associated with long-term exposure to ambient $PM_{2.5}$ in China：a cohort study[J]. Lancet，2018（3）：470-477.

[75] HUANG K Y，LIANG F C，YANG X L，et al. Long term exposure to ambient fine particulate matter and incidence of stroke：prospective cohort study from the China-PAR project[J]. BMJ，2019（367）：1-9.

[76] AUNAN，K，PAN X C. Exposure-response functions for health effects of ambient air pollution applicable for China--a meta-analysis[J]. Science of the Total Environment，2004，329（1-3）：3-16.

[77] 韩明霞，过孝民，张衍燊．城市大气污染的人力资本损失研究[J]．中国环境

科学，2006，26（4）：509-512.
［78］徐金泉，建设项目经济评价参数研究［M］. 北京：中国计划出版社，2004
［79］张林波，曹洪法，沈英娃，等. 苏、浙、皖、闽、湘、鄂、赣 7 省酸沉降农业危害——酸沉降农业生态综合危害分析［J］. 中国环境科学，1998，18（1）：12-15.
［80］冯宗炜，曹洪法，周修萍，等 . 酸沉降对生态环境的影响及其生态恢复［M］. 北京：中国环境科学出版社，1999.
［81］魏复兴，王文兴 . 酸雨的浓度背景值研究［J］. 中国环境科学，1990，10（6），428-433.
［82］ECON. An environmental cost model［R］. 2001.
［83］於方，王金南，曹东，等 . 中国环境经济核算技术指南［M］. 北京：中国环境科学出版社，2009.
［84］ISLARD W. some notes on the linkage of ecologic and economic systems［J］. Papers in Regional Science，1965，9（1）：85-96.
［85］STAHMER C. Input-output model for the analysis of environmental protection activities［J］. Economic Systems Research，1989：203-228.
［86］LEONTIEF W. National income，economic structure，and environmental externalities［R］//The Measurement of Economic and Social Performance. National Bureau of Economic Research，Inc.，1973：565-576.
［87］彭志龙，齐舒畅 . 国民经济乘数分析［J］. 统计研究，1998（5）：50-54.
［88］刘保 . 投入产出乘数分析［J］. 统计研究，1999（5）：55-58.
［89］国务院 . 大气污染防治行动计划［R］. 2013.
［90］环境保护部办公厅 . 城市大气重污染应急预案编制指南［R］. 2013.
［91］环境保护部，中国气象局 . 京津冀及周边地区重污染天气监测预警方案［R］. 2013.
［92］国务院 . 打赢蓝天保卫战三年行动计划［R］. 2018.
［93］生态环境部 . 关于推进重污染天气应急预案修订工作的指导意见［R］. 2018.
［94］生态环境部 . 2019 年全国大气污染防治工作要点［R］. 2019.
［95］生态环境部 . 关于加强重污染天气应对夯实应急减排措施的指导意见［R］. 2019.
［96］CHEN R，KAN H，CHEN B，et al. Association of particulate air pollution with daily mortality：the China Air Pollution and Health Effects Study［J］. Am J Epidemiol，2012，175：1173-1181.
［97］WONG C M，VICHIT-VADAKAN N，KAN H，et al. Public Health and Air Pollution in Asia（PAPA）：a multicity study of short-term effects of air pollution

on mortality [J] . Environ Health Perspect, 2008, 116: 1195-1202

[98] ROMIEU I, GOUVEIA N, CIFUENTES L A, et al. Multicity study of air pollution and mortality in Latin America (the ESCALA study) [J] . Research report, 2012: 5-86.

[99] SAMET J M, DOMINICI F, CURRIERO F C, et al. Fine particulate air pollution and mortality in 20 U.S. cities, 1987-1994 [J] . N Engl J Med, 2000, 343: 1742-1749.

[100] KATSOUYANNI K, TOULOUMI G, SAMOLI E, et al. Confounding and effect modification in the short-term effects of ambient particles on total mortality: results from 29 European cities within the APHEA2 project [J] . Epidemiology, 2001, 12: 521-531.

[101] SCHWARTZ J, ZANOBETTI A. Using mate-smoothing to estimate dose-response trends across multiple studies, with application to air pollution and daily death [J] . Epidemiology, 2000, 11: 666-672.

[102] DANIELS M J, DOMINICI F, SAMET J M, et al. Estimating particulate matter-mortality dose-resposne curves and threshold levels: an analysis of daily time-series for the 20 largest US cities [J] . Am J Epidmiol, 2000, 152: 397-406.

[103] SAMOLI E, ANALITIS A, TOULOUMI G, et al. Estimating the exposure-response relationships between particulate matter and mortality within the APHEA multicity project [J] . Environ Health Perspect, 2005, 113: 88-95.

[104] Health Effects Institute (HEI) . Health Effects of Outdoor Air Pollution in Developing Countries of Asia: A Literature Review [R] . Boston, 2004.

[105] 廖江，冯曦兮，何燕 . 2010 年成都市户籍人口主要死因 [J] . 预防医学情报杂志，2012，14（4）：286-287.

[106] 张彦琦，易东，唐贵立，等 . 重庆市居民主要死因构成及顺位动态分析 [J] . 重庆医学，2009，38（15）：1862-1864.

[107] 刘露晓 . 生命价值论 [D] . 武汉：华中科技大学，2017.

[108] 陈岱孙 . 新帕尔格雷夫经济学大辞典 [M] . 北京：经济科学出版社，1996.

[109] 杨宗康 . 生命价值评估理论方法与实证研究 [D] . 苏州：江苏大学，2010.

[110] 程启智 . 人的生命价值理论比较研究 [J] . 中南财经政法大学学报，2005（6）：39-44.

[111] LENTION A P. The price of prejudice: social categories influence monetary value of life [D] . University of Colorado at Boulder, 2002.

[112] SHELLING T C. Life you save may be your own [M] .Problem in Public Expenditure Analysis. Washington, DC.: Brooking Institution, 1968: 127-162.

［113］JONES-LEE M W，HAMMERTON M，PHILIPS P R. Value of safety：result of a national survey［J］. Economic Journal，1985，95：49-72.

［114］GERKING S，DEHAAN M，SCHULZE W. Marginal value of job safety：a contingent valuation study［J］. Journal of Risk and Uncertainty，1988，1：185-199.

［115］VASSANADUM RONGDEE S，MATSUOKA S. Risk perceptions and value of a statistical life for air pollution and traffic accidents：evidence from Bangkok，Thailand［J］. Journal of Risk and Uncertainty，2005，30（3）：261-287.

［116］HAMMITT J K，ZHOUY. Economic value of air pollution related health sisks in China：a contingent valuation study［J］. Environmental & Resource Economics，2006，33：399-423.

［117］罗俊鹏，何勇．道路交通安全统计生命价值的条件价值评估［J］．公路交通科技，2008（6）：134-138.

［118］刘文歌，赵胜川．道路交通安全统计生命价值评价研究［J］．中国安全科学学报，2013，11（23）：138-144.

［119］徐晓程，陈仁杰，阚海东，等．我国大气污染相关统计生命价值的 Meta 分析［J］．中国卫生资源，2013，16（1）：64-67.

［120］蔡春光，陈功，乔晓春，等．单边界、双边界二分式条件价值评估方法的比较——以北京市空气污染对健康危害问卷调查为例［J］．中国环境科学，2007（1）：39-43.

［121］曾贤刚，谢芳，宗佺．降低 $PM_{2.5}$ 健康风险的行为选择及支付意愿——以北京市居民为例［J］．中国人口·资源与环境，2015，25（1）：127-133.

［122］魏同洋，靳乐山，靳宗振，等．北京城区居民大气质量改善支付意愿分析［J］．城市问题，2015（1）：75-81.

［123］彭希哲，田文华．上海市空气污染疾病经济损失的意愿支付研究［J］．世界经济文汇，2003（2）：32-44.

［124］张明军，范建峰，虎陈霞，等．兰州市改善大气环境质量的总经济价值评估［J］．干旱区资源与环境，2004（3）：28-32.

［125］WANG H，MULLAHY J. Willingness to pay for reducing fatal risk by improving air quality：a contingent valuation study in Chongqing，China［J］. Science of the Total Environment，2006（7）：50-57.

［126］VISCUSIW K. The value of risks to life and health［J］. The Journal of Economic Literature，1993，31：1921-1946.

［127］CARTHY T，CHILTON S，COVEY J，et al. On the contingent valuation of safety of the safety fo contingent valuation：part 2-the CV/SG “Chained” approach［J］.

Journal of Risk and Uncertainty，1999，17（3）：187-221.

［128］ARMANITIER O，TREICH N. Social Willingness to pay，Mortality Risks and contingent valuation［J］. The Journal of risk and uncertainty，2004，29（1）：7-19.

［129］RICHARD T C，NICHOLAS E F，NORMAN F M. Contigent valuation：controversies and evidence［J］. Environmental and Resource Economics，2001（19）：173-210.

［130］颜金石 . Logit 模型的推导过程［J］. 交通标准化，2012（4）：103-105.

［131］HAUSMAN J. Contingent valuation：a critical assessment，contributions to economic analysis［M］. Amsterdam：Elsevier Science，1993.

［132］ARROW K，SOLOW R，PORTNEY P. Report of the NOAA panel on contingent valuation［J］. U.S. Federal Register，1993，58（10）：4601-4614.

［133］郭江，李国平 . CVM 评估生态环境价值的关键技术综述［J］. 生态经济，2017，33（6）：115-119，126.

［134］HANEMANN W M. Welfare evaluations in contingent valuation experiments with discrete responses data：reply［J］. American journal of agricultural economics，1989，71（4）：1057-1061.

［135］中华人民共和国国务院 . 重点区域大气污染防治"十二五"规划［R］. 北京：中华人民共和国国务院，2012.

［136］朱文英，蔡博峰，刘晓曼 . 区域大气复合污染动态调控与多目标优化决策技术研究［J］. 中国环境管理，2016，8（6）：111-112.

［137］香农 · 费希尔 . 你的这条命，究竟值多少钱?［EB/OL］. 科学美国人 .（2018-07-04）. https：//huanqiukexue.com/a/qianyan/shengwu_yixue/2018/0704/28070.html.

［138］EPA. Final plan for periodic retrospective reviews of existing regulations［R］. Washington，DC：Office of Management and Budget，2000. 1-9.

［139］卢亚灵，周佳，程曦，等 . 京津冀地区黄标车政策的总量减排效益评估［J］. 环境科学，2018，3 9（6）：2566-2575.

［140］王金南，雷宇，宁淼 . 改善空气质量的中国模式："大气十条"实施与评价［J］. 环境保护，2018，46（2）：7-11.

［141］董战峰，高晶蕾，严小东，等 . 重点区域大气污染防治行动计划实施的社会经济影响对比［J］. 环境科学研究，2017，30（3）：380-388.

［142］罗知，李浩然 . "大气十条"政策的实施对空气质量的影响［J］. 中国工业经济，2018（9）：136-154.

［143］HUANG J，PAN X C，GUO X B，et al. Health impact of China's air pollution prevention and control action plan: an analysis of national air quality monitoring and mortality data [J]. Lancet, 2018 (2): 313-323.

[144] GREENSTONE M, SCHWARZ P. Air quality life index™ update: is China wining its war on pollution? [R/OL]. 2018. https://epic.uchicago.edu/research/publications/aqli-update-china-winning-its-war-pollution.

[145] Zheng Y X, Xue T, Zhang Q, et al. Air quality improvements and health benefits from China's clean air action since 2013 [J]. Environmental Research Letters, 2017 (12): 1-9.

[146] 闫祯，金玲，陈潇君，等．京津冀地区居民采暖“煤改电”的大气污染物减排潜力与健康效益评估［J］．环境科学研究，2018（10）：1-11.

[147] 彭菲，於方，马国霞，等．“散乱污”企业的重点行业环境成本及其社会经济效益对比分析［J］．环境科学研究，2018，31（12）：1993-1999.

[148] 石敏俊，李元杰，张晓玲，等．基于环境承载力的京津冀雾霾治理政策效果评估［J］．中国人口·资源与环境，2017，27（9）：66-75.

[149] 王立平，陈飞龙，杨然．京津冀地区雾霾污染生态补偿标准研究［J］．环境科学学报，2018，38（6）：2518-2524.

[150] 环境保护部．道路机动车大气污染物排放清单编制技术指南（试行）［R］．2014.

[151] ALBERINI A, CROPPER M, KRUPNICK A, et al. Does the value of statistical life vary with age and health status? Evidence from the U. S. and Canada [J]. Journal of Environmental Economics and Management, 2004, 48: 769-792.

[152] OECD. The Cost of Air Pollution: Health Impacts of Road Transport [M/OL]. OECD Publishing, 2014. http://dx.doi.org/10.1787/9789264210448-en.

[153] 曾贤刚，蒋妍．空气污染健康损失中统计生命价值评估研究［J］．中国环境科学，2010，30（2）：284-288.

[154] 秦臻中．基于DEA的成渝城市群环境效率评价——以重庆、成都、德阳为例［J］．中国经贸导刊（中），2019（12）：51-52.

[155] CHEN J, ZHAO R, LI Z. Voronoi-based k-order neighbour relations for spatial analysis [J]. ISPRS Journal of Photogrammetry and Remote Sensing, 2004, 59 (1): 60-72.

[156] GOLD C M, REMMELE P R. Voronoi Methods in GIS [M]. DBLP, 1997.

[157] 张玥莹，乔雪，唐亚．成都G20会议期间大气污染特征及污染防治分析［J］．生态环境学报，2018，27（8）：1472-1480.

[158] QIAO X, JAFFE D, TANG Y, et al. Evaluation of air quality in Chengdu, Sichuan Basin, China: Are China's air quality standards sufficient yet [J].

Environmental Monitoring and Assessment，2015，187（5）：250.
［159］QIAO X，YING Q，LI X，et al. Source apportionment of $PM_{2.5}$ for 25 Chinese provincial capitals and municipalities using a source-oriented Community Multiscale Air Quality model［J］. Science of the Total Environment，2018，612：462-471.
［160］胥芸博，梅自良，吴婷，等．“成绵乐”城市群大气污染物浓度空间分布特征［J］．中国环境监测，2013，29（4）：34-37.
［161］林娜．四川省大气污染物输送规律及大气污染联防联控技术研究［D］．成都：西南交通大学，2015：101.
［162］马晓娟．成都经济圈（城市群）大气环境质量模拟及污染控制技术研究［D］．成都：西南交通大学，2013：78.
［163］中共中央关于坚持和完善中国特色社会主义制度　推进国家治理体系和治理能力现代化若干重大问题的决定［EB/OL］．（2019-11-05）. http：//www.gov.cn/zhengce/2019-11/05/content_5449023.htm.